"十三五"江苏省高等学校重点教材
高职高专机电专业"互联网+"创新规划教材

电子技术应用项目式教程
（第三版）

主　编　王志伟
副主编　孙　玲
参　编　徐江红　周道龙
主　审　金卫国

内容简介

本书包括模拟电路、数字电路两部分，共 13 个项目，其理论和实践内容主要围绕两大项目展开，即模拟电路部分的音频放大电路和数字电路部分的数显电容计的制作。

本书可作为高职高专机电、电气自动化技术及相近专业的教材，也可供相关专业的工程技术人员学习参考。

图书在版编目(CIP)数据

电子技术应用项目式教程/王志伟主编. —3 版. —北京：北京大学出版社，2020.9
高职高专机电专业"互联网+"创新规划教材
ISBN 978-7-301-31491-3

Ⅰ.①电… Ⅱ.①王… Ⅲ.①电子技术—高等职业教育—教材 Ⅳ.①TN

中国版本图书馆 CIP 数据核字（2020）第 139321 号

书　　名	电子技术应用项目式教程（第三版） DIANZI JISHU YINGYONG XIANGMUSHI JIAOCHENG (DI-SAN BAN)
著作责任者	王志伟　主编
策划编辑	于成成
责任编辑	于成成　刘健军
数字编辑	蒙俞材
标准书号	ISBN 978-7-301-31491-3
出版发行	北京大学出版社
地　　址	北京市海淀区成府路 205 号　100871
网　　址	http://www.pup.cn　新浪微博：@北京大学出版社
电子邮箱	编辑部 pup6@pup.cn　总编室 zpup@pup.cn
电　　话	邮购部 010-62752015　发行部 010-62750672　编辑部 010-62750667
印刷者	天津中印联印务有限公司
经销者	新华书店
	787 毫米×1092 毫米　16 开本　19.5 印张　467 千字 2010 年 9 月第 1 版　2015 年 10 月第 2 版 2020 年 9 月第 3 版　2024 年 5 月第 5 次印刷
定　　价	49.00 元

未经许可，不得以任何方式复制或抄袭本书之部分或全部内容。
版权所有，侵权必究
举报电话：010-62752024　电子邮箱：fd@pup.cn
图书如有印装质量问题，请与出版部联系，电话 010-62756370

第三版前言

本书是根据高职高专机电、电气自动化技术等专业的培养目标,并参照相关行业的职业技能鉴定规范和高级技术工人等级考核标准,以及后续专业课程对电子技术知识的需求而编写的。为了适应新技术发展对电子技术课程的教学需要,并符合目前高职教育项目导向、任务驱动的课改方向,本书在编写过程中,坚持理论系统性、注重实践性的原则,同时,本书在编写时融入了党的二十大报告内容,突出职业素养的培养,全面贯彻党的二十大精神。

本书分为两篇共 13 个项目,借鉴胡格教育教学模式,其理论和实践内容主要围绕两大项目展开,即模拟电路部分的音频放大电路和数字电路部分的数显电容计的制作。音频放大电路和数显电容计的制作已包含了模拟电路和数字电路的绝大部分知识点,且教学内容遵循由易到难、从简单到复杂、理论结合实践的原则,按照理论内容和实践内容 1∶1 的安排方式,将总课题拆分为若干个子项目进行模块化的教学。同时理论内容中的一些典型器件和电路的测试与仿真,也尽量选用了项目中所用到的器件,以减小实践成本。本书结合企业工程项目开发并兼顾电子设计类竞赛要求,由院校老师与企业电子工程师联合编写,增加了新型器件的认知,并安排了可操作性强、教学成本低的企业真实工程项目电路以供学习和训练,既能使学生系统掌握基本知识,又能培养制作电子电路及分析、排除故障的实际操作能力。

本书建议学时分配如下。

序 号	内 容	知识训练	技能训练	总学时
项目 1	电子技术基本技能训练	2	2	4
项目 2	二极管的认知及直流稳压电源的制作	3	3	6
项目 3	晶体管的认知及应用电路的制作	3	3	6
项目 4	集成运放、反馈的认知及应用电路的制作	3	3	6
项目 5	功率放大器的认知及应用电路的制作	3	3	6
项目 6	正弦波振荡器的认知及应用电路的制作	4	2	6
项目 7	晶闸管的认知及应用电路的制作	2	2	4
综合训练一	航空测控箱用高精度、直流线性供电电源的安装与调试项目	1	3	4
项目 8	数字电路基础	4	2	6
项目 9	集成门电路的认知及应用电路的制作	3	3	6
项目 10	组合逻辑电路的认知及数显电容计显示电路的制作	4	4	8
项目 11	时序逻辑电路的认知及应用电路的制作	4	4	8
项目 12	集成 555 定时器的认知及应用电路的制作	4	4	8
项目 13	集成 A/D 及 D/A 转换器的认知及应用电路的制作	4	2	6
综合训练二	LED 显示屏控制器电路的制作	1	3	4
附录	EDA(Multisim)认知及应用	3	5	8
总 计		48	48	96

注:读者可根据自己的实际条件和需要,选择合适的部分进行学习和教学,按照电子技术基本内容,本书建议学时范围为 64~96 个学时。

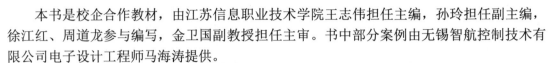

本书是校企合作教材，由江苏信息职业技术学院王志伟担任主编，孙玲担任副主编，徐江红、周道龙参与编写，金卫国副教授担任主审。书中部分案例由无锡智航控制技术有限公司电子设计工程师马海涛提供。

编写分工如下：王志伟编写项目1～5、7～8、综合训练一及附录，徐江红编写项目9～10，孙玲编写项目11～13，周道龙编写项目6、综合训练二。全书由王志伟统稿。

第一版由江苏信息职业技术学院王志伟担任主编，孙玲、徐江红、严惠担任副主编。

第二版由江苏信息职业技术学院王志伟担任主编，江苏信息职业技术学院华奇、赖永波、孙玲、徐江红、严惠、田齐、山东理工职业学院静国梁参与编写，由江苏信息职业技术学院金卫国担任主审。

在编写过程中编者得到了江苏信息职业技术学院曹菁教授、焦振宇教授、杨春生副教授的大力支持，在此表示衷心的感谢！

由于编者水平所限，书中难免存在不足之处，恳请广大读者给予批评指正。

编　者

2023 年 12 月

【资源索引】

目 录

第1篇 模拟电路

项目1 电子技术基本技能训练 ... 3
    1.1 万用表的认知及使用 ... 4
    1.2 电阻器元件的认知及测试 ... 7
    1.3 电容器元件的认知及测试 ... 13
    1.4 电感元件的认知及测试 ... 16
    1.5 直流稳压电源的认知及使用 ... 17
    1.6 信号发生器的认知及使用 ... 19
    1.7 示波器的认知及使用 ... 20
    1.8 手工焊接工艺 ... 25
    项目小结 ... 30
    习题 ... 30

项目2 二极管的认知及直流稳压电源的制作 ... 32
    2.1 二极管的认知 ... 33
    2.2 测试二极管的单向导电性及电路仿真 ... 35
    2.3 直流稳压电源的仿真及制作 ... 41
    2.4 常用高精度线性稳压器及基准电源设计 ... 47
    项目小结 ... 48
    习题 ... 49

项目3 晶体管的认知及应用电路的制作 ... 53
    3.1 晶体管的认知 ... 54
    3.2 单管共射极放大电路的特性测试 ... 57
    3.3 音频放大电路输入级的制作 ... 67
    3.4 多级放大电路的认知及测试 ... 70
    项目小结 ... 74
    习题 ... 74

项目4 集成运放、反馈的认知及应用电路的制作 ... 78
    4.1 集成运放的认知 ... 79
    4.2 反馈的认知 ... 87
    4.3 音频放大电路中间级的制作 ... 91
    4.4 手机无线充电器电路设计 ... 93

项目小结 97
　　习题 97

项目 5　功率放大器的认知及应用电路的制作 100

　　5.1　功率放大电路的认知 101
　　5.2　甲乙类功率放大电路及复合管结构 106
　　5.3　音频放大电路功率输出级的制作 108
　　5.4　集成功率放大器的认知及应用 110
　　项目小结 114
　　习题 114

项目 6　正弦波振荡器的认知及应用电路的制作 116

　　6.1　正弦波振荡器的制作 117
　　6.2　LC 电容反馈式三点式振荡器的制作 119
　　6.3　石英晶体振荡器的认知 123
　　6.4　音箱分频器的制作 124
　　项目小结 128
　　习题 128

项目 7　晶闸管的认知及应用电路的制作 130

　　7.1　晶闸管 131
　　7.2　晶闸管的特性测试 133
　　7.3　制作调光台灯控制电路 134
　　7.4　MOS 管的认知 138
　　7.5　反激电路的设计 142
　　7.6　MOS 管在新能源技术中的应用 149
　　7.7　IGBT 的认知及应用 151
　　项目小结 153
　　习题 153

综合训练一　航空测控箱用高精度、直流线性供电电源的安装与调试项目 156

第 2 篇　数字电路

项目 8　数字电路基础 163

　　8.1　模拟与数字信号的认知 165
　　8.2　逻辑函数的认知 171
　　8.3　逻辑函数的化简 174
　　项目小结 179
　　习题 180

项目 9　集成门电路的认知及应用电路的制作 182
9.1　集成复合门电路的认知及测试 183
9.2　常用集成 TTL 及 CMOS 门电路的认知 187
9.3　数显电容计控制电路及超量程指示电路的制作 192
项目小结 194
习题 195

项目 10　组合逻辑电路的认知及数显电容计显示电路的制作 198
10.1　三人表决电路的制作 199
10.2　常见集成组合逻辑电路的认知及测试 203
10.3　数显电容计显示电路的制作 214
项目小结 218
习题 219

项目 11　时序逻辑电路的认知及应用电路的制作 222
11.1　常见集成触发器的认知及测试 223
11.2　集成计数器的认知及数显电容计计数电路的制作 230
项目小结 242
习题 242

项目 12　集成 555 定时器的认知及应用电路的制作 246
12.1　集成 555 定时器的认知及测试 247
12.2　利用集成 555 定时器制作应用电路 251
12.3　数显电容计 C-T 转换电路及多谐振荡器的制作 256
项目小结 258
习题 258

项目 13　集成 A/D 及 D/A 转换器的认知及应用电路的制作 261
13.1　集成 A/D 转换器的认知及测试 262
13.2　简易型数字电压表的制作 268
13.3　集成 D/A 转换器的认知及测试 271
13.4　运用 DAC0832 制作波形发生电路 275
项目小结 277
习题 277

综合训练二　LED 显示屏控制器电路的制作 279

附录　EDA(Multisim)认知及应用 285

参考文献 304

第 1 篇 模 拟 电 路

模拟电路部分将重点制作用于放音的音频放大电路,分为四个子项目,即稳压电源、输入级、中间级和输出级。音频放大电路的总电气原理图如图Ⅰ-1所示。

【音频放大电路的PCB】

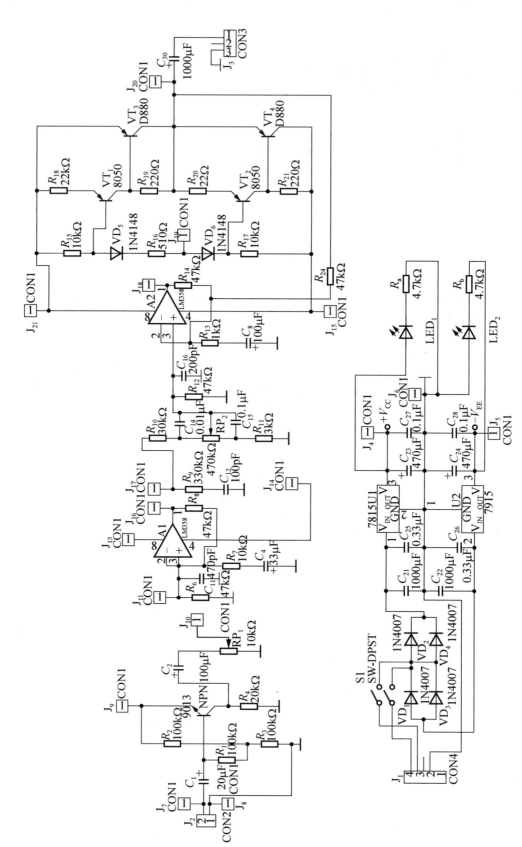

图 I-1 音频放大电路的总电气原理图

项目 1

电子技术基本技能训练

> 学习目标

1. 知识目标
(1) 了解常用元器件的概况。
(2) 掌握常见电阻器、电位器的符号、分类、特点等。
(3) 掌握常见电容器的结构、图形符号、分类、特点、使用及选用原则等。
(4) 掌握常见电感器的工作原理、分类等。
(5) 掌握常用测量仪表的使用,了解各种测量仪表的特点、分类和工作原理。
(6) 掌握焊接工艺的基本知识。
2. 技能目标
(1) 掌握利用万用表测量电压、电流、电阻、电容等特性参数的方法。
(2) 掌握直流稳压电源、信号发生器、示波器的使用。
(3) 掌握利用信号发生器输出相应幅值和频率的波形的方法,以及利用示波器测试信号发生器输出波形的特性参数的方法。
(4) 掌握焊接工艺中常用焊接工具的使用,掌握焊接工艺(五步工序法)。

> 生活提点

生活中经常用到各种电器,如冰箱、电视机、电动剃须刀等,包括将要制作的音频放大器,不管这些电器的电路是简单还是复杂,其都是由各种各样的电子元器件组成的。如何识别和选用这些电子元器件,如何运用各种测量仪表对电路进行特性测量,以及如何运用手工焊接技术完成成品印制电路板的制作,都是学习电子技术必须掌握的内容。

 项目任务

利用测量仪表测试各种电子元器件的特性参数。

 项目实施

1.1 万用表的认知及使用

1.1.1 指针式万用表

指针式万用表实物面板如图1.1所示。从万用表实物面板可看到,万用表可测试电阻、交直流电压与电流、电容及晶体管的极性等参数。

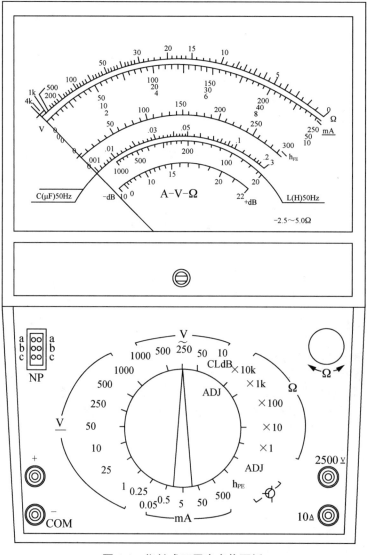

图1.1 指针式万用表实物面板

1. 结构组成

万用表的面板上有多条标度尺的刻度盘、转换开关旋钮、调零旋钮和接线插孔等。

万用表主要由测量机构(习惯上称为表头)、测量线路、转换开关和刻度盘四部分构成,下面重点介绍表头和转换开关。

① 表头。万用表通常采用灵敏度高、准确度好的磁电系测量机构,它是万用表的核心部件,其作用是指示被测电量的数值。指针式万用表内部等效电路如图 1.2 所示。

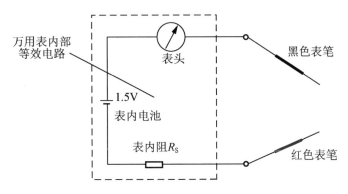

图 1.2　指针式万用表内部等效电路

② 转换开关。转换开关用来选择不同的测量项目和量程。转换开关旋钮周围有几种符号,其作用和含义如下。

"Ω"表示测量电阻挡,以Ω(欧)为单位。"×"表示倍率,"k"(也有用 K)表示 1000。"×k"表示表盘上电阻刻度线读值乘以 1000,如刻度指示为 4,则所测阻值为 4000Ω,即 4kΩ。

"DCV"表示测量直流电压挡,以 V(伏)为单位,各分挡上的数值是该挡允许实测电压的上限值,实测电压过大万用表的表针会满偏出刻度线。

"ACV"表示测量交流电压挡,以 V(伏)为单位,各分挡上的数值含义与 DCV 相同。

"DCmA"和"A"表示测量直流电流挡,分别以 μA(微安)和 mA(毫安)为单位。它也由若干个表示测量允许上限值的分挡组成。

万用表刻度线分为均匀和非均匀两种,其中电流和电压的刻度线为均匀刻度线,电阻的刻度线为非均匀刻度线。

2. 使用方法及注意事项

(1) 正确选择测量项目和量程

在选择万用表量程时,原则上一般要使指针指示在满刻度的 1/2 到 2/3 之间的位置,这样便于读数,测量结果比较准确。如果不知道被测电量的范围,可先选择最大的量程,若指针偏转很小,则逐步减小量程。

(2) 正确读数

在读数时,眼睛应位于指针的正上方,对于有反射镜的万用表,应使指针和镜像中的指针相重合,这样可以减小读数误差,提高读数准确性。在测量电流和电压时,还要根据所选择的量程,来确定刻度线上每一个小格所代表的值,从而确定最终的读数值。

(3) 注意事项

① 在使用万用表之前,应先进行"机械调零",即在没有被测电量时,使万用表指针指在零电压或零电流的位置上,尤其是测量电阻,在切换量程时,不同量程均必须调零。

② 在使用万用表过程中,不能用手去接触表笔的金属部分。这样一方面可以保证测量的准确,另一方面也可以保证人身安全。

③ 在测量某一电量时,不能在测量的同时换挡,尤其是在测量高电压或大电流时,更应注意。否则,会使万用表毁坏。如需换挡,应先断开表笔,换挡后再去测量。

④ 万用表在使用时,必须水平放置,以免造成误差。同时,还要注意避免外界磁场对万用表的影响。

⑤ 万用表使用完毕,应将转换开关置于交流电压挡的最大挡。如果长期不使用,还应将万用表内部的电池取出来,以免电池漏液腐蚀表内其他器件。

1.1.2 数字式万用表

数字式万用表面板及各部分使用功能如图 1.3 所示,其区别于指针式万用表的特点如下。

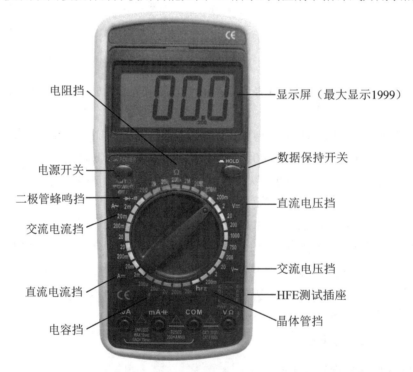

图 1.3 数字式万用表面板及各部分使用功能

① 数字显示,直观方便。

② 准确度高。数字式万用表的准确度与显示位数有关,其性能远远优于指针式万用表。

③ 分辨率高。数字式万用表的分辨率是用能显示的最小数字(零除外)与最大数字的百分比来确定的,百分比越小,分辨率越高。例如:三位半数字式万用表可显示的最小数字为 1,最大数字为 1999,故分辨率为 $1/1999 \times 100\% \approx 0.05\%$。

④ 测量速率快。测量速率是指仪表在每秒内对被测电路的测量次数,单位为"次/秒"。数字式万用表的测量速率可达每秒几十次,甚至上千次。

⑤ 输入阻抗高。数字式万用表具有很高的输入阻抗,这样可以减少对被测电路的影响。

⑥ 集成度高,便于组装和维修。目前数字式万用表均采用中大规模集成电路,外围电路十分简单,组装和维修都很方便,同时数字式万用表的体积也在逐渐减小。

⑦ 保护功能齐全。数字式万用表内部有过电流、过电压等保护电路,过载能力很强。在不超过极限值的情况下,即使出现误操作(如用电阻挡测量电压等),也不会损坏内部电路。

⑧ 功耗低、抗干扰能力强。

1.2 电阻器元件的认知及测试

1.2.1 固定电阻器

1. 固定电阻器种类

固定电阻器的种类比较多,按材料不同,主要分为碳膜电阻器、金属膜电阻器、金属氧化膜电阻器、线绕电阻器、光敏电阻器、热敏电阻器等。常用的固定电阻器元件实物如图 1.4 所示。

   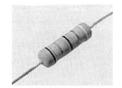 

(a) 碳膜电阻器　　(b) 金属膜电阻器　　(c) 金属氧化膜电阻器　　(d) 线绕电阻器

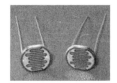 

(e) 光敏电阻器　　(f) 热敏电阻器

图 1.4　固定电阻器元件实物

固定电阻器的阻值是固定不变的,阻值的大小就是它的标称阻值。常用电阻器的特性及使用范围见表 1-1。

表 1-1　常用电阻器的特性及使用范围

电阻器类型	材料及结构组成	特　　点	使用范围
碳膜电阻器	由结晶碳在高温与真空的条件下沉淀在瓷棒上或瓷管骨架上制成	成本较低,性能一般	用在收音机、电视机及其他一些电子产品中
金属膜电阻器	由合金粉在真空的条件下蒸发在瓷棒骨架表面上制成	稳定性好、高频特性好、噪声小、可靠性高,并具有比较好的耐高温(能在 125℃的温度下长期工作)及精度高的特点	广泛应用于高级音响器材、电脑、仪表、国防及太空设备等方面

续表

电阻器类型	材料及结构组成	特 点	使用范围
金属氧化膜电阻器	采用真空合金蒸发工艺制得，可使瓷棒表面形成一层导电金属膜。通过刻槽和改变金属膜厚度可以控制阻值。其分为四色环和五色环两种	与金属膜电阻器相比，具有更高的耐压、耐热性能，兼备低杂音、高频特性好的优点。但稳定性稍差，电阻皮膜负载之电力较高。高精度金属氧化膜电阻器误差可达±0.5%~±0.01%	可用于工作温度较高的电子电路和设备
线绕电阻器	由镍、铬、锰铜、康铜等合金绕在瓷管上制成	具有精度高、稳定性好的特点，并能承受较高的温度(能在300℃左右的温度下连续工作)和较大的功率	在万用表、电阻箱中作为分压器和限流器，在电源电路中作限流电阻，但不适用于高频电路
光敏电阻器	是利用半导体的光电导效应制成的一种阻值随入射光的强弱而改变的电阻器，通常由光敏层、玻璃基片和电极等组成	阻值随光照强度的变化而发生明显的变化	往往作为控制电路中的感光元件来使用
热敏电阻器	由半导体材料组成，大多数为负温度系数，即阻值随温度增加而降低	灵敏度较高，工作温度范围宽，可在-273~2000℃温度下工作；体积小，使用方便，阻值可在0.1Ω~100kΩ间任意选择；易加工成复杂的形状，可大批量生产；稳定性好、过载能力强	可作为电子电路元件用于仪表线路温度补偿和温差电偶冷端温度补偿等；可实现自动增益控制，用于延迟电路和保护电路

2. 固定电阻器的识别及参数测量

固定电阻器的文字符号常用字母 R 表示，在电路图中的电气符号如图 1.5 所示。其识别及参数测量方法如下。

① 色标法。色标法指用不同颜色的色环表示电阻器的标称阻值和标称误差。电阻器上有三道或四道色环，靠近电阻器端头的为第一色环，其余的顺次为第二、三、四色环。第四色环表示标称误差，如没有，其标称误差为±20%。色环的表示方法如图 1.6 所示。

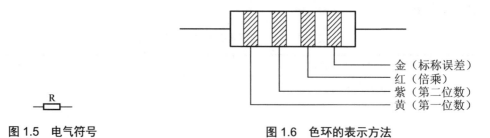

图 1.5 电气符号　　　　　　　　　图 1.6 色环的表示方法

电阻器上色环(四色环)代表的意义见表 1-2。如一个电阻器的色环分别为红、紫、棕、银，则这个电阻器的标称阻值为 270Ω，标称误差为±10%。

表 1-2　电阻器上色环(四色环)代表的意义

色环颜色	第一色环(第一位数)	第二色环(第二位数)	第三色环(前两位应乘的值/Ω)	第四色环(标称误差)
黑	0	0	$\times 10^0$	—
棕	1	1	$\times 10^1$	±1%
红	2	2	$\times 10^2$	±2%
橙	3	3	$\times 10^3$	—
黄	4	4	$\times 10^4$	—
绿	5	5	$\times 10^5$	±0.5%
蓝	6	6	$\times 10^6$	±0.25%
紫	7	7	$\times 10^7$	±0.1%
灰	8	8	$\times 10^8$	±0.05%
白	9	9	$\times 10^9$	—
金	—	—	$\times 10^{-1}$	±5%
银	—	—	$\times 10^{-2}$	±10%
无色	—	—	—	±20%

精密电阻器用五色环[见图 1.7(a)]表示标称阻值和标称误差，通常五色环电阻器识别方法与四色环电阻器一样(第一到第三色环为有效数字)，只是比四色环电阻器多一位有效数字。

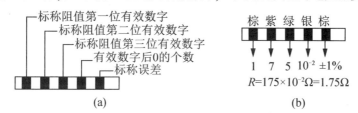

(a)　　　　　　　　　　　　(b)

图 1.7　五色环的表示方法

例如，图 1.7(b)中电阻器的色环颜色依次是棕、紫、绿、银、棕(第五色环颜色一般为棕色)，则其标称阻值为 $175\times10^{-2}\Omega=1.75\Omega$，标称误差为 ±1%。

② 万用表测试法。选择碳膜、金属膜等各种类型和精度的电阻器若干，再根据色标法判别出各个电阻器的标称阻值并记录。通过万用表测量电阻器的阻值(注意：每更换量程之前先调零)，检查测量阻值与标称阻值是否相符，差值是否在电阻器的标称误差之内，并记录在表 1-3 中。

表 1-3　电阻器测量记录表

电阻器	1#电阻器	2#电阻器	3#电阻器	4#电阻器	5#电阻器	6#电阻器	7#电阻器	8#电阻器
标称阻值								
测量阻值								
标称误差								

以上讨论的只是阻值不可变的固定电阻器，但在很多电路中，需要在合适的时候改变电阻器的值，这就需要用到在一定范围内阻值可变的电阻器，即电位器。

1.2.2 电位器

电位器通常由电阻体和转动或滑动系统组成，通过转动或滑动系统改变触点在电阻体上的位置，即可在输出端获得与位移量成一定关系的电阻值或电压值。

1. 电位器分类及特性

电位器按电阻体所用材料的不同可分为合成碳膜电位器，线绕电位器，有机实芯电位器，数字电位器等。

电位器按结构的不同可分为单圈、多圈电位器(如方形电位器)，串联、双联电位器，带开关电位器，锁紧和非锁紧型电位器。

电位器按调节方式的不同可分为旋转式电位器和直滑式电位器。其中旋转式电位器的滑动臂在电阻体上作旋转运动，单圈、多圈电位器就属于这种。

电位器实物及电气符号如图 1.8 所示。

(a) 合成碳膜电位器

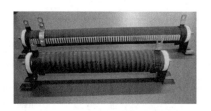
(b) 线绕电位器

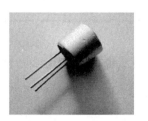
(c) 有机实芯电位器

(d) 数字电位器

(e) 方形电位器

(f) 直滑式电位器

(g) 电气符号

图 1.8 电位器实物及电气符号

电位器的阻值变化规律是电位器的阻值随转轴旋转角度的变化而变化。变化规律有三种不同的形式，即直线式、对数式、指数式。其特性曲线如图 1.9 所示。

(1) 直线式

直线式用字母 X 表示，阻值随转轴的旋转作均匀的变化，并与旋转角度成正比，就是说阻值随旋转角度的增大也在增大。这种电位器适用于作分压、偏流的调整。

(2) 对数式

对数式用字母 D 表示，阻值随转轴的旋转作对数关系的变化，就是说阻值一开始变化较快，而后变化逐渐变慢。这种电位器适用于作音调控制和黑白电视机的黑白对比度调整。

(3) 指数式

指数式用字母 Z 表示，阻值随转轴的旋转作指数规律的变化，就是说阻值一开始变化比较缓慢，而后变化逐渐加快。这种电位器适用于作音量控制。

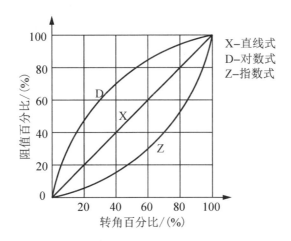

图 1.9 不同形式电位器特性曲线

图 1.8 所示各种电位器的特性及使用范围见表 1-4。

表 1-4 各种电位器的特性及使用范围

电位器类型	材料及结构组成	特　　点	使用范围
合成碳膜电位器	将研磨的炭黑、石墨、石英等材料涂敷于基体表面而成，利用电刷在电阻体上的滑动，输出线性电压	阻值连续可调、容易调、范围宽，一般为 100Ω～4.7MΩ。精度较差，一般为±20%，耐热和耐潮性较差，寿命低	主要应用在调音台、音响、电视机、功率放大器、耳机、收音机、玩具、DVD/VCD、医疗器材、灯具等设备上
线绕电位器	由合金电阻丝绕在环状骨架上制成，可分为线绕单圈电位器和线绕多圈电位器	能承受较大功率，精密度较高，而且耐热性能和耐磨性能比较好。但高频特性较差、分辨率不高	当电流通过合金电阻丝时会产生感抗，这将影响整个电路的稳定性，故在高频电路中不宜采用
有机实芯电位器	将炭黑、石英、有机粘合粉等材料混合加热后，压在塑料基体上，再经过加热聚合而成	具有耐磨性好、分辨率高、可靠性高、阻值范围宽、体积小等优点。但噪声大、耐高温性差	在小型化、可靠性高的交直流电路中用作调节电压和电流
数字电位器	采用集成电路技术制作的电位器。把一串电阻器集成到一个芯片内部，采用 MOS 管控制电阻器串联网络与公共端连接。控制精度由控制器位数决定，一般为 8 位、10 位、12 位等	调节精度高，没有噪声，有极长的工作寿命，无机械磨损。用于自动控制系统中可以实现对角度位置的精确测量，也可以利用输出反馈信号与角度变化成线性比例的特性，通过驱动转轴实现输出调节功能	已在自动检测与控制、智能仪器仪表、船舶设备、风力发电等许多重要领域得到成功应用

续表

电位器类型	材料及结构组成	特　点	使用范围
方形电位器	是一种精密多圈电位器，装有插入式焊片和插入式支架，所以能直接插入印制电路板。调整圈数有5圈、10圈等数种	采用碳精接点，耐磨性能好，使用起来很方便，线性优良，能进行精细调整	常用于电视机的亮度、对比度、色饱和度的调节
直滑式电位器	是通过与滑座相连的滑柄作直线运动来改变阻值的。电阻体为长方条形，有良好的阻值稳定性，较小的电阻温度系数和噪声低的特征	表面电阻率分布均匀，电阻特性线性度好，机械耐久性好	一般用于电视机、音响中作音量控制或均衡控制，还可用于汽车内的座席加热、调光器、刮水器等各种控制

2. 电位器的测量

电位器在使用之前要对它进行测量。看其阻值与标称阻值是否相符，差值是否在电位器的标称误差之内。用万用表测量电位器时要注意以下几点。

① 测量时手不能同时接触被测电位器的两根引线，以免人体电阻影响测量的准确性。

② 测量时电路中有其他电阻器，必须将电阻器从电路中断开，以免电路中的其他元件对测量结果产生不良的影响。

③ 测量时，应根据电位器阻值的大小选择合适的量程，否则将无法准确地读出数值。这是因为万用表的电阻挡刻度线为非线性关系。一般电阻挡的中间段分度较细而准确，因此测量电阻时，尽可能将表针落到刻度盘的中间段，以提高测量精度。

电位器的测量如图 1.10 所示，电位器的引线脚分别为 A、B、C，开关引线脚为 K。首先用万用表测量电位器的标称阻值，根据标称阻值的大小，选择合适的挡位。然后测 A、C 两端的阻值是否与标称阻值相符，若阻值相差较大，则表明电阻体与其相连的引线脚断开了。再测 A、B 两端或 B、C 两端的阻值，并慢慢地旋转转轴，这时表针应平稳地朝一个方向移动，不应有跌落和跳跃现象，表明滑动触点与电阻体接触良好。最后用 $R\times 1$ 挡测 K 与开关之间的阻值，转动转轴使电位器的开关接通或断开，阻值应为零或无穷大，否则说明开关坏了。

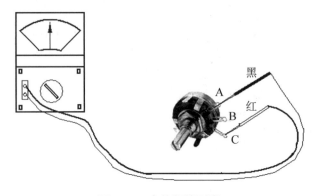

图 1.10　电位器的测量

1.3 电容器元件的认知及测试

常用的电容器实物如图 1.11 所示。

 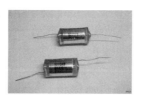 

(a) 有机薄膜电容器　　(b) 瓷介电容器　　(c) 聚苯乙烯电容器　　(d) 云母电容器

 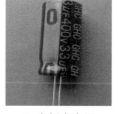  

(e) 纸介质电容器　　(f) 电解电容器　　(g) 独石电容器　　(h) 超级电容器

图 1.11　常用的电容器实物

1.3.1　电容器的图形符号

在电路图中，电容器的图形符号如图 1.12 所示。

(a) 电容器一般符号　　(b) 电解电容器　　(c) 国外电解电容器　　(d) 预调电容器

图 1.12　电容器的图形符号

1.3.2　电容器的参数及标注方法

1. 标称容量和容量误差

标在电容器外壳上的电容量数值称为电容器的标称容量。

为了便于生产和使用，国家规定了一系列容量值作为产品标准。固定电容器的标称容量系列见表 1-5。

表 1-5　固定电容器的标称容量系列

标称值系列	允许误差	标称容量系列
E24	±5%	1.0、1.1、1.2、1.3、1.5、1.6、1.8、2.0、2.2、2.4、2.7、3.0、3.3、3.6、3.9、4.3、4.7、5.1、5.6、6.2、6.8、7.5、8.2、9.1
E12	±10%	1.0、1.2、1.5、1.8、2.2、2.7、3.3、3.9、4.7、5.6、6.8、8.2
E6	±20%	1.0、1.5、2.2、3.3、4.7、6.8

电容的单位有法拉(F)、毫法(mF)、微法(μF)、纳法(nF)、皮法(pF)。它们之间的换算关系为

$$1F=10^3mF=10^6\mu F=10^9nF=10^{12}pF$$

电容器的标称容量与其实际容量之差，再除以标称容量所得的百分数，就是电容器的容量误差。电容器的容量误差一般分为三级，即±5%、±10%、±20%，或写成Ⅰ级、Ⅱ级、Ⅲ级。有的电解电容器的容量误差可能大于±20%。

2. 额定直流工作电压(耐压值)

电容器的耐压值是指电容器接入电路后能长期连续可靠的工作，不被电流击穿时所能承受的最大直流电压。

3. 绝缘电阻

电容器的绝缘电阻是指电容器两极之间的电阻，或称漏电电阻。绝缘电阻的大小决定电容器介质性能的好坏。使用电容器时，应选用阻值大的绝缘电阻。因为绝缘电阻越小，漏电就越多，这样可能会影响电路的正常工作。

4. 标注方法

电容器元件上的标注(印刷)方法如下。

① 加单位的直标法。这种方法是国际电工委员会推荐的表示方法。该方法用2~4位数字和一个字母表示标称容量，其中数字表示有效数字，字母表示数字的量级。字母有m、μ、n、p四种。其含义为m表示毫法(10^{-3} F)、μ表示微法(10^{-6} F)、n表示纳法(10^{-9} F)、p表示皮法(10^{-12} F)。但字母有时也表示小数点，如33m表示33000μF，47n表示0.047μF，3μ3表示3.3μF，5n9表示5900pF，2p2表示2.2pF。另外，如果在数字前面加R，则表示为零点几微法，如R22μ表示0.22μF。

② 不标单位的直接表示法。这种方法是用1~4位数字表示标称容量，容量单位为pF，如果用零点零几或零点几表示标称容量，则其单位为μF，如3300表示3300pF，680表示680pF，7表示7pF，0.056表示0.056μF。

③ 数码表示法。这种方法一般用3位数字表示标称容量。前面两位数字表示电容器标称容量的有效数字，第三位数字表示有效数字后面零的个数，它们的单位是pF，如102表示1000pF，221表示220pF，224表示$22×10^4$pF。在这种方法中有一个特殊情况，就是当第三位数字用9表示时，是用有效数字乘以10^{-1}来表示标称容量的，如229表示$22×10^{-1}$pF，即2.2pF。

1.3.3 电容器种类及应用

常用电容器种类及应用见表1-6。

表1-6 常用电容器种类及应用

电容器类型	材料、结构组成及容量范围	特点	使用范围
有机薄膜电容器	采用合成的高分子聚合物卷绕而成，容量范围：15~550pF	电容量和工作电压范围很宽，稳定但易老化，耐热性差	用于通信、广播接收机等

续表

电容器类型	材料、结构组成及容量范围	特　点	使用范围
瓷介电容器	用陶瓷作介质，它的外形有圆片形、管形、筒形、迭片形等。容量范围：1～6800pF	具有性能稳定、绝缘电阻大、漏电流小、体积小、结构简单等特点，但机械强度较低，受力后易破碎	多用于高频电路
聚苯乙烯电容器	以聚苯乙烯为介质，以铝箔或直接在聚苯乙烯薄膜上蒸上一层金属膜为电极，卷绕后经过热处理而制成。容量范围：10pF～1μF	绝缘电阻高(可达2000MΩ)、耐压较高(可达3000V)、漏电流小、精度高，但耐热性能差	多用于滤波和要求较高的电路
云母电容器	用云母作介质，以金属箔为电极，外面用胶木粉压制而成。容量范围：10pF～0.1μF	具有介质损耗小、温度稳定性好、绝缘性能好等特点，但电容量不大	主要用于高频电路
纸介质电容器	以纸作介质，以铝箔为电极，卷成筒状，经密封后制成。容量范围：10pF～1μF	具有体积小、容量大、自愈能力强等特点，但漏电流和损耗较大、高频性能和热稳定性差	—
电解电容器	按正极的材料不同可分为铝、钽、铌、钛电解电容器等。它们的负极是液体、半液体或胶状的电解液，其介质为止极金属表面上形成的氧化膜。容量范围：0.47～10 000μF	有正负极之分，漏电流较其他电容器大得多、容量误差较大	用于电源滤波、低频耦合、去耦、旁路等
独石电容器	用以钛酸钡为主的陶瓷材料烧结而成的一种瓷介电容器，但制造工艺不同于一般瓷介电容器。容量范围：0.5pF～1mF	电容量大、体积小、可靠性高、电容量稳定、耐高温、耐湿性好	各种小型电子设备中作谐振、耦合、滤波、旁路等
超级电容器	是介于传统电容器和充电电池之间的一种新型储能装置。插入电解质溶液中的金属电极表面与液面两侧会出现符号相反的过剩电荷，从而使相间产生电位差。它所形成的双电层和传统电容器中的电介质在电场作用下产生的极化电荷相似，从而产生电容效应，紧密的双电层近似于平板电容器。但是，由于紧密的电荷层间距比普通电容器电荷层间距要小得多，因此具有比普通电容器更大的容量。容量范围：1pF～5000F	具有充电时间短、使用寿命长、温度特性好、节约能源和绿色环保等特点	用于起重装置，可提供超大电流的电力；用作车辆启动电源，可以替代传统的蓄电池；用作车辆的牵引能源可以生产电动汽车；用在军事上可保证坦克车、装甲车等战车的顺利启动；还可作为激光武器的脉冲能源或其他机电设备的储能能源

1.3.4 用万用表检测电容器

电容器的常见故障有断路、短路、失效等。为保证电路正常工作，事先必须对电容器进行检测。

1. 漏电电阻的测量

漏电电阻的测量用万用表的电阻挡($R\times10k$ 或 $R\times1k$ 挡,视电容器标称容量而定),当两表笔分别接触电容器的两根引线时,表针首先朝顺时针方向(R 为零的方向)摆动,然后慢慢地向反方向退回到无穷大(∞)位置的附近。当表针静止时所指的位置距无穷大较远时,表明电容器漏电严重,不能使用。有的电容器在测漏电电阻时,表针退回到无穷大位置时,又顺时针摆动,此时表明电容器漏电更为严重。

2. 电容器断路的测量

用万用表判断电容器的断路情况,首先要看电容器标称容量的大小。对于 $0.01\mu F$ 以下的小容量电容器,用万用表不能判断其是否断路,只能用其他仪表(如 Q 表等)进行鉴别。对于 $0.01\mu F$ 以上的电容器可用万用表测量,但是必须根据电容器标称容量的大小,分别选择合适的量程,才能正确地加以判断。如测 $300\mu F$ 以上的电容器电阻挡可放在 $R\times10k$ 或 $R\times1k$ 挡,测 $10\sim300\mu F$ 的电容器电阻挡可放在 $R\times100k$ 挡,测 $0.47\sim10\mu F$ 的电容器电阻挡可放在 $R\times1k$ 挡,测 $0.01\sim0.47\mu F$ 的电容器电阻挡可放在 $R\times10k$ 挡。具体的测量方法是,用万用表的两表笔分别接触电容器的两根引线(测量时,手不能同时碰触两根引线),如表针不动,将表笔对调后再测量,表针仍不动,说明电容器断路。

3. 电容器短路的测量

电容器短路的测量用万用表的电阻挡($R\times100$ 挡),将两表笔分别接触电容器的两根引线,如表针指示阻值很小或为零,且表针不再退回,说明电容器已被击穿短路。当测量电解电容器时,也要根据电容器标称容量的大小,选择适当的量程,电容器标称容量越小,量程 R 就要越小,否则会把电容器的充电误认为是击穿。

4. 电解电容器极性的判断

电解电容器极性的判断方法是,先用万用表测量电解电容器的漏电电阻,并记下这个阻值的大小,然后将红、黑表笔对调再测电容器的漏电电阻,将两次所测得的阻值对比,漏电电阻小的一次,黑表笔所接的就是负极。

1.4 电感元件的认知及测试

能产生电感作用的元件统称为电感元件,简称为电感器。常见电感器实物如图 1.13 所示。

图 1.13 常见电感器实物

1.4.1 电感器工作原理及作用

电感器是利用电磁感应的原理进行工作的。其作用是阻交流通直流、阻高频通低频(滤波)。也就是说，高频信号通过电感线圈时会遇到很大的阻力，很难通过，而低频信号通过它时所呈现的阻力则比较小，可以较容易地通过。电感线圈对直流电的电阻几乎为零。

1.4.2 电感器的种类

按照外形，电感器可分为空心电感器(空心线圈)与实心电感器(实心线圈)。按照工作性质，电感器可分为高频电感器(各种天线线圈、振荡线圈)和低频电感器(各种扼流圈、滤波线圈)。按照封装形式，电感器可分为普通电感器、色环电感器、环氧树脂电感器、贴片电感器。按照电感量，电感器可分为固定电感器和可调电感器。

【贴片元器件】

1.5 直流稳压电源的认知及使用

直流稳压电源实物如图 1.14 所示。

图 1.14 直流稳压电源实物

电子技术的特性，使得电子设备对电源电路的要求就是能够提供持续稳定、满足负载要求的电能，而且通常情况下都要求提供稳定的直流电能。提供这种稳定的直流电能的电源就是直流稳压电源。直流稳压电源在电源技术中占有十分重要的地位。另外，在初学阶段首先遇到的就是要解决电源问题，否则电路无法工作、电子制作无法进行，学习就无从谈起。虽然直流稳压电源型号、品牌众多，外形也多种多样，但其最重要的作用，就是在电源额定设计参数之下，输出幅值可调的直流电压。在本书的模拟电路和数字电路部分，均须用到直流稳压电源来进行元器件的测试和单元电路的调试。本节学习直流稳压电源的特性及使用方法。

1.5.1 直流稳压电源的面板操作

直流稳压电源面板如图 1.15 所示。
(1) 电源开关
将电源开关弹出，即为"关"位置，接入电源线，按电源开关，以接通电源。
(2) 电压调节(VOLTAGE)
直流稳压电源中，VOLTAGE 为电压输出调节部分。其中，FINE 为微调旋钮，COARSE 为粗调旋钮。

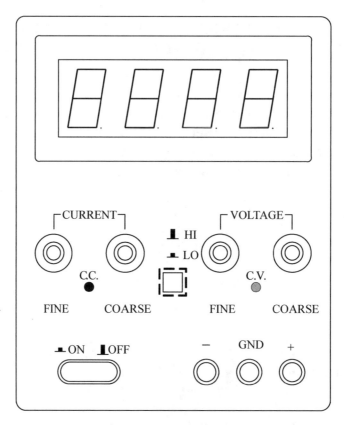

图 1.15 直流稳压电源面板

(3) 恒压指示灯(C.V.)

当电路处于恒压状态时，C.V.亮。

(4) 电流调节(CURRENT)

直流稳压电源中，CURRENT 为电流输出调节部分。其中，FINE 为微调旋钮，COARSE 为粗调旋钮。

(5) 恒流指示灯(C.C.)

当电路处于恒流状态时，C.C.亮。

1.5.2 课内实训：直流稳压电源的使用

训练要求：调节直流稳压电源输出，并用数字式万用表测量输出直流电压。

训练步骤如下。

① 接通电源。

② 调节直流稳压电源输出，先用电压调节粗调旋钮将电压输出调至 2V 左右，再通过微调旋钮精确调至 2V，用万用表测试输出是否满足要求，并记录直流稳压电源当前的输出值和测量值。

③ 同理，分别将直流稳压电源输出调至 5V、8V、10V、12V、15V，并记录。

使用一个激发装置(即信号源)来激励一个系统，以便观察、分析它对激励信号的反应如何，这是电子测试技术的标准实验之一，其中使用到的激发装置就是函数信号发生器。

1.6 信号发生器的认知及使用

YB1600 函数信号发生器实物如图 1.16 所示。

图 1.16 YB1600 函数信号发生器实物

1.6.1 信号发生器

信号发生器又称信号源或振荡器，在生产实践和科技领域中有着广泛的应用。各种波形曲线均可以用三角函数方程式来表示，能够产生多种波形(如三角波、锯齿波、矩形波、正弦波)的信号发生器被称为函数信号发生器。函数信号发生器在电路实验和设备检测中具有十分广泛的应用。例如，在通信、广播、电视系统中，把音频(低频)、视频信号或脉冲信号运载出去，就需要能够产生高频信号的信号发生器；在工业、农业、生物医学等领域内，高频感应加热、熔炼、淬火、超声诊断、核磁共振成像等操作，都需要功率或大或小、频率或高或低的信号发生器。在将要制作的音频放大电路及数显电容计中，为了观察每一个项目电路工作是否正常，就需要用函数信号发生器在其输入端输入一个一定频率和幅值的周期性的波形。

1.6.2 函数信号发生器的使用

为了了解函数信号发生器的使用，以 YB1610 函数信号发生器为例，先来看一下其控制面板，如图 1.17 所示。

① 电源开关：将电源开关按键弹出，即为"关"位置，接入电源线，按电源开关，以接通电源。

② LED 显示窗口：此窗口显示输出信号的频率，当"外测"开关按下，则显示外测信号的频率。如超出测量范围，溢出指示灯亮。

③ 频率调节旋钮：旋转此旋钮可改变输出信号的频率，顺时针旋转，则频率增大，逆时针旋转，则频率减小，微调旋钮可以微调频率。

④ 占空比指示灯：包括占空比开关和占空比调节旋钮。将占空比开关按下，占空比指示灯亮，此时，旋转占空比调节旋钮可改变波形的占空比。

⑤ 波形选择开关：按下对应波形的按钮，可输出需要的波形。

⑥ 衰减开关：电压输出衰减开关，两挡开关组合为 20dB、40dB。

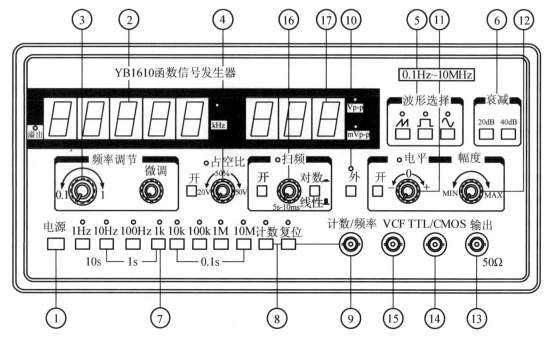

图 1.17　YB1610 函数信号发生器控制面板

⑦ 频率选择开关(兼频率计闸门开关)：根据所需要的频率，按下其中一个按钮。函数信号发生器默认 10k 挡正弦波。

⑧ 计数、复位开关：按计数键，LED 显示开始计数，按复位键，LED 全显示 0。

⑨ 计数/频率端口：计数、外测信号频率输入端口。

⑩ 外测频率开关：按下此开关，LED 显示窗口显示外测信号频率或计数值。

⑪ 电平调节旋钮：按下电平调节开关，电平指示灯亮，此时旋转电平调节旋钮可改变直流电的偏置电平。

⑫ 幅度调节旋钮：顺时针旋转此旋钮增大电压输出幅度，逆时针旋转此旋钮可减小电压输出幅度。

⑬ 电压输出端口：电压由此端口输出。

⑭ TTL/CMOS 输出端口：TTL/CMOS 信号由此端口输出。

⑮ VCF 端口：电压控制频率变化由此端口输入。

⑯ 扫频调节旋钮：按下扫频开关，电压输出端口输出的信号为扫频信号，旋转速率调节旋钮，可改变扫频速率，改变线性和对数开关可产生线性扫频和对数扫频。

⑰ 电压输出指示：三位 LED 显示输出电压值，接 50Ω 负载时应将输出电压读数除以 2。

1.7　示波器的认知及使用

YB4328 示波器实物如图 1.18 所示。

项目 1　电子技术基本技能训练

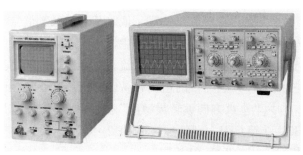
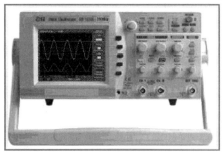

图 1.18　YB4328 示波器实物

1.7.1　示波器认知

1. 示波器概况

示波器是用来显示电压波形的，其核心部件是示波管。而示波管则是由电子枪、Y 偏转板、X 偏转板、荧光屏组成的，利用电子开关将两个待测的电压信号 YCH1 和 YCH2 周期性地轮流作用在 Y 偏转板上。由于视觉滞留效应，因此能在荧光屏上看到两个波形。

为了了解示波器的使用，以 YB4328D 示波器为例，先来看一下其控制面板，如图 1.19 所示。

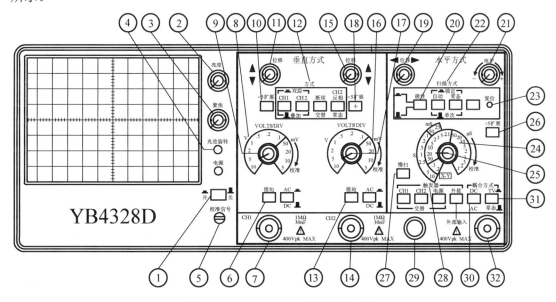

图 1.19　YB4328D 示波器控制面板

2. 电源和光屏显示旋钮

①为电源"开关"按键。②为"亮度"旋钮。③为"聚焦"旋钮。④为"光迹旋转"旋钮。⑤为"校准信号"接口，自校信号是一个标准方波，其峰-峰值为 2.0V，用于自校准。

3. 垂直方式选择按键

选择⑫垂直方式，中间有一条细线将屏幕分成 CH1 和 CH2 两部分，两部分是对称的

21

且功能相同，然后通过⑫下面的按键选择信号通道和显示方式。由"反相"和"常态"按键决定其显示方式为双踪显示，"断续"和"交替"按键分别决定了低时基下的低频信号和较快时基下的高频信号。按下 CH1，弹起 CH2，则信号从⑦(CH1)中输入，此时⑥～⑪起作用。其中，⑥按下信号接地，弹起信号接通。AC、DC 分别为交流、直流耦合。⑦是接探头的接口位置。⑧、⑨旋钮为"垂直方向偏转灵敏度"的粗调和微调旋钮，若要其准确指示，微调旋钮须以逆时针方向调到底。⑩为"垂直方向偏转灵敏度"扩展倍数按键。⑪为"垂直方向(Y 方向)位移"旋钮。按下 CH2，弹起 CH1，则信号从⑭(CH2)中输入，此时⑬～⑱起作用，用于通道信号的调节，功能和 CH1 中的⑥～⑪相同。

4. 位移和电平旋钮

⑲为"水平方向(X 方向)位移"旋钮，用以调节信号在水平方向的位置。⑳为"极性"按键，用以选择被测信号在上升沿或下降沿触发扫描。㉑为"电平"旋钮，用以调节被测信号在变化至某一电平时触发扫描。

5. 扫描旋钮或按键

㉒为"扫描方式"按键，用于选择产生扫描的方式。

自动：当无触发信号输入时，屏幕上显示扫描光迹，一旦有触发信号输入，电路自动转换为触发扫描状态，调节电平可使波形稳定地显示在屏幕上，此方式适合观察频率在 50Hz 以上的信号。

常态：无触发信号输入时，屏幕上无光迹显示，有触发信号输入且电平旋钮在合适位置上时，电路被触发扫描，当被测信号频率低于 50Hz 时，必须选择该方式。

锁定：仪器工作在锁定状态后，无须调节电平即可使波形稳定地显示在屏幕上。

单次：用于产生单次扫描，进入单次状态后，按动复位键，电路工作为单次扫描方式，扫描电路处于等待状态。当有触发信号输入时，扫描只产生一次，下次扫描需再次按动复位键。

㉔为"扫描因数(或称扫描速率 SEC/DIV)"粗调旋钮，根据被测信号的频率高低，选择合适的挡次。㉕为"扫描因数(或称扫描速率 SEC/DIV)"微调按钮，用于连续调节扫描速率，调节范围≥2.5 倍，顺时针旋转为校准位置。㉖为"×5 扩展"按键，按下此键，水平扫描速率扩展 5 倍。

6. 其他按键

㉘为"触发器"按键，用于选择不同的触发源。

CH1：双踪显示时，触发信号来自 CH1 通道，单踪显示时，触发信号来自被显示的通道。CH2 的功能同 CH1。

交替：双踪显示时，触发信号交替来自两个通道，此方式用于同时观察两路不相关的信号。

电源：触发信号来自市电。

外接：触发信号来自外部输入端口。

㉙为"机壳接地"端口。

㉚为"AC/DC"按键，其决定外触发信号的触发方式，当选择外触发源且信号频率很低时，应将开关置于"DC"位置。

㉛为"常态/TV"按键，测量时一般应将此开关置于"常态"位置，当需观察电视信号时，将此开关置于"TV"位置。

㉜为"外部输入"端口，当触发器选择外接方式时，触发信号由此端口输入。

1.7.2 示波器的定量测量

定量测量时，应将⑨、⑰、㉕旋钮置于"校准"位置，这样可以按照旋钮所指的读数计算出被测信号的相关参数。

【示波器的使用】

1. 直流电压值的测量

测量直流电压值时，首先使屏幕显示一条水平扫描线，置输入耦合开关"AC/DC"于"AC"，此时显示的扫描线为零电平的参考基准线，再将开关置于"DC"位置。输入端加上被测信号，此时将⑯旋钮所指的数值与信号在Y方向位移上的格数相乘，即为所测信号的直流电压值。高于或低于零电平的电压分别为正值和负值。

例1 被测点基准电平为2.6格，且当前⑯旋钮置于0.2V，求直流电压值。

解：$U=(2.6×0.2)\text{V}=0.52\text{V}$

2. 交流电压值的测量

测量交流电压值时，置输入耦合开关"AC/DC"于"AC"，观察屏幕上信号波形在Y轴方向显示的格数，其测量交流电压峰-峰值为⑯旋钮所指的数值与信号在Y方向位移上格数的乘积。图1.20所示的波形峰-峰值 $U_{\text{P-P}}=(2.2×2×0.2)\text{V}=0.88\text{V}$（当前⑯旋钮置于0.2V）。

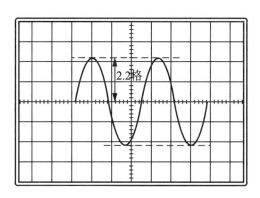

图1.20 交流电压值的测量

3. 周期和频率的测量

测量交流量的周期和频率时，观察X轴波形，将一个周期所占的格数与扫描速率粗调旋钮㉔当前指示值相乘，即为该交流量的周期。

例2 求图1.21所示(扫描速率粗调旋钮㉔当前指示值为0.2ms/div)的波形周期。

解：$T=(5×0.2)\text{ ms}=1\text{ms}$，则频率 $f=1\text{kHz}$

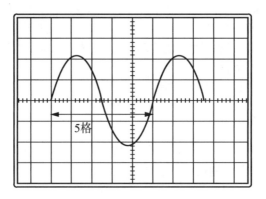

图 1.21 周期和频率的测量

4. 同频率两信号之间相位差的测量

将两个信号加到 CH1 和 CH2 输入插座，显示方式置于断续或交替，读出信号一个周期所占格数为 N，两信号相位差所占格数为 M，则相位差 $\phi=M/N×360°$。

如图 1.22 所示的波形一个周期内在 X 轴上占 6 个格，如果以超前的信号波形 A 为基准信号，波形 B 滞后波形 A 的格数为 2 个格，则相位差 $\phi=2/6×360°=120°$。

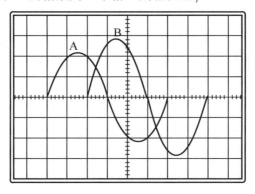

图 1.22 同频率两信号之间相位差的测量

1.7.3 用示波器测试信号发生器输出波形的特性参数

1. 调节信号发生器的输出

信号频率的调节方法是，按下信号发生器面板下方"频率"选择开关并配合右上方三个"波形选择"开关，可以输出 20Hz～200kHz 内的任意正弦波信号。

2. 使用示波器进行测试

① 将示波器接通电源，待预热后顺时针调节"亮度"旋钮，使触发方式开关置于"自动"，而"水平方向位移"旋钮、"垂直方向位移"旋钮置中，使屏幕上出现扫描线，调"聚焦"旋钮使扫描线细而清晰。在此过程中熟悉"亮度""聚焦""水平方向位移""垂直方向位移"旋钮的作用。

② 将低频信号发生器输出端接示波器 Y 轴输入，旋转信号发生器的"幅度"调节旋

钮，使其输出电压(有效值)为 2V，频率为 1kHz，用示波器观察电压波形，并测量信号幅度、周期及频率。

③ 调节有关旋钮，使屏幕上显示的波形增加或减少，例如在屏幕上得到 1 个、3 个或 6 个完整的正弦波，熟悉"扫描因数"等旋钮的作用。

④ 将信号频率改成 100Hz、10kHz、100kHz，旋转有关旋钮使波形清晰、稳定，并重复上述②、③的操作。

1.8 手工焊接工艺

手工焊接是焊接技术的基础，也是电子产品装配的一项基本操作技能。其适用于小批量生产、具有特殊要求的高可靠产品，某些不便于机器焊接的场合，以及调试和维修过程中修复焊点和更换元器件等。手工焊接工艺具有不可替代性。

1.8.1 焊接工具和焊料

1. 焊接工具

电烙铁是手工焊接的基本工具，其作用是加热焊件和被焊金属，使熔融的焊料润湿被焊金属表面并生成合金。常见的电烙铁有内热式电烙铁、外热式电烙铁、吸锡电烙铁、恒温电烙铁、热风枪等多种，如图 1.23 所示。

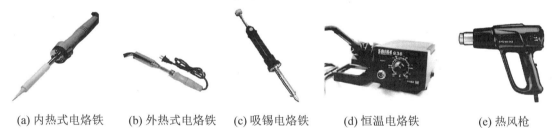

(a) 内热式电烙铁　　(b) 外热式电烙铁　　(c) 吸锡电烙铁　　(d) 恒温电烙铁　　(e) 热风枪

图 1.23　常见的电烙铁

(1) 内热式电烙铁

内热式电烙铁由连接杆、手柄、弹簧夹、烙铁芯、烙铁头(俗称铜头)等组成，结构如图 1.24 所示。烙铁芯安装在烙铁头的里面，故称为内热式电烙铁。烙铁芯采用镍铬电阻丝绕在瓷管上制成，且可更换。内热式电烙铁的规格有 20W、30W、50W 等。

图 1.24　内热式电烙铁结构

(2) 外热式电烙铁

外热式电烙铁一般由烙铁头、烙铁芯、外壳、手柄、插头等部分组成，结构如图 1.25 所示。烙铁头安装在烙铁芯的里面，故称为外热式电烙铁。烙铁头的长短可以调整，且越短，其温度就越高。外热式电烙铁的规格有 20W、25W、30W、50W、75W、100W、150W、300W 等多种规格。

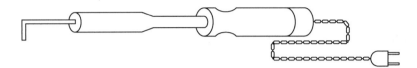

图 1.25 外热式电烙铁结构

(3) 吸锡电烙铁

在电子产品的调试与维修过程中,有时因印制电路板焊点上的锡砣不易清除,所以难以取下安装在印制电路板上的元器件,这时,若采用吸锡电烙铁进行拆焊就非常方便。

吸锡电烙铁是将活塞吸锡器与电烙铁融为一体的拆焊工具,它的烙铁头是空心的,结构如图 1.26 所示。操作时,先加热焊点,待焊锡熔化后,按动吸锡装置,焊锡被吸走,元器件与印制电路板脱焊。

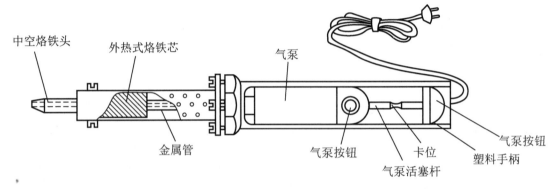

图 1.26 吸锡电烙铁结构

(4) 恒温电烙铁

恒温电烙铁内部采用高居里温度条状的 PTC 恒温发热元件,配设紧固导热结构,如图 1.27 所示。与传统的电热丝烙铁芯相比,其具有升温迅速、节能、工作可靠、寿命长、成本低廉、用低电压 PTC 发热芯就能在野外使用、便于维修工作的特点。

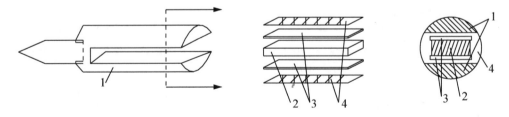

图 1.27 恒温电烙铁内部结构

1—可卸换式速热烙铁头;2—条状的 PTC 恒温发热元件;3—电极片;4—包裹绝缘层

(5) 热风枪

热风枪是手机维修中使用最多的工具之一,而且使用的工艺要求也很高。从取下或安装小元件到大片的集成电路,都要用到热风枪。不同的场合对热风枪的温度和风量等会有特殊要求,温度过低会造成元件虚焊,温度过高会损坏元件及印制电路板,风量过大会吹跑小元件。因此不要因为价格问题而去选择低档次的热风枪。

2. 焊料和助焊剂

焊料的主要作用就是与被焊工件连接起来，对电路来说构成一个通道。

常用焊料具备的条件如下。

① 焊料的熔点要低于被焊工件。

② 易于与被焊工件连成一体，要具有一定的抗压能力。

③ 要有较好的导电性能。

④ 要有较快的结晶速度。

在焊接工艺中，一般使用锡铅合金焊料，也称共晶焊锡，其中锡的含量为 61.9%，铅的含量为 38.1%。共晶焊锡拉伸强度、折断力、硬度都较大，且结晶细密、机械强度高，是焊料中性能最好的一种。

焊料在使用时常按规定的尺寸加工成型，有片状、块状、棒状、带状和丝状等多种形状。其中丝状焊料通常称为焊锡丝，中心包着松香助焊剂，也叫松脂芯焊丝，手工焊接时经常使用。焊锡丝的外径通常有 0.5mm、0.6mm、1.0mm、1.2mm、1.6mm、2.0mm、2.3mm 等规格。

松香助焊剂是电子产品焊接中应用最广泛的一种可靠助焊剂，在焊接工艺中能帮助和促进焊接过程，同时具有焊接保护、阻止氧化反应的作用。

3. 电烙铁的握法

根据电烙铁的大小、形状和被焊工件的要求等不同情况，电烙铁的握法通常有三种，如图 1.28 所示。

图 1.28　电烙铁的三种握法

① 反握法，即用五指把烙铁手柄握在手掌内。这种握法动作稳定，适用于大功率的电烙铁和热容量大的被焊工件的焊接。

② 正握法，适用于弯烙铁头操作或直烙铁头在机架上焊接互连导线时的操作。

③ 握笔法，就像写字时握笔一样，适用于小功率的电烙铁和热容量小的被焊工件的焊接。

4. 焊锡丝的拿法

焊锡丝的拿法分为两种：一种是连续工作时的拿法，用左手的拇指、食指和小指夹住焊锡丝，用另外两个手指配合就能把焊锡丝连续向前送进；另一种是断续工作时的拿法，将焊锡丝通过左手的虎口，用大拇指和食指夹住，这种拿焊锡丝的方法不能连续向前送进焊锡丝，如图 1.29 所示。

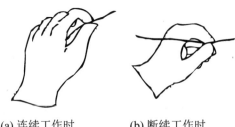

(a) 连续工作时　　　(b) 断续工作时

图 1.29　焊锡丝的拿法

电烙铁使用注意事项

① 根据焊接对象合理选用不同类型的电烙铁。

② 使用过程中，不要随意敲击烙铁头，以免损坏。内热式电烙铁连杆钢管壁厚度只有 0.2mm，不能用钳子夹，以免损坏。电烙铁在使用过程中应经常维护，保证烙铁头挂上一层薄锡。

【焊接】

1.8.2　焊接操作手法及焊点的形成

手工焊接的常用操作方法是五步工序法，如图 1.30 所示。五步工序法的操作步骤具体如下。

① 准备阶段。把烙铁头和焊锡丝同时移向焊接点。

② 加热焊件。把烙铁头放在被焊部位上进行加热。

③ 熔化焊锡丝。被焊部位加热到一定温度后，立即将手中的 V 形焊锡丝放到被焊部位，熔化焊锡丝。

④ 移开焊锡丝。当焊锡丝熔化到一定量后，迅速撤离焊锡丝。

⑤ 移开烙铁头。当焊锡丝扩散到一定范围后，移开烙铁头。

(a) 准备阶段　(b) 加热焊件　(c) 熔化焊锡丝　(d) 移开焊锡丝　(e) 移开烙铁头

图 1.30　五步工序法

通过上述操作步骤，形成的焊点可能会出现如下情况，如图 1.31 所示。正确焊接的焊点应具有如下特征。

① 焊点应接触良好，保证被焊工件间能稳定可靠地通过一定的电流，尤其要避免虚焊的产生。

② 焊点要有足够的机械强度，以保证被焊工件不致脱落。

③ 焊点表面应美观、有光泽，不应出现棱角或拉尖等现象。

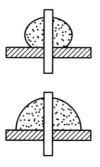 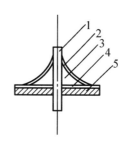

(a) 错误焊接的焊点　　　　　　(b) 正确焊接的焊点

图 1.31　焊接焊点

1—母材；2—表面层；3—焊料层；4—铜箔；5—基板

在电子产品组装中，要保证焊接的高质量相当不容易，因为手工焊接的质量受很多因素的影响，故在焊接过程中应注意如下事项。

1.8.3　焊接注意事项

(1) 被焊工件必须具备可焊性

被焊工件表面必须能被焊料润湿，即能沾锡。因此，在进行焊接前必须清除被焊工件表面的油污、灰尘、杂质、氧化层、绝缘层等。

(2) 烙铁头的温度要适当

一般烙铁头的温度控制在使助焊剂熔化较快又不冒烟时的温度。

(3) 焊接时间要适当

焊接时间一般控制在几秒钟之内完成。集成电路装配时引脚焊接一般以 2~3s 为宜，其他一般 2~5s 即可。需要注意的是焊接时间过长容易烫坏元器件及造成印制电路板铜箔脱落，焊接时间过短又容易造成虚焊。

(4) 焊料和助焊剂的使用要适量

焊料和助焊剂使用过多容易造成堆锡并流入元器件管脚的底部，可能造成管脚之间的短路，使用过少易使焊点机械强度降低。

(5) 焊点凝固过程中不要触动焊点

焊点凝固过程中不要触动焊点上的被焊元器件或导线，以免造成焊点变形和虚焊。

 拓展讨论

党的二十大报告指出：深入实施人才强国战略。加快建设国家战略人才力量，努力培养造就更多大师、战略科学家、一流科技领军人才和创新团队、青年科技人才、卓越工程师、大国工匠、高技能人才。加强人才国际交流，用好用活各类人才。深化人才发展体制机制改革，真心爱才、悉心育才、倾心引才、精心用才，求贤若渴，不拘一格，把各方面优秀人才集聚到党和人民事业中来。

【手工焊接】

1. 同学们通过一定时间的手工焊接练习，从原来的不熟练到最后能熟练掌握手工工艺并完成一个小作品的安装及调试，在这个过程中大家可以体会到什么？

2. 请同学们结合党的二十大报告内容思考，如何才能成为一个大国工匠？要从哪些方面做起？

1.8.4 拆焊

在电子产品的调试、维修工作中，常需更换一些元器件。更换元器件时，首先应将需更换的元器件拆焊下来。若拆焊的方法不当，就会造成印制电路板或元器件的损坏。

对于一般的电阻器、电容器、晶体管等管脚不多的元器件，可采用电烙铁直接进行分点拆焊。方法是一边用电烙铁(烙铁头一般不需蘸锡)加热元器件的焊点，一边用镊子或尖嘴钳夹住元器件的引线，轻轻地将其拉出来，再对原焊点的位置进行清理，认真检查是否因拆焊而造成相邻电路短路或开路。

项 目 小 结

1. 万用表可用来测试电路及电子器件的各种不同电参数，如电阻、电压、电流等。
2. 电阻器、电位器、电容器、电感器等是构成电子电路的基本元件。
3. 直流稳压电源可输出可调的直流电压，能够给各种电源电路提供持续稳定、满足负载要求的直流电能。
4. 信号发生器又称信号源或振荡器，能够产生多种波形(如三角波、锯齿波、矩形波、正弦波)，信号发生器在电路实验和设备检测中具有十分广泛的应用。
5. 示波器是一种常用的电子测量仪表，可用于测量各种信号的电压、电流的幅值、频率等基本参数。

习 题

一、选择题

1.1 低频信号发生器是用来产生(　　)信号的信号源。
A．标准方波　　　　　　　　　B．标准直流
C．标准高频正弦　　　　　　　D．标准低频正弦

1.2 使用低频信号发生器时，(　　)。
A．先将"电压调节"放在最小位置，再接通电源
B．先将"电压调节"放在最大位置，再接通电源
C．先接通电源，再将"电压调节"放在最小位置
D．先接通电源，再将"电压调节"放在最大位置

1.3 发现示波管的光点太亮时，应调节(　　)。
A．" 聚焦" 旋钮　　　　　　　B．" 亮度" 旋钮

C．"Y 轴增幅"旋钮　　　　　　　D．"X 轴增幅"旋钮

1.4　低频信号发生器开机后，(　　)即可使用。

　　A．很快　　　　　　　　　　　B．加热 1min 后

　　C．加热 20min 后　　　　　　　D．加热 1h 后

1.5　用普通示波器观测一波形，若屏幕上显示由左向右不断移动的不稳定波形时，应当调整(　　)旋钮。

　　A．"水平方向位移"　　　　　　B．"扫描因数"

　　C．"整步增幅"　　　　　　　　D．"同步选择"

1.6　用万用表检查电容器的好坏，测量前先使电容器短路，放电后再测量，将万用表电阻挡打到 $R×1k$ 挡，当指针满偏转时，说明电容器(　　)。

　　A．正常　　　B．断开　　　C．短路　　　D．开路

1.7　用万用表电阻挡测量电阻时，要选择好适当的倍率挡，应使指针尽量接近(　　)处，测量结果比较准确。

　　A．高阻值的一端　　　　　　　B．低阻值的一端

　　C．标尺中心　　　　　　　　　D．标尺 2/3

二、简答题

1.8　电阻器的阻值为 $1.5kΩ$ 左右，在复核时选用万用表的哪一个量程挡，为什么？

1.9　电阻器的五色环依次为黄、紫、蓝、黄、金，它的标称阻值与标称误差各是多少？

1.10　如何用万用表判断电位器的好坏？

1.11　一批电容器上分别标注下列数字和符号：22n、3n3、202、R22、339、0.47、620、3P3、103、503，试指出各个电容器的标称容量。

1.12　在使用万用表的电流挡或电压挡时，为什么要尽量选用较大的量程挡？

1.13　数字式万用表具有哪些特点？

1.14　产生虚焊的原因有哪些？

1.15　手工焊接操作的五步工序法是什么？

项目 2

二极管的认知及直流稳压电源的制作

学习目标

1. 知识目标
(1) 掌握 PN 结、二极管的特性，了解二极管的结构、种类及应用场合。
(2) 掌握直流稳压电源的组成，了解电路原理分析及基本计算。
2. 技能目标
(1) 学会判别及使用万用表测试二极管的极性。
(2) 制作直流稳压电源，掌握整流电路、滤波电路及稳压电路的工作原理，学会对电路出现的故障进行原因分析及排除。

生活提点

平时我们所用到的包括计算机、手机、剃须刀等电子设备及将要制作的音频放大器，都需要直流电源供电，但电网家用供电一般都是 220V 交流电，这就需要通过一定的装置把 220V 的单相交流电转换为只有几伏或几十伏的直流电，能完成这个转换的装置就是直流稳压电源。

项目 2　二极管的认知及直流稳压电源的制作

项目任务

制作音频放大电路的直流稳压电源部分，要求该直流稳压电源输出电压为±15V，输出功率要达到 10W 以上。晶体管直流稳压电源的 PCB 如图 2.1 所示。

图 2.1　晶体管直流稳压电源的 PCB

项目实施

2.1　二极管的认知

各种二极管实物如图 2.2 所示。

(a) 整流二极管　　　(b) 发光二极管　　(c) 大功率螺栓二极管　　(d) 快恢复二极管

图 2.2　各种二极管实物

2.1.1　二极管的结构、类型及图形符号

二极管按其结构的不同，可分为点接触型、面接触型和平面型三种。常见二极管的结构、外形和图形符号如图 2.3 所示。二极管的两极分别称为正极和负极，或阳极和阴极。

33

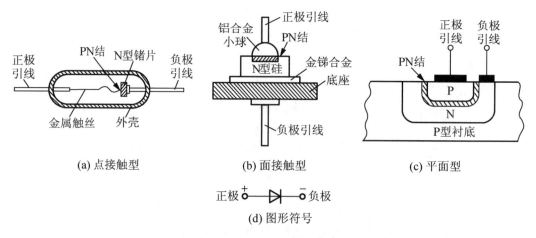

图 2.3 常见二极管的结构、外形和图形符号

2.1.2 判别二极管极性

二极管是有极性的,通常在二极管的外壳上标有二极管的极性符号,标有色环(一般黑壳二极管为银白色标记,玻壳二极管为黑色标记)的一端为负极,另一端为正极,如图 2.4 所示。

图 2.4 二极管的极性判别

二极管的极性也可通过万用表的电阻挡测定,将万用表打在 $R \times 100$ 或 $R \times 1k$ 挡上。二极管具有单向导电性,正向电阻小,反向电阻大(这在后续内容中会详细分析),在测试时,若二极管正偏,则万用表黑表笔所搭位置为二极管的正极,而红表笔所搭位置为二极管的负极。其极性测试电路如图 2.5 所示。

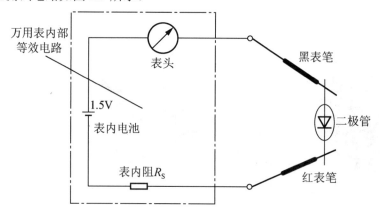

图 2.5 二极管极性测试电路

二极管正、反向电阻的测量值相差越大越好,一般二极管的正向电阻测量值为几百欧,反向电阻为几十千欧到几百千欧。如果测得正、反向电阻均为无穷大,说明二极管内部断路。如果测得正、反向电阻均为零,说明二极管内部短路。如果测得正、反向电阻几乎一样大,说明二极管已经失去作用,没有使用价值了。

2.2 测试二极管的单向导电性及电路仿真

二极管仿真测试电路如图 2.6 所示。

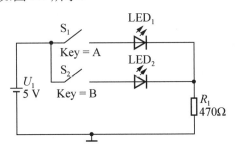

图 2.6 二极管仿真测试电路

二极管单向导电性测试器件清单见表 2-1。

表 2-1 二极管单向导电性测试器件清单

序 号	名 称	规 格	数 量
1	晶体管直流稳压电源	—	1
2	面包板	—	1
3	发光二极管	红色($\phi 3$)	2
4	金属膜电阻器	470Ω	1
5	万用表	—	1
6	导线	—	若干

测试步骤如下。

① 按图 2.6 所示的测试电路将元器件装在面包板上,并正确连线。

② 将晶体管直流稳压电源+5V 电压输出接 LED_1 正极,负极接地,闭合 S_1,观察 LED_1 是否发光并记录。

③ 将晶体管直流稳压电源+5V 电压输出接 LED_2 负极,正极接地,闭合 S_2,观察 LED_2 是否发光并记录。

测试结果分析如下。

① LED_1 发光,用电流表测试电路中有电流,说明二极管导通。

② LED_2 不发光,用电流表测试电路中电流基本为零,说明二极管截止。

二极管是由半导体组成的,想一想,为什么在上述不同接法下,二极管会出现这样两种不同情况呢?下面来学习一下相关知识。

2.2.1 半导体及基本特性

自然界中存在许多不同的物质,根据其导电性能的不同大体可分为导体、绝缘体和半导体三大类。通常,将很容易导电、电阻率小于 $10^{-4}\Omega\cdot cm$ 的物质称为导体,如铜、铝、银等金属材料。将很难导电、电阻率大于 $10^{10}\Omega\cdot cm$ 的物质称为绝缘体,如塑料、橡胶、陶瓷等材料。将导电能力介于导体和绝缘体之间、电阻率在 $10^{-4} \sim 10^{10} \Omega \cdot cm$ 的物质称为半导体。常用的半导体材料是硅(Si)和锗(Ge)，由于硅和锗等都是晶体，因此利用该两种材料制成的半导体器件称为晶体管。

同时，半导体的导电能力会随着温度、光照等的变化而变化，分别称为热敏性和光敏性，半导体的导电能力也会因掺入适量杂质而发生很大的变化，称为杂敏性。例如在半导体硅中，只要掺入亿分之一的硼，电阻率就会下降到原来的几万分之一，利用这一特性，可以制造出不同性能、不同用途的半导体器件；而金属导体即使掺入千分之一的杂质，对其电阻率几乎也没有什么影响。

2.2.2 本征半导体和杂质半导体

通常把纯净的不含任何杂质的半导体(硅和锗)称为本征半导体，从化学的角度来看，硅和锗的原子序数分别为 14 和 32，它们最外层的电子数都是 4 个，是四价元素。因为导电能力的强弱，在微观上看就是单位体积中能自由移动的带电粒子的数目，所以，由硅和锗组成的半导体的导电能力介于导体和绝缘体之间。

掺入杂质的本征半导体称为杂质半导体。杂质半导体根据掺入杂质的不同，可分为 N 型半导体和 P 型半导体。

1. N 型半导体

在四价的本征硅(或锗)中，掺入微量的五价元素磷(P)之后，磷原子数量较少，不会改变硅(或锗)原子的共价键结构，而是和硅(或锗)原子一起组成新的共价键结构，形成 N 型半导体。

2. P 型半导体

在四价的本征硅(或锗)中，掺入微量的三价元素硼(B)之后，参照上述分析，硼原子也和周围相邻的硅(或锗)原子组成新的共价键结构，形成 P 型半导体。

2.2.3 PN 结的形成与单向导电性

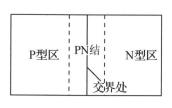

图 2.7 PN 结的形成

在一块本征半导体上通过某种掺杂工艺，使其形成 N 型区和 P 型区两部分，在它们的交界处就形成了一个特殊薄层，这就是 PN 结，如图 2.7 所示。

将 PN 结的 P 型区接较高电位(比如电源的正极)，N 型区接较低电位(比如电源的负极)，给 PN 结外加正向偏置电压简称正偏电压，如图 2.8 所示。PN 结正偏时，在 PN 结电路中形成了以扩散电流为主的正向电流 I_F，且扩散电流随外加电压的增加而增加，当外加电压增加到一定值后，扩散电流呈指数上升。由于 PN 结对正偏呈现较小的电阻(理想状态下可以看成是短路情况)，因此此时称为正向导通状态。

将 PN 结的 P 型区接较低电位(比如电源的负极)，N 型区接较高电位(比如电源的正极)，给 PN 结外加反向偏置电压简称反偏电压，如图 2.9 所示。PN 结反偏时，在 PN 结电路中形成了反向电流 I_R，在一般情况下该电流都非常小，近似等于零，可将此时 PN 结的工作状态称为反向截止状态。

由此可说明，PN 结具有单向导电性。

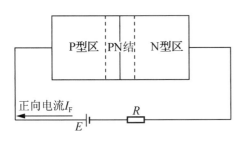
图 2.8　PN 结外加正偏电压

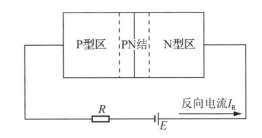
图 2.9　PN 结外加反偏电压

半导体的核心是 PN 结,又因为二极管是由半导体制成的,所以 PN 结的单向导电性也是二极管的主要特征。二极管由管芯(主要是 PN 结)、正极、负极(从 P 型区和 N 型区分别焊出两根金属引线)和封装外壳组成。接下来学习一下二极管的特性。

**拓展讨论**

党的二十大报告指出:基础研究和原始创新不断加强,一些关键核心技术实现突破,战略性新兴产业发展壮大,载人航天、探月探火、深海深地探测、超级计算机、卫星导航、量子信息、核电技术、新能源技术、大飞机制造、生物医药等取得重大成果,进入创新型国家行列。

1. 结合党的二十大报告,我国在哪些新兴产业领域和关键核心技术上取得了突破?
2. 半导体产业已经成为我们国家重点发展的基础产业,请同学们思考一下,国家对半导体的发展提出了哪些政策?具有什么样的意义?

【光刻机发展】

2.2.4　二极管的伏安特性曲线

二极管的伏安特性是指通过二极管的电流与外加偏置电压的关系,由图 2.10 可知该特性由三部分组成。

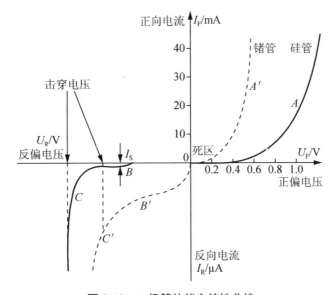

图 2.10　二极管的伏安特性曲线

1. 正向导通特性

当正偏电压 U_F 开始增加时(即正向导通特性的起始部分)，此时 U_F 较小，正向电流仍几乎为零，该区域称为死区，硅管的死区电压约为 0.5V，锗管约为 0.1V。只有当 U_F 大于死区电压后，才开始产生正向电流 I_F。二极管正偏导通后的管压降是一个恒定值，硅管和锗管分别取 0.7V 和 0.3V。

2. 反向截止特性

当外加反偏电压 U_R 时，开始硅管的反向电流 I_R 较小，基本可忽略不计。一般室温下硅管的反向电流小于 1μA，锗管为几十微安到几百微安，如图 2.10 中所示的 B 段。

3. 反向击穿特性

反向击穿特性属于反向截止特性的特殊部分。当 U_R 继续增加并超过某一特定电压值时，反向电流将急剧增大，这种现象称为击穿。

如果 PN 结击穿时的反向电流过大(比如没有串接限流电阻等原因)，使 PN 结的温度超过允许结温(硅管 PN 结为 150～200℃，锗管 PN 结为 75～100℃)，PN 结将因过热而损坏，称为热击穿，是一种不可逆击穿。但也有个别特殊二极管工作于反向击穿区，且形成可逆的电击穿，如稳压二极管。

2.2.5 二极管的主要参数

【二极管】

为了正确选用及判断二极管的好坏，必须对其主要参数有所了解。

1. 最大整流电流 I_F

最大整流电流是指二极管在一定温度下，长期允许通过的最大正向平均电流。超过这一电流会使二极管因过热而损坏。另外，对于大功率二极管，必须加装散热装置。

2. 反向击穿电压 U_{BR}

二极管反向击穿时的电压值称为反向击穿电压。一般手册上给出的最大反向工作电压 U_{RM} 约为反向击穿电压的一半，以保证二极管正常工作的裕量。

3. 反向电流 I_R

反向电流是指在规定的室温和反向工作电压下(二极管未被击穿时)通过二极管的电流。这个值越小，二极管的单向导电性就越好，同时该电流大小随温度的增加而按指数规律上升。

2.2.6 特殊二极管

1. 稳压二极管

常见稳压二极管如图 2.11 所示。

(a) 实物图　　　　　　　　　　　　(b) 图形和文字符号

图 2.11　常见稳压二极管

加在二极管上的反偏电压如果超过二极管的承受能力，二极管就会被击穿损毁。但是有一种二极管，它的正向导通特性与普通二极管相同，而反向截止特性却比较特殊。当反偏电压加到一定程度时，管子呈现击穿状态，虽然通过较大电流，却不损毁，并且这种现象的重复性很好。反过来看，只要该二极管处在击穿状态，尽管流过二极管的电流变化很大，但是二极管两端的电压却变化极小，该二极管便起到了稳压作用。这种特殊的二极管叫稳压二极管，其图形和文字符号如图 2.11(b)所示，它的伏安特性曲线如图 2.12(b)所示，其正向导通特性曲线与普通二极管相似，但是反向击穿特性曲线很陡。图 2.12 中的 U_Z 表示反向击穿电压，当电流的增量 ΔI_Z 很大时，ΔU_Z 的变化很小。

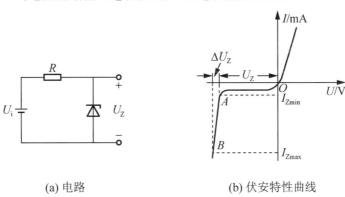

(a) 电路　　　　　　　　　　(b) 伏安特性曲线

图 2.12　稳压二极管的电路和伏安特性曲线

只要稳压二极管的反向电流不超过其最大整流电流，就不会形成破坏性的热击穿，因此，在电路中应与稳压二极管串联一个具有适当阻值的限流电阻。

2. 发光二极管(Light-Emitting Diode，LED)

发光二极管的实物和图形符号如图 2.13(b)和图 2.13(c)所示，是一种将电能直接转换成光能的固体器件。发光二极管和普通二极管相似，也是由一个 PN 结组成，结构如图 2.13(a)所示。发光二极管在正向导通时，发出一定波长的可见光。光的波长不同，颜色也不同。常见的发光二极管有红、绿、黄等颜色。发光二极管的驱动电压低、工作电流小，具有很强的抗振动和抗冲击能力，同时由于发光二极管的体积小、可靠性高、耗电省、寿命长，因此被广泛用于制作显示器件，如可制成七段式(数码管)或矩阵式器件，如图 2.13(d)所示。还可先用发光二极管将电信号变为光信号，然后通过光缆传输，再用光电二极管接收光信号，使其转换为电信号，如图 2.13(e)所示。或利用上述发光二极管和光敏晶体管制成光电耦合器，如图 2.13(f)所示。

发光二极管的反向击穿电压一般大于 5V，但为使器件长时间稳定而可靠的工作，安全使用电压选择在 5V 以下，同时发光二极管在使用时也需要串联一个具有适当阻值的限流电阻。

3. 有机发光二极管(Organic Light-Emitting Diode，OLED)

有机发光二极管的显示方式与传统的液晶显示器(Liquid Crystal Display，LCD)显示方式不同，它无须背光灯，采用非常薄的有机材料涂层和玻璃基板，当有电流通过时，这些有机材料就会发光。有机发光二极管显示屏幕可以做得更轻更薄，可视角度更大，并且能够显著节省电能，因此从2003年开始，这种显示设备在MP3播放器及电脑与手机等数码类产品中得到了广泛应用(见图2.14)。

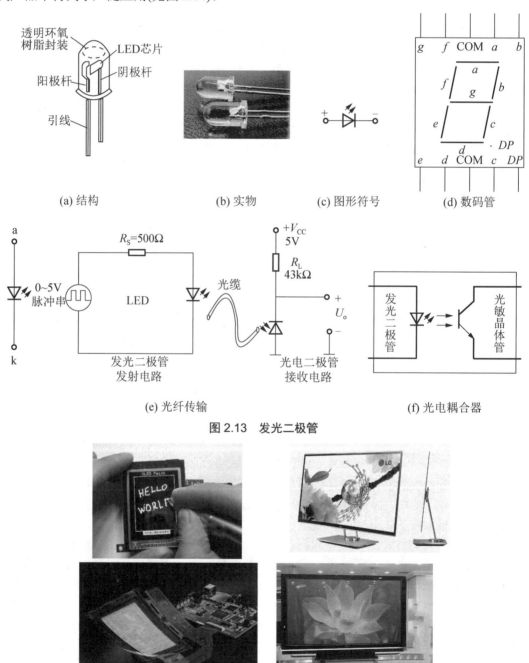

图 2.13　发光二极管

图 2.14　应用 OLED 的数码产品

4. 光电二极管

光电二极管的结构与普通二极管的结构基本相同，其实物和图形符号如图 2.15 所示，只是在它的 PN 结处，通过管壳上的一个玻璃窗口能接收外部的光照，从而实现光电转换。光电二极管的 PN 结可在反向偏置状态下运行，其主要特点是反向电流与光照度成正比。

图 2.15 光电二极管实物和图形符号

除了上述常见的特殊二极管之外，还有用于高频电路的变容二极管、激光二极管等，其中激光二极管在计算机的光盘驱动器、激光打印机中的打印头、条形码扫描仪、激光测距、激光医疗、光通信、激光指示等小功率光电设备中得到了广泛应用。

2.3　直流稳压电源的仿真及制作

直流稳压电源能把 220V 的工频交流电转换为极性和数值均不随时间变化的直流电，其结构框图如图 2.16 所示。

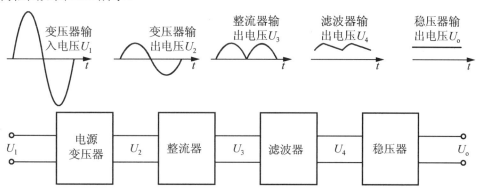

图 2.16 直流稳压电源结构框图

由图 2.16 可知，直流稳压电源一般是由电源变压器、整流器、滤波器和稳压器四部分组成的。电源变压器的作用是为用电设备提供合适的交流电压，如本项目中采用的电源变压器可实现 220V 输入、双 18V 交流电输出，由于在电工基础中已经涉及，因此在这里就不再作详细介绍。整流器的作用是把交流电变换成单相脉动的直流电。滤波器的作用是把单相脉动的直流电变为平滑的直流电。稳压器的作用是克服电网电压、负载及温度变化所引起的输出电压的变化，提高输出电压的稳定性。

【直流稳压电路】

直流稳压电源的原理图也是由上述四部分组成，如图 2.17 所示。

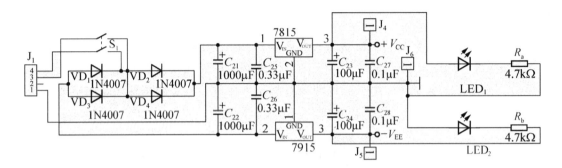

图 2.17 直流稳压电源的原理图

音频放大电路输入级器件清单见表 2-2。

表 2-2 音频放大电路输入级器件清单

序 号	名 称	规 格	数 量
1	电容器	1000μF /50V	2
2	电容器	100μF /50V	2
3	电容器	0.33μF	2
4	电容器	0.1μF	2
5	整流二极管	1N4007	4
6	三端集成稳压器	LM7915	1
7	三端集成稳压器	LM7815	1
8	变压器	次级 2×15V	1

接下来介绍整流电路、滤波电路及稳压电路的组成及工作原理。

2.3.1 整流电路

1. 单相半波整流电路

由于在电路中流过负载的电流和加在负载两端的电压只有半个周期的正弦波，故称单相半波整流电路，简称半波整流，如图 2.18(a)所示，输出电压、电流波形如图 2.18(b)所示。且输出 $U_o = \dfrac{1}{2\pi}\int_0^\pi \sqrt{2}U_2\sin\omega t\,\mathrm{d}(\omega t) \approx 0.45U_2$，$I_o = I_D = \dfrac{U_o}{R_L} = 0.45\dfrac{U_2}{R_L}$。

由图 2.18(b)所示的波形可知，单相半波整流电路把图像的负半周削掉了，整流后电压的有效值接近整流前的一半，效率低，故一般不采用单相半波整流电路。

2. 单相桥式整流电路

图 2.19(a)所示为单相桥式整流电路简称桥式整流，图 2.19(b)所示为等效画法，其中 $VD_1 \sim VD_4$ 为四个整流二极管，也常称之为整流桥，图 2.19(c)所示为输出电压、电流波形。单相桥式整流电路各参数计算如下。

① 输出平均电压 $U_{o(AV)}$。由图 2.19(c)波形可知，单相桥式整流电路输出电压是单相半波整流电路的二倍，即

$$U_{o(AV)} = 2\frac{\sqrt{2}}{\pi}U_2 \approx 0.9U_2 \tag{2.1}$$

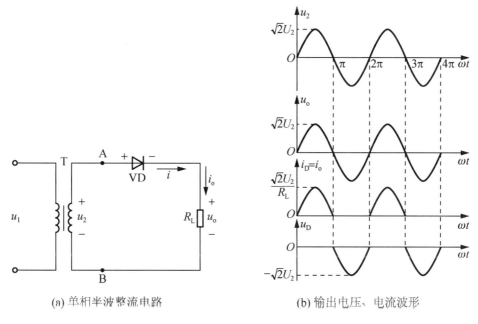

(a) 单相半波整流电路　　　　(b) 输出电压、电流波形

图 2.18　单相半波整流电路及输出电压、电流波形

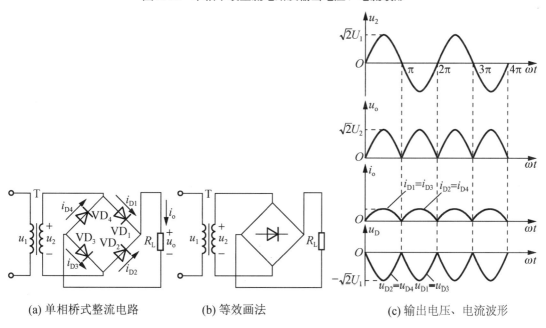

(a) 单相桥式整流电路　　(b) 等效画法　　(c) 输出电压、电流波形

图 2.19　单相桥式整流电路及输出电压、电流波形

② 流过二极管的平均电流 $I_{D(AV)}$。由于 VD_1、VD_3 和 VD_2、VD_4 轮流导通，因此流过每个二极管的平均电流只有负载电流的一半，即

$$I_{D(AV)} = \frac{1}{2}I_{o(AV)} = \frac{1}{2}I_L = \frac{1}{2}\frac{U_{o(AV)}}{R_L} \tag{2.2}$$

③ 二极管承受的最大反向工作电压 U_{RM}。当 u_2 上接正极下接负极时，VD_1、VD_3 导通，VD_2、VD_4 截止，VD_2、VD_4 相当于并联后跨接在 u_2 上，因此最大反向工作电压为

$$U_{RM} \geqslant \sqrt{2}U_2 \approx 1.414U_2 \qquad (2.3)$$

④ 二极管的最大整流电流。

二极管的最大整流电流为

$$I_F \geqslant I_{D(AV)} = \frac{1}{2}I_L \qquad (2.4)$$

由图 2.19 可知，在相同的交流电源输入和负载情况下，单相桥式整流电路输出脉动减小，直流输出电压提高一倍，电源利用率明显提高。

例 1 本项目中要求输出电流至少达到 1A，即 $I_L \geqslant 1A$，并用单相桥式整流电路供电，试选择整流二极管的型号和电源变压器次级电压的有效值。

解： 由式(2.1)可确定电源变压器次级电压有效值为

$$U_2 = \frac{U_{o(AV)}}{0.9} = \frac{15}{0.9}V \approx 16.67V$$

所以，该直流稳压电源需用双 18V 左右输出的变压器。

二极管的最大反向工作电压，按式(2.3)为

$$U_{RM} \geqslant \sqrt{2}U_2 \approx 23.57V。$$

二极管的最大整流电流，按式(2.4)为

$$I_F \geqslant I_{D(AV)} = \frac{1}{2}I_L = 0.5A$$

根据上述计算结果，该项目可选 1N4007 型整流二极管四只，其最大整流电流为 1A，最大反向工作电压达到 220V，完全满足设计要求。

必须注意，为了保证二极管能安全可靠的工作，选用二极管时要留有电流、电压裕量，并按器件手册的要求装置散热器。在项目中，可以采用四个整流二极管搭接单相桥式整流电路，也可采用整流桥堆进行整流，下面简单介绍一下整流桥堆。

整流桥堆由四只整流硅芯片作桥式连接，简称桥堆，实物如图 2.20 所示。桥堆一般用绝缘塑料封装而成，大功率桥堆在绝缘层外添加锌金属壳包封，以增强散热。桥堆品种多，按形状可分为扁形、圆形、方形、板凳形(分直插与贴片)等多种，按结构可分为 GPP 与 O/J 两种。其最大整流电流有 0.5～100A，最大反向工作电压(即耐压值)有 25～1600V 等多种规格。

图 2.20 桥堆实物

2.3.2 滤波电路

在整流电路中，把一个大电容 C 并联在负载电阻两端就构成了电容滤波电路。由于电容器制造工艺的原因，使其都有一定的电感效应，电容越大电感值就越大。因为大电容是

滤不掉高频的,所以可在大电容 C 两边并联小电容以过滤旁路高频干扰信号。滤波电路和工作波形如图 2.21 所示。

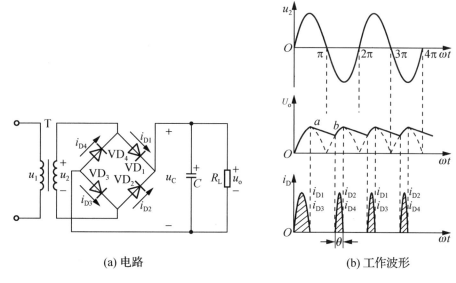

(a) 电路　　　　　　　　　　(b) 工作波形

图 2.21　滤波电路和工作波形

经上述分析可知,在二极管截止期间电容器向负载电阻缓慢放电,使得输出电压的脉动减小,结果平滑了许多,输出电压平均值也得到了提高。在负载开路($R_L=\infty$)时,为了取得良好的滤波效果,电容 C 一般取 $C \geqslant (3\sim5)\dfrac{T}{2R_L}$,式中 T 为交流电源的周期,此时 $U_o=1.2U_2$。且 C 的值越大,滤波效果越好,即滤波电容越大越好,故项目中采用了一对容量为 1000μF 的大电容作滤波之用。同时还需要考虑电容器的耐压值,在滤波电路中,电容器的耐压值一般要大于电容器两端最高工作电压的 1.5 倍,所以这里电容器选择了 50V。

2.3.3　稳压电路

1. 硅稳压二极管稳压电路

硅稳压二极管稳压电路如图 2.22 所示。

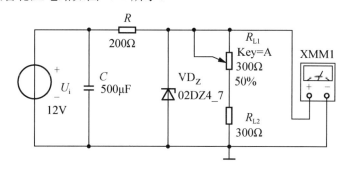

图 2.22　硅稳压二极管稳压电路

硅稳压二极管稳压电路的原理是利用稳压二极管两端电压 U_Z 的微小变化,引起电流 I_Z 的较大变化,通过电阻 R 调整电压,保证输出电压基本恒定,从而达到稳压作用。电路中所选用的稳压二极管属于分立元件，其功率选择余地大，适合于各种功率场合的稳压，故使用范围较广。

同样，也可采用三端集成稳压器来实现稳压。

2. 三端集成稳压器稳压电路

三端集成稳压器是一种集成电路，它是通过电路的线性放大原理来实现稳压的，其外形及引脚排列如图 2.23 所示。三端集成稳压器主要有两种类型：一种输出电压是固定的，称为固定输出三端集成稳压器；另一种输出电压是可调的，称为可调输出三端集成稳压器。在线性集成稳压器中，三端集成稳压器由于只有三个引出端子，具有外接元件少、使用方便、性能稳定、价格低廉等优点，因此得到了广泛应用。

固定输出三端集成稳压器有 CW78XX(正输出)和 CW79XX(负输出)系列。其型号后两位 XX 所标数字代表输出电压值，有 5V、6V、8V、12V、15V、18V、24V 等多种。其输出电流以 78(或 79)后面的尾缀字母区分，其中 L 表示 0.1A，M 表示 0.5A，无尾缀字母表示 1.5A。如 CW78M05 表示为正输出、输出电压 5V、输出电流 0.5A 的三端集成稳压器。

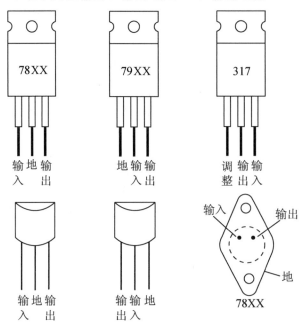

图 2.23　三端集成稳压器外形及引脚排列

本项目中由于需要直流±15V 输出，故选用了 LM7815 和 LM7915 两种三端集成稳压器。

特别提示

在使用时必须注意 U_i 和 U_o 之间的关系。以 LM7815 为例，该三端集成稳压器的固定输出电压是 15V，而输入电压至少在 17～18V 之间，这样输入与输出之间会有 2～3V 的压差，调整压差使三端集成稳压器保证工作在放大区。如果压差取得较大，会增加集成块的功耗，所以，两者应兼顾，既要保证在最大负载电流情况下三端集成稳压器不进入饱和区，又要保证功耗不至于偏大。

2.3.4 实施步骤

1. 安装

① 安装前应认真理解电路原理，弄清印制电路板上元器件与原理图的对应关系，并对所装元器件预先进行检查，确保元器件处于良好状态。

② 参考原理图 2.17 将电阻器、电容器、整流二极管、三端集成稳压器等元器件在印制电路板上焊好。

2. 调试

① 检查印制电路板上元器件安装、焊接，确保准确无误。

② 检查无误后通电，在电路输入端接入信号发生器，依次在整流电路、滤波电路及三端集成稳压器后级作如下测试。

a. 整流滤波后直流电压值是否正常。

b. 在空载下输出，分别测量滤波电容两端电压是否有超压现象。

c. 分别测量三端集成稳压器输入、输出电压是否正常。

将上述各级下的输出参数值和波形作记录，并与理论值比较是否吻合。

③ 为提高测量精度，对输出电压可用直流数字电压表或数字式万用表测之。

2.4 常用高精度线性稳压器及基准电源设计

2.4.1 高精度正向低压降稳压器 AMS1117

AMS1117 器件实物及引脚如图 2.24 所示。

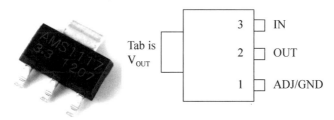

图 2.24 AMS1117 器件实物及引脚

AMS1117 是一种高精度正向低压降稳压器，适用于平板电脑、手机、计算机、便携式电子设备等不同等级的内部直流供电电门作稳压之用。其固定输出电压有多种选择，分别为 1.2V、1.5V、1.8V、2.5V、2.85V、3.3V 和 5.0V，输出电流可达 1A。

为给某些工程项目中的单片机 C8051F064 及外围电路供电，可选择高精度电源转换芯片 AMS1117-3.3V。其提供的供电电压为 3.3V、电流为 3.3A，当负载在 10%～100%变化时，输出电压变化不超过±1%，电路如图 2.25 所示。

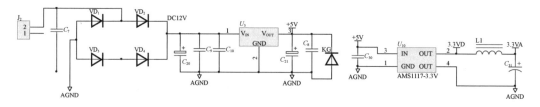

图 2.25 AMS1117-3.3V 电路

2.4.2 超高精度带隙基准电压源 AD780

AD780 是一款超高精度带隙基准电压源，可以利用 4～36V 的输入电压提供 2.5 V 或 3.0 V 的输出电压。它具有低初始误差、低温度漂移和低输出噪声(100 nV/√Hz)，精度可达 ±1 mV(最大值)的特点，并能驱动任意大小的电容器，因此非常适用于模数转换器和数模转换器增强分辨率，以及任何通用精密基准电压源的应用。独特的低裕量设计有助于利用 (5.0 ± 10%)V 的输入电压提供 3.0 V 的输出电压，从而使模数转换器的动态范围提升 20%，其性能优于现有的 2.5 V 基准电压源。

AD780 可以用来提供最高 10 mA 的源电流或吸电流，并且可以在串联或分流模式下工作，无须外部器件便可提供正、负输出电压，因此几乎适用于所有高性能基准电压源的应用。当电源端使用一个 1μF 旁路电容时，该器件可以在所有负载条件下保持稳定。其应用电路如图 2.26 所示。

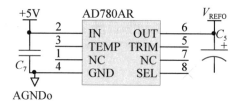

图 2.26 AD780 应用电路

 拓展讨论

【特高压输电网络】

1. 制作晶体管直流稳压电源是完成音频放大电路的第一个模块，我们完成了从 220V 的工频交流电到输出双 15V 的直流稳压电源的安装与调试，这是电网系统到终端用户的一个小的应用环节，请大家思考一下，电的发展历史是什么?我们在安装与调试过程中需要知道哪些用电安全的注意事项？我国电网尤其是特高压输电有一个什么样的发展？

2. 党的二十大报告指出，坚持绿水青山就是金山银山的理念。为了实现绿水青山，请同学们列举几个新能源发电的实例。

项 目 小 结

1. 常用的半导体材料有硅和锗两种，纯净的半导体称为本征半导体。
2. 本征半导体在掺入硼和磷元素后，导电能力将发生很大的变化，分别形成 P 型半导体和N型半导体。

3. P型半导体和N型半导体结合将形成PN结，PN结具有单向导电性。
4. 二极管的组成核心是PN结，其具有正向导通、反向截止、反向击穿特性。
5. 直流稳压电源是由电源变压器、整流器、滤波器和稳压器四部分组成的。
6. 单相桥式整流电路中的二极管在选用时应充分考虑电压、电流的裕量。
7. 滤波电路中电容器容量越大越好，同时应考虑其耐压值。
8. 稳压电路中稳压二极管是二极管中的一种，在反向击穿后电压变化很小，利用这个特点可以实现输出电压的稳定，它属于分立元件且根据功率的不同，选择范围也较广。三端集成稳压器是一种集成电路，它是通过电路的线性放大原理来实现稳压的，一般适用于中小功率的电路稳压。

习　题

一、选择题

2.1　如图2.27所示的单相桥式整流电路，变压器次级电压有效值 U_2=20V，则输出直流电压平均值 U_L 为(　　)。

　　A．9V　　　　B．18V　　　　C．20V　　　　D．24V

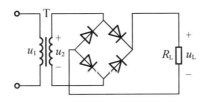

图2.27　题2.1电路

2.2　本征半导体掺入五价元素后成为(　　)。
　　A．P型半导体　　　　　　B．N型半导体
　　C．导体　　　　　　　　D．绝缘体

2.3　工作在反向击穿状态的二极管是(　　)。
　　A．一般二极管　　　　　　B．稳压二极管
　　C．开关二极管　　　　　　D．发光二极管

2.4　二极管两端加上正向电压时(　　)。
　　A．一定导通　　　　　　　B．超过死区电压才导通
　　C．超过0.3V才导通　　　　D．超过0.7V才导通

2.5　在单相桥式整流电路中，若变压器次级电压有效值 U_2=10V，则二极管承受的最大反向工作电压为(　　)。
　　A．10V　　　　B．12V　　　　C．14V　　　　D．16V

二、简答题

2.6　P型半导体与N型半导体有什么区别？

2.7 PN结有什么特性？该特性在什么情况下才能体现出来？

2.8 稳压二极管与整流二极管有何区别？

2.9 在图 2.17 所示的直流稳压电源的原理图中，C_{21} 和 C_{22} 的作用是什么？若将其容量减小，会对输出造成什么影响？试分析原因。

三、分析计算题

2.10 在图 2.17 所示的直流稳压电源的原理图中，试根据电路估算该直流稳压电源的最大输出功率。

2.11 硅稳压二极管电路如图 2.28 所示，试分别用二极管的理想模型和恒压降模型计算电路中的电流 I 和输出电压 U_{AO}。① E=3V。② E=10V。

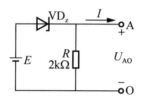

图 2.28 题 2.11 图

2.12 二极管电路如图 2.29 所示，试判断各二极管是导通还是截止状态，并求出 A、O 端的电压 U_{AO}(设二极管为理想二极管)。

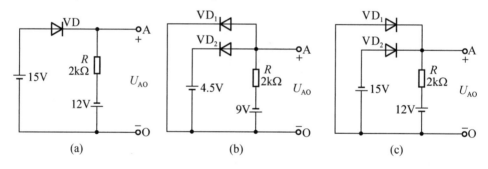

图 2.29 题 2.12 图

2.13 已知 u_i=10sinωt (V)，试画出图 2.30 所示电路中输出电压 u_o 的波形(设二极管为理想二极管)。

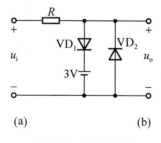

图 2.30 题 2.13 图

2.14 在图 2.31 所示电路中，u_i=10sinωt (V)，试画出各电路中输出电压 u_o 的波形(设二极管为理想二极管)。

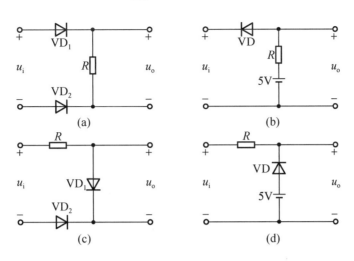

图 2.31　题 2.14 图

2.15　设硅稳压二极管 VD_{Z1} 和 VD_{Z2} 的稳定电压分别为 5V 和 10V，试求图 2.32 所示各电路中输出电压 u_o 的值。

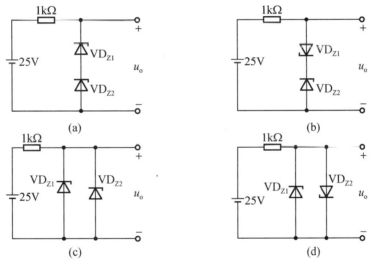

图 2.32　题 2.15 图

2.16　某发光二极管的导通电压为 1.5V，最大整流电流为 30mA，要求用 4.5V 直流电源供电，电路的限流电阻应如何选取？

2.17　单相桥式整流电路的变压器次级电压有效值为 75V，负载电阻为 100Ω，试计算该电路的直流输出电压和直流输出电流，并选择合适的整流二极管。

2.18　在印制电路板上，分别由四只整流二极管组成单相桥式整流电路，元件排列如图 2.33 所示。请问如何在(a)、(b)两图的端点上接入负载电阻 R_L？要求画出最简接线图。

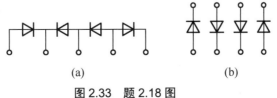

图 2.33　题 2.18 图

2.19 单相桥式整流电路中,已知 R_L=100Ω,C=100pF,用交流电压表测得变压器次级电压有效值为 20V,用直流电压表测得 R_L 两端电压 U_o。如出现下列情况,试分析哪些是合理的,哪些出现了故障,并分析原因。①U_o=28V。②U_o=24V。③U_o=18V。④U_o=9V。

2.20 在图 2.34 所示电路中,已知交流电压 u_1=220V,负载电阻 R_L=50Ω,要求直流输出电压为 24V,根据要求,试求以下内容。

(1) 选择整流二极管型号。

(2) 选择合适的滤波电容(容量和耐压值)。

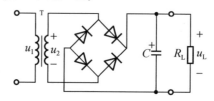

图 2.34 题 2.20 图

项目 3

晶体管的认知及应用电路的制作

学习目标

1. 知识目标
(1) 掌握晶体管的结构、种类及应用场合。
(2) 掌握晶体管的电流放大特性。
(3) 掌握单管共射极、共集电极放大电路的组成及基本计算。
2. 技能目标
(1) 学会判别及使用万用表测试晶体管的极性的方法。
(2) 掌握利用万用表、信号发生器、示波器测试放大电路的静态和动态特性。
(3) 制作音频放大电路的输入级,学会对电路出现的故障进行原因分析及排除。

生活提点

音响是现在很多家庭中常用的电器,一般由音源(包括 CD、VCD、DVD、MP3 等)、音频功放、音箱三部分组成。因为音源的输出功率一般为 10mW 级的,而欣赏音乐的时候,音箱的输出功率一般都要达到几瓦、几十瓦甚至更大,所以需要对音源的输出电压和电流进行一定倍数的放大。同时又希望播放出的声音不仅响亮,而且杂音要尽可能少,即音频放大电路的输入级不仅具有一定放大倍数,还要尽可能减少失真,动态特性参数也要理想。

项目任务

制作音频放大电路的输入级部分,要求该放大电路输入电阻达到 10kΩ 以上、输出电阻低于 100Ω。该电路在 PCB 上的位置为图 3.1 中右上角框出的部分。在该部分电路中,除了电阻器、电容器外,还有一种器件,即晶体管,它是放大电路能够放大的重要部件。接下来先学习一下晶体管的特性及应用电路。

图 3.1 音频放大电路输入级实物

 项目实施

【三极管的认知】

3.1 晶体管的认知

各种晶体管实物如图 3.2 所示。

(a) 小功率硅管

(b) 中功率硅管

(c) 大功率硅管

(d) 贴片晶体管

(e) 小功率锗管

(f) 中功率锗管

图 3.2 各种晶体管实物

3.1.1 晶体管的结构与电路符号

晶体管的种类很多。其按半导体材料的不同，可分为硅管和锗管；按功率的不同，可分为小功率管、中功率管和大功率管；按频率的不同，可分为高频管和低频管；按结构的不同，可分为 NPN 型晶体管和 PNP 型晶体管。晶体管在基本结构上分三极(基极 b、发射极 e、集电极 c)和两结(发射结、集电结)。NPN 型和 PNP 型晶体管的结构与图形和文字符号如图 3.3 所示，符号中的箭头方向是晶体管的实际电流方向。文字符号有时也采用大写。

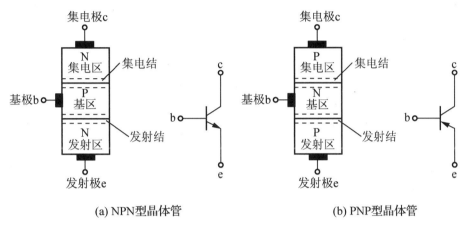

(a) NPN型晶体管　　　　　　(b) PNP型晶体管

图 3.3　NPN 型和 PNP 型晶体管的结构与图形和文字符号

3.1.2 晶体管的判别

要准确地了解一只晶体管的类型、性能与参数，可用专门的测量仪器进行测试。一般粗略判别晶体管的类型和管脚，可直接通过晶体管的型号简单判断，也可利用万用表测量的方法判断。

1. **实物辨别法**

在晶体管实物上，管脚一般按如下顺序排列，图 3.4 的视图角度为仰视方向。

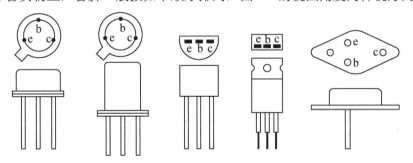

图 3.4　晶体管管脚排列

2. **仪表测试法**

通过万用表测量晶体管的管脚方法可以初步确定晶体管的类型(NPN 型还是 PNP 型)，并辨别出 e、b、c 三个电极，其步骤如下。

① 先用万用表判断基极 b 和晶体管的类型。将万用表电阻挡置"$R×100$"或"$R×1k$"挡处，先假设晶体管的某极为"基极"，并把黑表笔接在假设的基极上，将红表笔先后接在其余两个极上，如图 3.5 所示。如果两次测得的电阻值都很小(约为几百欧至几千欧)，则假设的基极是正确的，且被测晶体管为 NPN 型。如果两次测得的电阻值都很大(约为几十千欧至几百千欧)，则假设的基极是正确的，且被测晶体管为 PNP 型。如果两次测得的电阻值一大一小，则原来假设的基极是错误的，这时必须重新假设另一电极为"基极"，再重复上述测试。

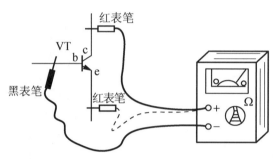

图 3.5　晶体管基极的测试

② 再判断集电极 c 和发射极 e。仍将万用表电阻挡置"$R×100$"或"$R×1k$"挡处，以 NPN 型晶体管为例，把黑表笔接在假设的集电极 c 上，红表笔接在假设的发射极 e 上，并用手捏住 b 和 c(不能使 b、c 直接接触)，如图 3.6 所示。通过人体相当 b、c 之间接入偏置电阻，读出表头所示的电阻值，然后将两表笔反接重测读出电阻值。若第一次测得的电阻值比第二次小，说明原假设成立，因为 c、e 间电阻值小说明通过万用表的电流大，偏置正常。同理可测得 PNP 型晶体管的集电极 c 和发射极 e。

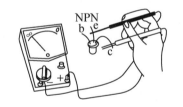 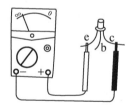 

图 3.6　晶体管集电极、发射极的判别

已知晶体管的类型及电极，用万用表判别晶体管好坏的方法如下。

① 测 NPN 型晶体管。将万用表电阻挡置"$R×100$"或"$R×1k$"挡处，把黑表笔接在基极上，将红表笔先后接在其余两个极上，如果两次测得的电阻值都较小，再把红表笔接在基极上，将黑表笔先后接在其余两个极上，如果两次测得的电阻值都很大，则说明晶体管是正常的。

② 测 PNP 型晶体管。将万用表电阻挡置"$R×100$"或"$R×1k$"挡处，把红表笔接在基极上，将黑表笔先后接在其余两个极上，如果两次测得的电阻值都较小，再把黑表笔接在基极上，将红表笔先后接在其余两个极上，如果两次测得的电阻值都很大，则说明晶体管是正常的。

同时根据硅管的发射结正向压降大于锗管的特征，也可采用专用仪表测量晶体管的方法来判断其管型。一般常温下，锗管正向压降为0.2～0.3V，硅管正向压降为0.6～0.7V。下面通过实验来测试晶体管在电路中所起的作用。

3.2 单管共射极放大电路的特性测试

单管共射极放大电路仿真测试电路如图3.7所示。

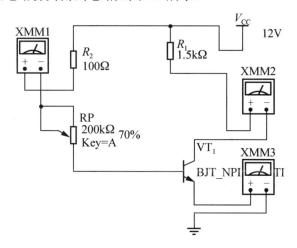

图3.7 单管共射极放大电路仿真测试电路

其测试器件清单见表3-1。

表3-1 单管共射极放大电路测试器件清单

序 号	名 称	规 格	数 量
1	晶体管直流稳压电源	—	1
2	面包板	—	1
3	毫安表	—	1
4	微安表	—	1
5	NPN型晶体管	(设定β=100)	1
6	金属膜电阻器	100 Ω	1
7	金属膜电阻器	1.5k Ω	1
8	电位器	200k Ω	1
9	导线	—	若干

在该电路中，由于晶体管的发射极是输入回路和输出回路的公共端，故该电路称为单管共射极放大电路。接下来了解一下晶体管及单管共射极放大电路的相关特性。

3.2.1 晶体管电流分配关系

组建如图3.7所示的晶体管电流分配关系实验电路。通过改变电位器RP的值(0、20%、40%、60%、70%、100%)，使基极电流I_B得到如表3-2中所示的数据，分别测量对应的I_C、I_E的值，观察测试电路的数据变化，如图3.8所示，并填入表3-2中。

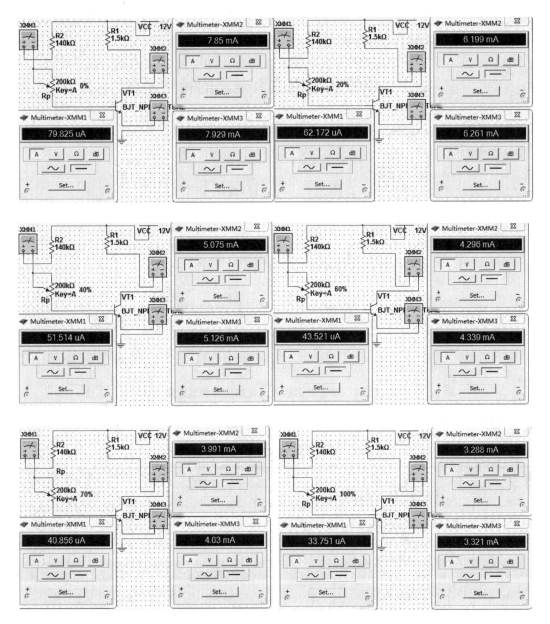

图 3.8 仿真测试电路的数据变化截图

表 3-2 晶体管放大电路测量数据

电流	0	20%	40%	60%	70%	100%
I_C/mA	7.85	6.199	5.075	4.296	3.991	3.288
I_B/μA	79.825	62.172	51.514	43.521	40.856	33.751
I_E/mA	7.929	6.261	5.126	4.339	4.03	3.321
I_C/I_B	98.34	99.70	98.52	98.71	97.68	97.42

通过实验,可以观察到当基极电流 I_B、集电极电流 I_C、发射极电流 I_E 在一定范围内变

化时，根据广义节点电流定律，电路不仅满足 $I_E = I_B + I_C$ 的关系，而且 I_C/I_B 的值，基本维持在 99 左右，即 $I_C = \overline{\beta} I_B$，体现了晶体管对直流电流的放大作用，其中 $\overline{\beta}$ 称为直流放大倍数。通过表 3-2 计算集电极电流的变化量 ΔI_C 与基极电流的变化量 ΔI_B 的比值，发现该比值也基本为一常值，体现了晶体管对交流电流的放大作用，所以把这个比值 β 称为交流放大倍数。且通过比较发现，同一个晶体管的直流放大倍数和交流放大倍数基本一致，在忽略误差的前提下，可以把这两种放大倍数视作相同，即统一用 β 表示晶体管的交、直流放大倍数，简称晶体管的电流放大倍数。一般晶体管的电流放大倍数 β 为几十到两百之间。

此上内容说明了晶体管具有电流放大作用，是放大电路的核心分立元件。同时，通过实验也发现，当基极电流过大或过小时，集电极电流与基极电流并不完全成比例，为何会出现这种情况呢？接下来学习一下晶体管的伏安特性。

3.2.2 晶体管的伏安特性曲线

晶体管的伏安特性曲线分为输入特性曲线和输出特性曲线两种。

【晶体管】

1. 输入特性曲线

输入特性曲线是指当集电极与发射极之间电压 u_{CE} 为常数时，输入回路中加在晶体管基极与发射极之间的发射结电压 u_{BE} 和基极电流 i_B 之间的关系曲线，如图 3.9 所示。用函数关系式表示为

$$i_B = f(u_{BE}) | u_{CE} = 常数 \tag{3.1}$$

2. 输出特性曲线

输出特性曲线是指当基极电流 i_B 为常数时，输出回路中集电极与发射极之间的管压降 u_{CE} 和集电极电流 i_C 之间的关系曲线，如图 3.10 所示。用函数关系式表示为

$$i_C = f(u_{CE}) | i_B = 常数 \tag{3.2}$$

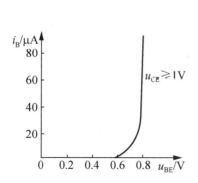

图 3.9 晶体管的输入特性曲线

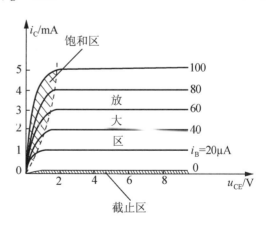

图 3.10 晶体管的输出特性曲线

(1) 截止区

习惯上把 $i_B \leq 0$ 的区域称为截止区,即 $i_B=0$ 的输出特性曲线和横坐标轴之间的区域。若要使 $i_B \leq 0$,晶体管的发射结就必须在死区以内或处于反偏状态,为了使晶体管能够可靠截止,通常给晶体管的发射结加反偏电压,同时集电结也处于反偏状态。

(2) 放大区

在这个区域内,发射结正偏,集电结反偏。i_C 与 i_B 之间满足电流分配关系 $i_C = \beta i_B + I_{CEO}$,输出特性曲线近似为水平线。

(3) 饱和区

发射结正偏时,出现管压降 $u_{CE} < 0.7V$(对于硅管来说),也就是 $u_{CB} < 0$ 的情况,此时晶体管进入饱和区。饱和区的发射结和集电结均处于正偏状态。饱和区中的 i_B 对 i_C 的影响较小,放大区的放大特性也不再适用于饱和区。

通过对晶体管伏安特性的学习了解,要让晶体管对交流信号进行有效放大,就必须让晶体管处于输出特性的放大区,那怎么才能让晶体管处于放大区,同时又能让晶体管发挥最大的放大效能呢?放大电路能把交流信号放大多少倍,带负载能力如何?接下来学习一下晶体管放大电路的静态和动态特性。

由于晶体管有三个电极,因此在放大电路中有三种连接方式,即共基极、共射极和共集电极连接,如图 3.11 所示。以基极作为输入回路和输出回路的公共端时,即为共基极连接,如图 3.11(a)所示,以此类推。无论是哪种连接方式,要使晶体管具有放大作用,都必须保证发射结正偏,集电结反偏。

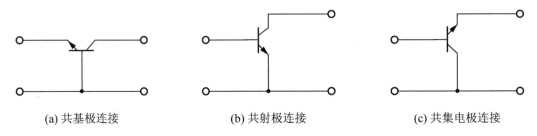

(a) 共基极连接　　　　(b) 共射极连接　　　　(c) 共集电极连接

图 3.11　晶体管放大电路的三种连接方式

3.2.3　单管共射极放大电路的组成及各元件的作用

单管共射极放大电路的组成如图 3.12 所示。

电路中各元件的作用如下。

① 集电极电源 V_{CC}:其作用是为整个电路提供电源,保证晶体管的发射结正偏,集电结反偏。

② 基极偏置电阻 R_B:其作用是为基极提供合适的偏置电流。

③ 集电极电阻 R_C:其作用是将集电极电流的变化转换成电压的变化。

④ 耦合电容 C_1、C_2:其作用是隔直流、通交流。

⑤ 符号"⊥"为接机壳(一般表示接地)符号,是电路中的零参考电位。

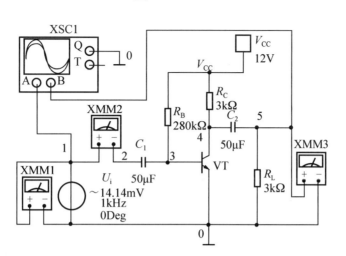

图 3.12 单管共射极放大电路的组成

3.2.4 单管共射极放大电路中电压、电流符号规定

单管共射极放大电路中电压、电流符号规定以基极为例进行说明，具体如下。

① 基极的电流波形直流分量为图 3.13(a)所示的直线，用大写字母和大写下标表示。如 I_B 表示基极的直流电流。

② 基极的电流波形交流分量为图 3.13(b)所示的波形，用小写字母和小写下标表示。如 i_b 表示基极的交流电流。

③ 基极的电流波形总变化量为图 3.13(c)所示的波形，是直流分量和交流分量之和，即交流叠加在直流上，用小写字母和大写下标表示。如 i_B 表示基极电流总的瞬时值，其数值为 $i_B=I_B+i_b$。

④ 交流有效值用大写字母和小写下标表示。如 I_b 表示基极的正弦交流电流的有效值。

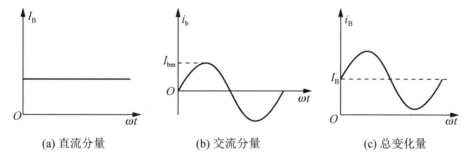

(a) 直流分量　　　　(b) 交流分量　　　　(c) 总变化量

图 3.13 晶体管基极的电流波形

由于放大电路一般有直流供电电源和待放大的交流信号源两种，故可采用叠加定理和戴维南定理去分析电路静态和动态参数。

3.2.5 单管共射极放大电路的静态分析及静态工作点的确定

静态分析的目的就是要计算静态时电路中晶体管的直流电压和直流电流值。因为晶体管的输出特性分为放大区、饱和区、截止区，其中只有放大区才有放大作用，所以，由电路参数所确定的静态工作点必须使晶体管处于合理的放大状态以等待交流输入信号的到来。

【静态工作点】

要得到电路中晶体管的直流电流、电压值,只需考虑电路的直流通路。直流通路就是直流信号传递的路径。

耦合电容对直流信号相当于开路,将放大电路中的耦合电容去除,就能得到对应的直流通路。按照这个原则,固定偏置放大电路对应的直流通路如图 3.14 所示。这个直流通路中的直流电压和直流电流的数值就是静态工作点。

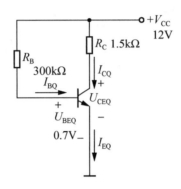

图 3.14 直流通路

1. 用估算法求取静态工作点

$$I_{BQ} = \frac{(V_{CC} - U_{BEQ})}{R_B} \approx \frac{V_{CC}}{R_B} \quad (3.3)$$

$$I_{CQ} = \beta I_{BQ} \quad (3.4)$$

$$U_{CEQ} = V_{CC} - I_{CQ} R_C \quad (3.5)$$

仍以图 3.14 为例来介绍估算法的分析过程,由式(3.3)可求得 $I_{BQ}=40\mu A$,同时已知 $\beta=100$,则由式(3.4)可得

$$I_{CQ} = \beta I_{BQ} = (100 \times 40)\mu A = 4mA$$

由式(3.5)可知

$$U_{CEQ} = V_{CC} - I_{CQ} R_C = (12 - 1.5 \times 4)V = 6V$$

所以,该电路的静态工作点为

$U_{BEQ} = 0.7V$, $I_{BQ} = 40\mu A$, $U_{CEQ} = 6V$, $I_{CQ} = 4mA$。

2. 静态工作点的位置与非线性失真的关系

如果静态工作点处于负载线的中央,则此时的动态工作范围最大(要求工作点的移动范围不能进入截止区或饱和区),可以获得最大的不失真输出。但在实际工作中,如果输入信号比较小,在不至于产生失真的情况下,一般把静态工作点选得稍微低一些,这样可以降低静态工作电流,并节省直流电源能量消耗,因为静态工作点的高低就是静态集电极电流的大小。

静态工作点的位置与非线性失真的关系如图 3.15 所示。

如果静态工作点 Q 选得过低,将使工作点的动态范围进入截止区而产生失真,这种由于晶体管进入截止区而造成的失真称为截止失真,如图 3.15(a)所示。相反,如果静态工作

点 Q 选得过高，将使工作点的动态范围进入饱和区而产生失真，这种由于晶体管进入饱和区而造成的失真称为饱和失真，如图 3.15(b)所示。参照图 3.14，当出现饱和失真时，晶体管的 $\beta \neq \dfrac{I_C}{I_B}$，故在进入饱和状态之前，即临界饱和状态，有临界基极电流 $I_{BS} = \dfrac{I_{CS}}{\beta} = \dfrac{V_{CC} - U_{CES}}{\beta R_C} \approx \dfrac{V_{CC}}{\beta R_C}$。由于输出与输入反相，当出现截止失真时，$u_o$ 的顶部被削平。反之，当出现饱和失真时，u_o 的底部被削平。

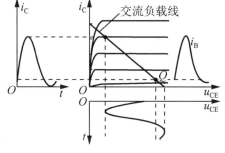
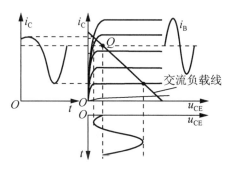

(a) Q 点设置过低的截止失真　　　　(b) Q 点设置过高的饱和失真

图 3.15　静态工作点的位置与非线性失真的关系

3.2.6　单管共射极放大电路的动态分析

放大电路放大的对象是变化量，研究放大电路时除了要保证放大电路具有合适的静态工作点外，更重要的是还要研究其放大性能。对于放大电路的放大性能有两个方面的要求：一是放大倍数要尽可能大，二是输出信号要尽可能不失真。衡量放大电路性能的重要指标有电压放大倍数 A_u、输入电阻 r_i 和输出电阻 r_o。首先通过分析放大电路的交流通路来求取这些性能指标，交流通路是指在交流信号源的作用下，交流电流所流过的路径。画交流通路的原则如下。

① 将放大电路的耦合电容、旁路电容都看作短路。
② 将电源 V_{CC} 看作短路。

根据以上原则，可画出如图 3.16 所示的单管共射极放大电路的交流通路。

接下来通过微变等效电路(如图 3.17 所示)了解一下单管共射极放大电路的动态性能指标及计算。

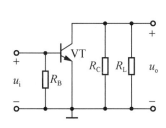
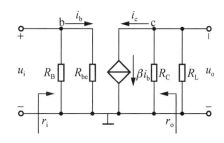

图 3.16　单管共射极放大电路的交流通路　　　　图 3.17　微变等效电路

1. 电压放大倍数 A_u

$$A_u = \frac{u_o}{u_i} \tag{3.6}$$

在带负载时

$$u_i = i_b r_{be}$$
$$u_o = -i_c R'_L = -\beta i_b R'_L$$

则

$$A_u = \frac{u_o}{u_i} = -\beta \frac{R'_L}{r_{be}} \tag{3.7}$$

式中，$R'_L = R_C // R_L$ 称为交流负载，$r_{be} = \left[300 + \frac{(\beta+1) \times 26}{I_E}\right]\Omega = \left(300 + \frac{26}{I_{BQ}}\right)\Omega$。

2. 输入电阻 r_i

对于输入信号源，可把放大器当作它的负载，用 r_i 表示，称为放大器的输入电阻，且该参数越大越好。其定义为放大器输入端信号电压与电流的比值，即

$$r_i = \frac{u_i}{i_i} \tag{3.8}$$

$$r_i = \frac{u_i}{i_i} = R_B // r_{be} \approx r_{be} \tag{3.9}$$

3. 输出电阻 r_o

如图 3.17 所示，对于输出负载 R_L，可把放大器当作它的信号源，用相应的电压源或电流源等效电路表示。图 3.17 中 u_i 的作用是将 R_L 短接，使 U_s 或者 I_s 在放大器输出端产生短路电流。r_o 是等效电流源或电压源的内阻，也就是放大器的输出电阻，且该参数越小越好。即

$$r_o = \frac{u_o}{i_o} \tag{3.10}$$

$$r_o = r_{ce} // R_C \approx R_C \tag{3.11}$$

通过图 3.17，可计算出该电路的动态参数

$$r_{be} = \left[300 + \frac{(\beta+1) \times 26}{I_E}\right]\Omega = \left(300 + \frac{26}{I_{BQ}}\right)\Omega = 950\Omega$$

不带负载时

$$A'_u = -\frac{\beta R_C}{r_{be}} = -\frac{100 \times 1.5}{0.95} \approx -158$$

带负载时

$$A_u = -\frac{\beta R'_L}{r_{be}} = -\frac{100 \times 1}{0.95} \approx -105$$

$$r_i = \frac{u_i}{i_i} = R_B // r_{be} \approx r_{be} = 0.95\text{k}\Omega$$

$$r_o = r_{ce} // R_C \approx R_C = 1.5\text{k}\Omega$$

合理的静态工作点是晶体管放大电路能够正常工作的基础。在设计电路时，通过调整电路参数，总可以确定一个合适的静态工作点，使放大电路正常工作，不产生失真。但在

实际工作中,随着晶体管工作时间的延长或者其他因素的影响,导致输出信号出现了失真。比如说温度的变化将带来静态工作点的变化,简称温漂;当放大电路输入信号为零时,受温度变化、电源电压不稳等因素带来静态工作点的变化,简称零漂。且晶体管工作时温度不可避免会变化,如何抑制温漂,稳定静态工作点可以看一下分压式偏置电路,如图3.18所示。

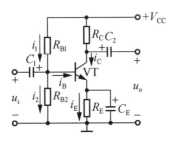

图 3.18 分压式偏置电路

另外,为更好地抑制因温度、元件参数变化、干扰等因素造成的静态工作点变化,也可采用更为有效的电路——差动放大电路,接下来了解一下差动放大电路。

3.2.7 差动放大电路

如图3.19所示为基本差动放大电路的基本结构。由图可知基本差动放大电路是由两个对称元件的单管共射极放大电路组成的,在理想的情况下,两管的特性及对应电阻器元件的参数值都相等,使得两管静态工作点相同。

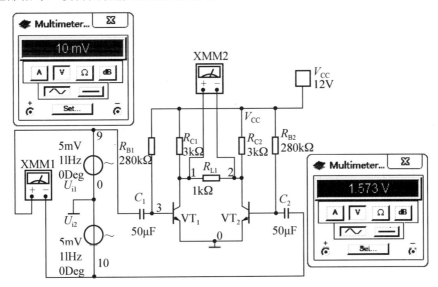

图 3.19 基本差动放大电路的基本结构

1. 零漂的抑制

电路静态时,$u_{i1}=u_{i2}=0$,$u_o=V_{C1}-V_{C2}=0$,当温度升高时→$I_C\uparrow$→$V_C\downarrow$(两管变化量相等),此时 $u_o=(V_{C1}+\Delta V_{C1})-(V_{C2}+\Delta V_{C2})=0$,故基本差动放大电路对两管所产生的零漂都有抑制作用。

2. 有信号输入时的工作情况

(1) 共模信号

在此信号下 $u_{i1} = u_{i2}$，即两者大小相等、极性相同，一般用 u_{id} 表示。

两管集电极电位呈等量同向变化，所以输出电压为零，即对共模信号没有放大能力，基本差动放大电路抑制共模信号能力的大小，反映了它对零漂的抑制水平。

(2) 差模信号

在此信号下 $u_{i1} = -u_{i2}$，即两者大小相等、极性相反，一般用 u_{ic} 表示。

两管集电极电位一减一增，呈等量异向变化，$u_o = (V_{C1} - \Delta V_{C1}) - (V_{C2} + \Delta V_{C1}) = -2\Delta V_{C1}$，即对差模信号有放大能力。

(3) 比较信号

在此信号下 u_{i1}、u_{i2} 的大小和极性是任意的。一对比较信号 u_{i1}、u_{i2} 可以看成是一对共模信号和一对差模信号的叠加。即 $u_{i1} = u_{ic} + u_{id1}$，$u_{i2} = u_{ic} + u_{id2}$。式中

$$u_{ic} = \frac{u_{i1} + u_{i2}}{2}, \quad u_{id1} = -u_{id2} = \frac{u_{i1} - u_{i2}}{2}$$

$u_{id} = u_{id1} - u_{id2} = u_{i1} - u_{i2}$，$u_o = A_{ud}(u_{i1} - u_{i2})$

由上式可知，放大器只放大两个输入信号的差模信号，而对共模信号进行抑制。

例1 试将 $u_{i1} = 10\text{mV}$，$u_{i2} = 6\text{mV}$ 进行分解。

解：$u_{i1} = 8\text{mV} + 2\text{mV}$，$u_{i2} = 8\text{mV} - 2\text{mV}$

例2 试将 $u_{i1} = 20\text{mV}$，$u_{i2} = 16\text{mV}$ 进行分解。

解：$u_{i1} = 18\text{mV} + 2\text{mV}$，$u_{i2} = 18\text{mV} - 2\text{mV}$

3. 共模抑制比(Common Mode Rejection Ratio)

共模抑制比可以全面衡量基本差动放大电路放大差模信号和抑制共模信号的能力。可用下列两式表示。

$$K_{CMRR} = \frac{|A_d|}{|A_c|} \quad \text{或} \quad K_{CMRR}(\text{dB}) = 20\lg\frac{|A_d|}{|A_c|}(\text{dB})$$

K_{CMRR} 越大，说明基本差动放大电路放大差模信号的能力越强，而抑制共模信号的能力也越强。

若电路完全对称，则理想情况下共模放大倍数 $A_c = 0$，输出电压 $u_o = A_d(u_{i1} - u_{i2}) = A_d u_{id}$。

若电路不完全对称，则 $A_c \neq 0$，实际输出电压 $u_o = A_c u_{ic} + A_d u_{id}$，即共模信号对输出有影响。

通过动态分析，可得差模放大倍数 $A_d = -\frac{\beta(R_L // R_C)}{r_{be}}$，与单管共射极放大电路电压放大倍数一致，但差模输入电阻 $r_{id} \approx 2r_{be}$，输出电阻 $r_o = 2R_C$。

不管是单管共射极放大电路还是基本差动放大电路，通过计算都可得出其电路特点，即具有较高的电压放大倍数，但输入电阻过小、输出电阻过大也抑制了电路的应用范围。故在原有基本差动放大电路的基础上，还有长尾型和恒流源型差动放大电路，读者可自行分析。

如何增加放大电路的输入电阻、减小输出电阻，提高输入级电路的动态性能呢？接下来通过制作音频放大电路来学习一下共集电极放大电路。

3.3 音频放大电路输入级的制作

音频放大电路输入级原理图如图 3.20 所示。

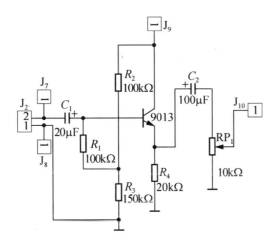

【晶体管参数计算和仿真】

图 3.20 音频放大电路输入级原理图

由图 3.20 可知，该电路是由晶体管 9013、电阻 $R_1 \sim R_4$、电容 C_1、C_2 及电位器 RP_1 组成的共集电极放大电路。

其器件清单见表 3-3。

表 3-3 音频放大电路输入级器件清单

序号	名称	规格	数量	序号	名称	规格	数量
1	电阻器	100kΩ	1	8	电容器	100μF/25V	1
2	电阻器	100kΩ	1	9	晶体管	9013	1
3	电阻器	150kΩ	1	10	信号发生器	—	1
4	电阻器	20kΩ	1	11	示波器	—	1
5	电位器	10kΩ	1	12	毫伏表	—	1
6	电容器	20μF/63V	1	13	万用表	—	1

3.3.1 共集电极放大电路的组成

共集电极放大电路如图 3.21(a)所示，交流信号从基极输入，从发射极输出，故该电路又称为射极跟随器。图 3.21(b)所示为该电路对应的直流通路。由直流通路可以看出，集电极为输入、输出回路的公共端，所以该电路称为共集电极放大电路(有时也简称为共集放大电路)。

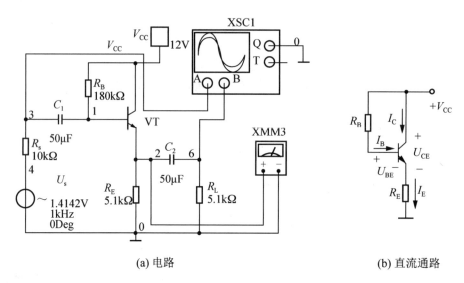

(a) 电路　　　　　　　　　　　　(b) 直流通路

图 3.21　共集电极放大电路(一)

3.3.2　共集电极放大电路的特性及原理分析

1. 静态分析

通过直流通路，可计算得到

$$I_B = \frac{V_{CC} - U_{BE}}{R_B + (1+\beta)R_E} \tag{3.12}$$

$$I_E = (1+\beta)I_B \tag{3.13}$$

$$U_{CE} = V_{CC} - I_E R_E \tag{3.14}$$

2. 动态分析

共集电极放大电路交流通路及微变等效电路如图3.22(a)和(b)所示。

(1) 电压放大倍数 A_u

根据图3.22(b)可得

$$A_u = \frac{u_o}{u_i} = \frac{(1+\beta)R'_L}{r_{be} + (1+\beta)R'_L} \tag{3.15}$$

式中，$R'_L = R_E // R_L$。由于通常满足 $(1+\beta)R'_L \gg r_{be}$，因此共集电极放大电路的电压放大倍数 A_u 略小于1，而接近于1。

(2) 输入电阻 r_i

$$r_i = \frac{u_i}{i_i} = R_B // [r_{be} + (1+\beta)R'_L] \tag{3.16}$$

可见，共集电极放大电路的输入电阻很高，可达几十千欧到几百千欧。

(3) 输出电阻 r_o

去掉负载，从输出端可得到 $r_o = R_E // \dfrac{r_{be} + R'_s}{1+\beta}$，其中 $R'_s = R_B // r_s$，通常 $(1+\beta)R_E \gg r_{be} + R'_s$，输出电阻为

$$r_o \approx \frac{r_{be} + r_s // R_B}{1+\beta} \tag{3.17}$$

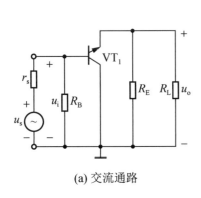 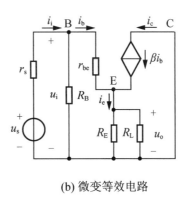

(a) 交流通路　　　　　　　　(b) 微变等效电路

图 3.22　共集电极放大电路(二)

可见，共集电极放大电路的输出电阻很小，若把它等效成一个电压源，则具有恒压输出特性。虽然共集电极放大电路的电压放大倍数略小于 1，但输出电流是基极电流的 $(1+\beta)$ 倍，具有电流放大和功率放大的作用。而且由于它输出电阻低，向信号源汲取的电流小，对信号源的影响也小，因此音频放大电路选用其作为输入级，同时通过输入级电路中的电阻 $R_1 \sim R_3$ 实现电路的分压偏置动能，以抑制温漂。

3.3.3　实施步骤

1. 安装

安装前应认真理解电路原理，弄清印制电路板上元器件与原理图的对应关系，并对所装元器件预先进行检查，确保元器件处于良好状态。将电阻器、电容器、晶体管、接线及电位器等元器件按图 3.20 所示电路在印制电路板上连接并焊好。

2. 调试

① 检查印制电路板元器件的安装、焊接应准确无误。

② 检查无误后通电，用万用表测试该放大电路各静态工作点的数值并记录在表 3-4 中，并通过比较理论值和测量值判别安装有无错误。若出现数值异常，通过修改电路中相应元器件的参数重新进行静态工作点的测试，直至正确为止。

表 3-4　静态工作点测量数值

测量数值	$U_B=$	, $U_E=$	, $U_{CE}=$

③ 在电路输入端接入信号发生器，在输出端正确连接示波器(将示波器输出测试通道表笔搭在 J_{10} 端)，使其输出一定频率(1kHz)和幅值(0.5V)的正弦交流信号。

④ 将电位器阻值调至最大，观察输出波形，通过示波器记录波形的幅值，计算此时的电压放大倍数。调整电位器阻值，改变信号发生器的输入信号幅值(0.05V、0.1V、0.2V、0.8V、1.0V、2.0V、5.0V)，将各种输入信号幅值下的输出值记录于表 3-5 中，并验证是否正确。测量电路输入、输出电阻，并和理论值比较，观察是否符合要求。

表 3-5 不同输入信号幅值下输出信号的幅值

输入信号 U_{im}/V	0.05	0.10	0.2	0.8	1.0	2.0	5.0
输出信号 U_{om}/V							
A_u							

$r_i =$ ；$r_o =$

3.3.4 三种不同组态的放大电路的性能比较和应用

对于三种不同组态的放大电路，它们的性能和应用如表 3-6 所示。

表 3-6 三种不同组态的放大电路的性能和应用

电路组态	电压放大倍数	输入电阻	输出电阻	应用
共射极放大电路	高、反相位	适中	适中	低频电压放大电路
共基极放大电路	高、同相位	低	高	高频放大及宽带放大电路
共集电极放大电路	低、约为1	最高	最低	放大电路的输入级、输出级及中间隔离级

前面讲过的几种放大电路，其电压放大倍数一般只能达到几百。然而，在实际工作中，放大电路所得到的信号往往都非常微弱，要将其放大到能推动负载工作的程度，需要很大的电压放大倍数，仅通过单级放大电路放大达不到实际要求，必须通过多个单级放大电路连续多次放大才可满足实际要求，即采用多级放大电路，接下来介绍一下多级放大电路。

3.4 多级放大电路的认知及测试

两级放大电路如图 3.23 所示。

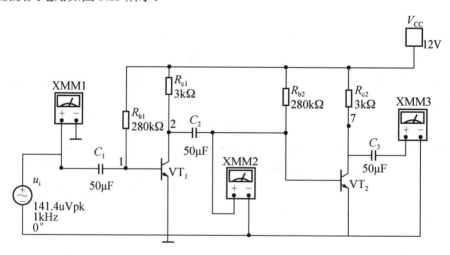

图 3.23 两级放大电路

其中由 R_{b2}、R_{c2}、VT_2 构成的共集电极放大电路用于前后两级共射极放大电路的隔离电路，思考一下，若无此电路将会对测试电路造成什么影响？

其测试器件清单见表 3-7。

表 3-7 两级放大电路测试器件清单

序号	名称	规格	数量	序号	名称	规格	数量
1	电阻器	280kΩ	2	6	信号发生器	—	1
2	电阻器	3kΩ	2	7	示波器	—	1
3	电容器	50μF/63V	3	8	晶体管毫伏表	—	1
4	晶体管	9013	1	9	万用表	—	1
5	晶体管	8050	1	10	面包板	—	1

3.4.1 多级放大电路的耦合方式

多级放大电路是由两级或两级以上的单级放大电路连接而成的。在多级放大电路中，级与级之间的连接方式称为耦合方式。一般常用的耦合方式有阻容耦合、直接耦合和变压器耦合。而级与级之间耦合时，必须满足以下条件。

① 耦合后，各级电路仍具有合适的静态工作点。
② 保证信号在级与级之间能够顺利地传输过去。
③ 耦合后，多级放大电路的性能指标必须满足实际的要求。

1. 阻容耦合

级与级之间通过电容连接的方式称为阻容耦合。其特点如下。

① 优点。因电容具有隔直作用，所以各级电路的静态工作点相互独立，互不影响。这给放大电路的分析、设计和调试带来了很大的方便。此外，还具有体积小、质量轻等优点。

② 缺点。因电容对交流信号具有一定的容抗，在信号传输过程中，会有一定的衰减，尤其是变化缓慢的信号容抗很大，不便于传输。此外，在集成电路中，制造大容量的电容很困难，所以这种耦合方式下的多级放大电路不便于集成。阻容耦合只适用于由分立元件组成的电路。

2. 直接耦合

为了避免电容对变化缓慢的信号在传输过程中带来的不良影响，可以把级与级之间直接用导线连接起来，这种连接方式称为直接耦合。其电路如图 3.24 所示，特点如下。

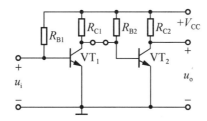

图 3.24 直接耦合两级放大电路

① 优点。直接耦合既可以放大交流信号，也可以放大直流和变化非常缓慢的信号，电路简单、便于集成，所以集成电路中多采用这种耦合方式。

② 缺点。直接耦合存在着各级电路的静态工作点相互牵制和零漂这两个问题。

3. 变压器耦合

级与级之间通过变压器连接的方式称为变压器耦合。其电路如图 3.25 所示，特点如下。

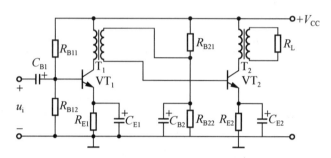

图 3.25　变压器耦合两级放大电路

① 优点。由于变压器不能传输直流信号，且有隔直作用，因此各级电路的静态工作点相互独立，互不影响。变压器在传输信号的同时还能够进行阻抗、电压、电流的变换。

② 缺点。变压器体积大、笨重等，不能实现集成化应用。

3.4.2　多级放大电路的性能指标估算

1. 电压放大倍数

图 3.23 所示的放大电路中两级电压放大倍数约为 150、150，总电压放大倍数约为 22 500 倍，即总电压放大倍数为两级电压放大倍数的乘积，即 $A_u = A_{u1}A_{u2}$。

由此可推得 n 级放大电路的电压放大倍数为

$$A_u = A_{u1}A_{u2}\cdots A_{un}$$

2. 输入电阻

多级放大电路的输入电阻就是输入级的输入电阻，即 $r_i = r_{i1}$。

3. 输出电阻

多级放大电路的输出电阻就是输出级的输出电阻，即 $r_o = r_{on}$。

3.4.3　实施步骤

1. 连接电路

在实验系统上确认各元器件的位置，按图 3.23 所示连接电路。

2. 调整并测试各级电路的静态工作点

两级电路暂不耦合，先不加交流输入信号，然后按表 3-8 测试前后两级各点数值并填在表内。

表 3-8 多级放大电路静态工作点

级 数	测 试 值					理 论 值		
	U_B	U_E	U_{CE}	U_{BC}	U_{Rb2}	$I_B = U_{Rb2}/R_{b2}$	$I_C = U_{BC}/R_C$	$U_{CE} = U_C - U_E$
第一级								
第二级								

3. 测试电压放大倍数

第二级放大电路暂不接负载,将两级电路耦合起来,从第一级输入频率为 1kHz、有效值为 10μV 的交流信号 u_i,分别测出 u_{o1} 和 u_{o2}(即 u_o),填入表 3-9 中。

表 3-9 各级电压放大倍数

测试条件	测 试 值				理 论 值
	u_{o1}	u_{o2}	A_{u1}	A_{u2}	$A_u = \dfrac{u_o}{u_i} = A_{u1}A_{u2}$
R_L=5.1kΩ (不接负载)					

4. 观察各级波形的相位关系

用示波器观察并绘制 u_{o1}、u_{o2} 与 u_i 波形的相位关系曲线。

5. 测量通频带

测量不同频率下的输出电压 u_o。在输入电压 u_i 幅值不变的条件下按表 3-10 所列频率值改变频率,用示波器观察 u_o(即 u_{o2})波形,要求不失真,用电压表测试对应频率下的输出电压有效值 u_o,并记入表 3-10 中。根据此表所测值,在单对数坐标上绘制频率特性曲线,在曲线上分别找出各自的 f_{oL} 和 f_{oH}。

表 3-10 频率特性测试

f/Hz	20	40	60	80	100	500	1k	10k
u_o/V								
f/Hz	50k	100k	150k	160k	180k	200k	500k	
u_o/V								

6. 结果分析

记录好各种测量数据,对照理论值认真分析结果。

7. 思考一下

① 三级放大电路中输出信号为什么容易失真?
② 频率特性曲线为何用对数坐标表示?

 **拓展讨论**

同学们已经学习了二极管和三极管这两种典型的半导体器件，其他的新型电子器件以及应用电路类型还有很多、应用范围更广，大家可以再去找找在生活和生产过程中还会碰到哪些器件？大家怎么去学习它的应用？

项 目 小 结

1. 晶体管是一种电流控制器件，它的输出特性曲线可以分为三个工作区域，放大区、饱和区和截止区。其中在放大区，主要是通过较小的基极电流去控制较大的集电极电流。应当注意的是，在放大区晶体管的发射结必须正偏，而集电结必须反偏。

2. 放大电路中有交、直流两种形式，交流驮载在直流上，直流是基础，交流是目的，交流性能也受直流工作点的影响。

3. 共基极放大电路的电压放大倍数较大，但输入电阻偏小、输出电阻偏大。共集电极放大电路的输入电阻大、输出电阻小，电压放大倍数接近1，适用于信号的跟随。

习 题

一、选择题

3.1 由晶体管组成的三种组态放大电路中输入电阻较大的是(　　)。
    A．共射极　　　　B．共集电极　　　C．共基极

3.2 放大电路设置静态工作点的目的是(　　)。
    A．提高放大能力
    B．避免非线性失真，保证较好的放大效果
    C．获得合适的输入电阻和输出电阻
    D．使放大器工作稳定

3.3 阻容耦合放大电路能放大(　　)信号。
    A．直流　　　　　B．交流　　　　　C．直流和交流

3.4 晶体管工作在放大区时，它的两个PN结的工作状态为(　　)。
    A．均处于正偏　　　　　　　　B．均处于反偏
    C．发射结正偏，集电结反偏　　D．发射结反偏，集电结正偏

3.5 若电路中晶体管的静态工作点在交流负载线上位置定得太高，会造成输出信号的(　　)。
    A．饱和失真　　B．截止失真　　C．交越失真　　D．线性失真

3.6 引起零漂的因素有(　　)。
    A．温度的变化　　　　　　B．电路元器件参数的变化
    C．电源电压的变化　　　　D．电路中电流的变化

3.7 在放大电路中测得一个晶体管的三个电极的电位分别为6V、11.7V、12V，则这个晶体管属于(　　)。
    A．硅NPN型　　B．硅PNP型　　C．锗NPN型　　D．锗PNP型

3.8 PNP 型晶体管工作在放大区时，三个电极直流电位关系为(　　)。
　　A．$U_C<U_E<U_B$　　　　　　　B．$U_B<U_C<U_E$
　　C．$U_C<U_B<U_E$　　　　　　　D．$U_B<U_E<U_C$

3.9 已知某放大状态的晶体管，当 $I_B=20\mu A$ 时，$I_C=1.2mA$，当 $I_B=40\mu A$ 时，$I_C=2.4mA$。则该晶体管的电流放大倍数 β 为(　　)。
　　A．40　　　　B．50　　　　C．60　　　　D．100

二、简答题

3.10 晶体管的"两结""三极"分别指什么？

3.11 为什么说晶体管放大作用的本质是电流控制作用？

3.12 什么叫静态工作点？放大电路为什么一定要设置静态工作点？静态工作点设置不合理会出现什么后果？

三、分析计算题

3.13 晶体管的输出特性曲线如图 3.26 所示，试估算该晶体管的电流放大倍数 β。

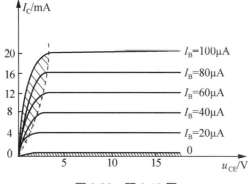

图 3.26　题 3.13 图

3.14 测得某电路中八个晶体管的各极电位如图 3.27 所示，试判断各管工作区域是截止区、放大区还是饱和区。

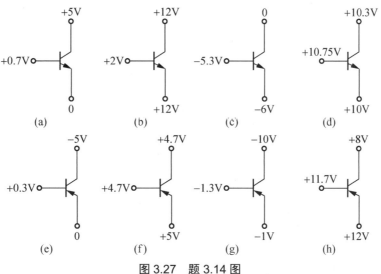

图 3.27　题 3.14 图

3.15 分别测得放大电路中晶体管的各极电位如图 3.28 所示，请识别其管脚并标上 b、c、e，试判断两管是 PNP 型还是 NPN 型，锗管还是硅管。

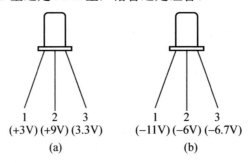

图 3.28 题 3.15 图

3.16 共射极放大电路如图 3.29 所示，需要把 I_{CQ} 调整到 3mA，如果单用 330kΩ 的电位器 RP，若不小心把电位器调到零时，造成深度饱和会损坏管子。安全的做法是串联一只固定电阻 R_{dd} 来限流。请问 R_{dd} 应取多大较合适？（提示：管子不会进入饱和状态即可。）

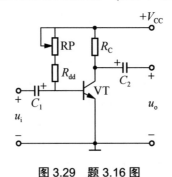

图 3.29 题 3.16 图

3.17 共射极放大电路如图 3.30 所示。已知 V_{CC}=12V，R_C=5.1kΩ，R_B=400kΩ，R_L=2kΩ，晶体管的电流放大倍数 β=40。试求以下内容。

(1) 静态工作点 I_{BQ}，I_{CQ} 及 U_{CEQ}。
(2) 带负载的电压放大倍数 A_u。

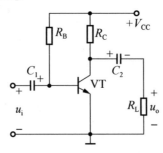

图 3.30 题 3.17 图

3.18 分压式射极偏置电路如图 3.31 所示，其中 β=60，R_E=1kΩ，R_{B1}=30kΩ，R_{B2}=10kΩ，R_C=2kΩ，V_{CC}=12V。试求以下内容。

(1) 静态工作点 I_{BQ}，I_{CQ} 及 U_{CEQ}。
(2) 电压放大倍数 A_u。

(3) 输入电阻 r_i。
(4) 输出电阻 r_o。

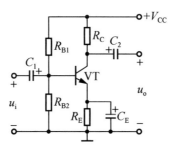

图 3.31 题 3.18 图

3.19 电路如图 3.32 所示。设 V_{CC}=12V，R_B=300kΩ，R_E=5kΩ，R_L=2kΩ，β=50，r_{be}=200Ω，r_s=2kΩ。试求以下内容。

(1) 静态工作点 I_{BQ}，I_{CQ} 及 U_{CEQ}。
(2) 电压放大倍数 A_u 及输入电阻 r_i。

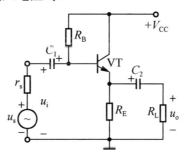

图 3.32 题 3.19 图

项目 4

集成运放、反馈的认知及应用电路的制作

学习目标

1. 知识目标

(1) 了解集成运算放大器(简称集成运放)的结构组成及特性指标,了解常见集成运放的种类、引脚特性。

(2) 了解集成运放的"虚短"和"虚地"概念,了解集成运放应用电路的分析与基本计算。

(3) 掌握反馈的定义、分类及判别方法,重点掌握各种反馈类型对放大电路静态和动态性能的影响。

2. 技能目标

(1) 掌握利用万用表、信号发生器、示波器测试反馈电路特性的方法。

(2) 制作音频放大电路的中间级,对电路中出现的故障进行原因分析及排除。

生活提点

集成电路是20世纪50年代后期到20世纪60年代初发展起来的一种新型半导体器件。它把整个电路中的各个器件及器件之间的连线,采用半导体集成工艺同时制作在一块半导体芯片上,再将芯片封装并引出相应引脚做成具有特定功能的集成电子线路。与分立元件电路相比,集成电路实现了器件、连线和系统的一体化,外接线少,具有可靠性高、性能优良、质量轻、造价低廉、使用方便等优点。

 **项目任务**

制作音频放大电路的中间级部分，要求该电路采用两级集成运放作为电压放大之用，电压放大倍数达到 50 以上。该电路的中间级部分在 PCB 上的位置如图 4.1 所示。

图 4.1 音频放大电路的中间级部分

 **项目实施**

4.1 集成运放的认知

集成运放实物如图 4.2 所示。

图 4.2 集成运放实物

4.1.1 集成运放的组成及其符号

各种集成运放的基本结构相似，都是由差动输入级、中间放大级、输出级和偏置电路组成，如图 4.3 所示。差动输入级一般由可以抑制零漂的差动放大电路组成。中间放大级的作用是获得较大的电压放大倍数，可以由共射极放大电路组成。输出级要求有较强的带负载能力，一般采用共集电极放大电路。偏置电路的作用是为各级电路提供合理的偏置电流。

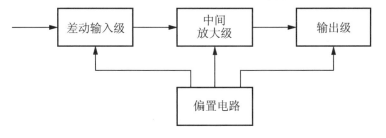

图 4.3 集成运放的基本结构组成

集成运放的图形和文字符号如图 4.4 所示。

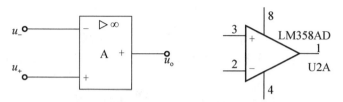

图 4.4　集成运放的图形和文字符号

图 4.4 中"−"称为反相输入端，即当信号从该端输入时，输出相位与输入相位相反。而"+"称为同相输入端，即当信号从该端输入时，输出相位与输入相位相同。

4.1.2　集成运放的基本技术指标

衡量集成运放质量好坏的技术指标很多，基本指标有十项。下面重点介绍一下其中五项主要性能参数的含义。

【运算放大器简介】

1. 输入失调电压 U_{OS}

实际工作中集成运放难以做到差动输入级完全对称，也就是说，当输入电压为零时，输出电压并不一定为零。在室温(25℃)及标准电源电压下，为了使输出电压为零，需在集成运放的两个输入端额外附加补偿电压，这个额外附加补偿电压称为输入失调电压 U_{OS}。U_{OS} 越小越好，一般在 0.5～5mV。

2. 开环差模电压放大倍数 A_{od}

集成运放在开环(无外加反馈)时，输出电压与差模信号输入电压之比称为开环差模电压放大倍数 A_{od}。它是决定集成运放运算精度的重要因素，常用分贝(dB)表示，目前最高值可达 140dB(即开环差模电压放大倍数达 10^5)。

3. 共模抑制比 K_{CMRR}

共模抑制比 K_{CMRR} 是开环差模电压放大倍数与共模电压放大倍数之比的绝对值，即 $K_{CMRR} = \left| \dfrac{A_{od}}{A_{oc}} \right|$，其含义与差动放大电路中所定义的 K_{CMRR} 相同，高质量的集成运放 K_{CMRR} 可达 160dB。

4. 差模输入电阻 r_{id}

差模输入电阻 r_{id} 是集成运放在开环时输入电压变化量与由它引起的输入电流变化量之比，从输入端看进去的动态电阻，一般为 MΩ 数量级，以场效应晶体管为输入级的 r_{id} 可达 10^4 MΩ。分析集成运放应用电路时，把集成运放看成理想运放可以使分析简化。实际工作中集成运放绝大部分接近理想运放。对于理想运放，A_{od}、K_{CMRR}、r_{id} 均趋于无穷大。

5. 开环输出电阻 r_o

开环输出电阻 r_o 是指集成运放在开环时输出端的动态电阻，一般为几十欧到几百欧，其值越小，说明集成运放的带负载能力越强。理想运放中 r_o 趋于零。

其他参数包括输入失调电流 I_{OS}、输入偏置电流 I_B、输入失调电压温漂 dU_{OS}/dT 和输入失调电流温漂 dI_{OS}/dT、最大共模输入电压 U_{icmax}、最大差模输入电压 U_{idmax} 等，可通过器件手册直接查到对应参数的定义及各种型号集成运放的技术指标。

4.1.3 双运算放大器 LM358

1. 电路组成及使用范围

LM358 内部包括两个独立、高增益、内部频率补偿的运算放大器，适用于电源电压范围很宽的单电源使用，也适用于双电源工作模式。在推荐的工作条件下，电源电流与电源电压无关。

LM358 的使用范围很广，包括传感放大器、直流增益模块，以及其他所有可用单、双电源供电的使用运算放大器的场合。

2. 主要参数和外部引脚图

(1) 主要参数及特点

① 电压增益高，约为 100dB，即放大倍数约为 10^5。
② 单位增益通频带宽，约为 1MHz。
③ 电源电压范围宽，单电源为 3～32V、双电源为±1.5～±15V 对称电压。
④ 低功耗电流，适合电池供电。
⑤ 低输入失调电压，约为 2mV。
⑥ 共模输入电压范围宽。
⑦ 差模输入电压范围宽，且等于电源电压范围。
⑧ 输出电压摆幅大，为 0～$+V_{CC}$。

(2) 外部引脚图(如图 4.5 所示)

图 4.5 中 IN(+)为同相输入端，IN(-)为反相输入端，OUT 为输出端。通过实验来看一下集成运放的应用，LM358 测试电路如图 4.6 所示。

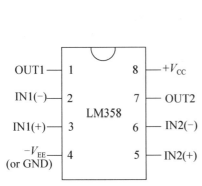

图 4.5 LM358 外部引脚

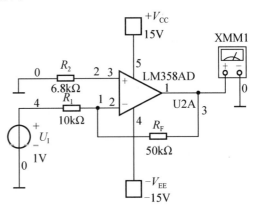

图 4.6 LM358 测试电路

其器件清单见表 4-1。

表 4-1　LM358 测试电路器件清单

序　号	名　称	规　格	数　量
1	晶体管直流稳压电源	—	1
2	面包板	—	1
3	集成运放	LM358	1
4	毫伏表	—	1
5	金属膜电阻器	10~200kΩ	8
6	金属膜电阻器	6.8kΩ	1
7	金属膜电阻器	10kΩ	1
8	导线	—	若干

给定输入电压 u_i=50mV，将电阻 R_F 依次从 10kΩ 调至 200kΩ（具体如表 4-2 所示），同时依次调整 R_2 的数值（电阻 R_2 相当于电位器），$R_2=R_1//R_F$，分别测得 LM358 的输出电压 u_o，将结果填在表 4-2 内。

表 4-2　集成运放 LM358 测试记录表

输出电压/V	电阻 R_F/kΩ							
	10	20	40	50	100	120	150	200
u_o								

通过实验，可得出一个基本结论

$$u_o \approx -\frac{R_F}{R_1}u_i$$

该电路为何出现上述结论呢？下面分析一下其中原因。

由于 LM358 中 A_{od}、K_{CMRR}、r_{id} 参数值均比较大，为了方便分析，可将参数值视作趋于无穷大。

① 由于集成运放的差模输入电阻 r_{id} 趋于无穷大，输入偏置电流 $I_B \approx 0$，不向外部索取电流，因此两个输入端电流为零，即 $i_-=i_+=0$。也就是说，集成运放工作在线性区时，两个输入端均无电流，称为"虚断"。

② 由于两个输入端无电流，因此两个输入端电位相同，即 $u_-=u_+$。也就是说，集成运放工作在线性区时，两个输入端电位相等，称为"虚短"。

接下来用"虚断"和"虚短"两个概念从理论上分析一下实验电路。

3. LM358 实验电路原理分析

如图 4.6 所示的测试电路为反相比例运算电路，输入信号经 R_1 加入反相输入端，R_F 称为反馈电阻，同相输入端的电阻 R_2 用于保持集成运放的静态平衡，一般要求 $R_2=R_1//R_F$，故 R_2 称为平衡电阻。

集成运放工作在线性区，根据"虚断"概念，即流过 R_2 的电流为零，则 $u_-=u_+=0$，说明反相输入端虽然没有直接接地,但其电位为地电位,相当于接地,是虚假接地,故简称为"虚地"。虚地是反相比例运算电路的重要特点。利用基尔霍夫电流定律,有

$$i_1 = i_- + i_F \approx i_F$$

则

$$\frac{u_i - u_-}{R_1} \approx \frac{u_- - u_o}{R_F} \tag{4.1}$$

可得输出电压为

$$u_o = -\frac{R_F}{R_1}u_i \tag{4.2}$$

由此得到反相比例运算电路的电压放大倍数为

$$A_{uf} = \frac{u_o}{u_i} = -\frac{R_F}{R_1} \tag{4.3}$$

式中,A_{uf}是反相比例运算电路的电压放大倍数。

由上可知,在反相比例运算电路中,输出信号电压 u_o 和输入信号电压 u_i 的相位相反,大小成比例关系,比例系数为 $\frac{R_F}{R_1}$,该电路也可以直接作为比例运算放大器使用。当 $R_F=R_1$ 时,$A_{uf}=-1$,即输出电压和输入电压的大小相等,相位相反,此时该电路称为反相器。

除了反相比例运算电路之外,还可以利用 LM358 等高增益的集成运放搭建其他的应用电路。

【反向比例放大电路】

4.1.4 其他应用电路

利用集成运放 LM358 搭建的其他应用电路的电路图及输入输出关系见表 4-3。

表 4-3 集成运放 LM358 搭建的其他应用电路的电路图及输入输出关系

应用电路名称	电路图	输入输出关系
同相比例运算电路	（电路图：R_2 6.8kΩ,R_F 20kΩ,R_1 10kΩ,u_i 1V,+V_{CC} 15V,-V_{EE} -15V,LM358AD U2A,XMM1）	$u_o = \left(1 + \dfrac{R_F}{R_1}\right)u_i$

续表

应用电路名称	电路图	输入输出关系
加法运算电路		$u_o = -\left(\dfrac{R_F}{R_1}u_{i1} + \dfrac{R_F}{R_2}u_{i2} + \dfrac{R_F}{R_3}u_{i3}\right)$
减法运算电路		$u_o = \left(1+\dfrac{R_F}{R_1}\right)\dfrac{R_3}{R_2+R_3}u_{i2} - \dfrac{R_F}{R_1}u_{i1}$
积分电路		$u_o = -\dfrac{1}{R_1C}\int u_i \mathrm{d}t$

续表

应用电路名称	电路图	输入输出关系
微分电路	(电路图: $+V_{CC}$ 15V, R_F 10kΩ, C 0.01μF, R_2 6.8kΩ, u_{i1} 1V, U1A LM358AH, $-V_{EE}$ -15V)	$u_o = -R_F C \dfrac{du_i}{dt}$

上述电路的分析可参照反相比例运算电路,利用集成运放的"虚短""虚断"概念和电路的基本定律来得到对应的输入输出关系,有兴趣的读者可自行分析一下。

4.1.5 电压比较器

1. 单限电压比较器

单限电压比较器实验电路如图 4.7 所示。

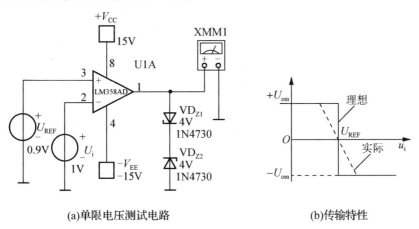

(a)单限电压测试电路　　(b)传输特性

图 4.7　单限电压比较器实验电路

其实验电路器件清单见表 4-4。

表 4-4　单限电压比较器实验电路器件清单

序　号	名　　称	规　　格	数　量
1	晶体管直流稳压电源	—	1
2	面包板	—	1
3	集成运放	LM358	1

续表

序号	名称	规格	数量
4	毫伏表	—	1
5	金属膜电阻器	10kΩ	1
6	金属膜电阻器	4.7kΩ	1
7	稳压二极管	1N4730	2
8	导线	—	若干

实验步骤如下。

将同相输入端电压 U_{REF} 调至 0.5V，在反相输入端将输入电压 u_i 依次从 0 调至 1V，测得该电路的输出电压 u_o 并填入表 4-5 中。

表 4-5 单限电压比较器测试记录表

输出电压/V	输入电压/V							
	0	0.1	0.2	0.4	0.5	0.6	0.8	1
u_o								

通过实验，可以看到当输入电压 u_i 在 0～0.5V 时，输出电压 u_o 约为 1.5V。当输入电压 u_i 在 0.5～1V 时，输出电压 u_o 约为-1.5V。即当 $u_i < U_{REF}$ 时，u_o 输出高电平。当 $u_i > U_{REF}$ 时，u_o 输出低电平。

将 u_i 和 U_{REF} 互相调换位置，重复上述过程，记录输出电压 u_o，可观察到结果刚好与之相反。

在实验中为何会出现上述现象呢？接下来分析一下其中的原因。

在图 4.7(a)所示的电路中，同相输入端接基准电压(或称参考电压)U_{REF}，被比较信号由反相输入端输入，集成运放 LM358 处于开环状态。当 $u_i > U_{REF}$ 时，因为 LM358 的电压放大倍数足够大，所以，输入端只要有微小的电压，输出端即饱和输出，在这种情况下，输出电压为负饱和值 $-U_{om}$。同理当 $u_i < U_{REF}$ 时，输出电压为正饱和值 $+U_{om}$，其传输特性如图 4.7(b)所示。可见，只要输入电压在基准电压 U_{REF} 处稍有正负变化，输出电压 u_o 就在负最大值和正最大值处变化。

通过上述分析可知，图 4.7(a)所示电路的功能是将一个输入电压与另一个输入电压或基准电压进行比较，判断它们之间的相对大小，比较结果由输出状态反映出来，所以通常将该电路称为单限电压比较器。

【电压比较器】

2. 滞回比较器

滞回比较器实验电路如图 4.8 所示。电路中引入正反馈，其特点如下。
① 提高了比较器的响应速度。
② 输出电压的跃变不是发生在同一门限电压上。

利用集成运放"虚短" $u_+ = u_-$ 的概念，并且因为输入为反相输入，所以当 u_i 一开始足够小的时候，此时 $u_o = +U_Z$，$+U_T = \dfrac{R_1}{R_1 + R_F} u_o$，其中 $+U_T$ 称为上门限电压，是指 u_i 逐渐增加时的阈值电压。当 u_i 一开始足够大的时候，此时 $u_o = -U_Z$，

$-U_T = -\dfrac{R_1}{R_1 + R_F} u_o$，其中$-U_T$称为下门限电压，是指$u_i$逐渐减小时的阈值电压。$+U_Z$和$-U_Z$为双向稳压二极管的输出电压。

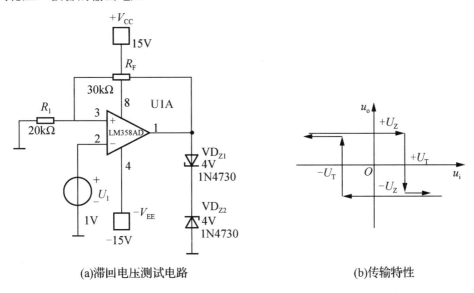

(a)滞回电压测试电路　　　　　　　　(b)传输特性

图4.8　滞回比较器实验电路

4.2　反馈的认知

在图4.6所示的电路中，除了了解集成运放应用电路的运算关系之外，还发现整个电路的放大倍数在大小上并不是LM358标称的10^5左右，而是$\dfrac{R_F}{R_1}$。为何会出现上述现象呢？

可以看到LM358的输入与输出之间是通过一反馈电阻连接，电路的输出会反过来影响输入，从而影响整个电路的放大倍数。通过实验认识到反馈能影响电路的放大倍数，那么对其他特性参数是否也有影响呢？

4.2.1　反馈的定义

将放大电路输出量(电压或电流)的一部分或全部通过某些元件或网络反向送回到输入端，以此来影响原输入量(电压或电流)的过程称为反馈。

反馈放大电路的方框图如图4.9所示。图中，$\dot{X}_i$、$\dot{X}_o$和$\dot{X}_f$分别表示放大器的输入、输出和反馈(相量)信号，而A和F为该电路中基本放大器的开环差模电压放大倍数和反馈网络的反馈系数。

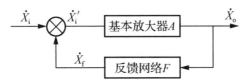

图4.9　反馈放大电路的方框图

4.2.2 反馈的类型

1. 正负反馈

在反馈电路中，反馈量使放大器净输入量增强的反馈称为正反馈，使净输入量减弱的反馈称为负反馈。通常采用"瞬时极性法"来判断电路是正反馈还是负反馈，具体方法如下。

① 先假设输入信号某一瞬时的极性。

② 根据输入与输出信号的相位关系，确定输出信号和反馈信号的瞬时极性。

③ 再根据反馈信号与输入信号的连接情况，分析净输入量的变化。若反馈信号与输入信号在同一端口，且反馈信号与输入信号的极性相同，则为正反馈，反之为负反馈。若反馈信号与输入信号在不同端口，且反馈信号与输入信号的极性相同，则为负反馈，反之为正反馈。

此外需要注意的是，电阻器、电容器、电感器不会改变信号的极性。晶体管的基极和集电极的极性相反，基极和发射极的极性相同，如图 4.10 所示。

利用瞬时极性法可以看出，图 4.11 所示的测试电路的反馈信号与输入信号在同一端口，且极性相反，故该电路为负反馈。

图 4.10　晶体管的三极信号极性

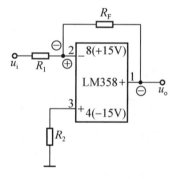

图 4.11　负反馈电路测试电路

2. 交流反馈与直流反馈

在放大电路中存在直流分量和交流分量，若反馈信号是交流分量，则称为交流反馈，其影响电路的交流性能。若反馈信号是直流分量，则称为直流反馈，其影响电路的直流性能，如静态工作点。若反馈信号中既有交流分量又有直流分量，则反馈对电路的交流性能和直流性能都有影响。从图 4.12 所示的直流反馈与交流反馈电路中可以看出，电容 C 是形成直流反馈的主要原因，但同时该电路中也存在着交流反馈。

3. 电压反馈与电流反馈

从输出端处观察，若反馈信号取自输出电压，则为电压反馈，如图 4.13(a)所示；若反馈信号取自输出电流，则为电流反馈，如图 4.13(b)所示。

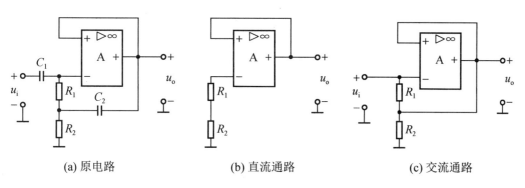

图 4.12 直流反馈与交流反馈电路

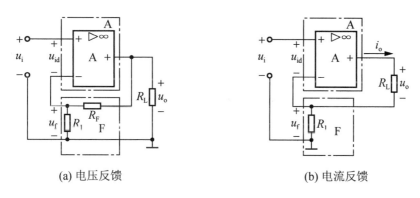

图 4.13 电压反馈与电流反馈电路

4. 串联反馈与并联反馈

串联反馈与并联反馈是按照反馈信号在输入回路中与输入信号相叠加的方式不同来进行分类的。反馈信号至输入回路，与输入信号有两种叠加方式，串联和并联。如果反馈信号与输入信号是串联接在基本放大器的输入回路中，即反馈信号和输入信号在不同端口，则电路反馈类型为串联反馈。反之，如果反馈信号与输入信号是并联接在基本放大器的输入回路中，即反馈信号和输入信号在同一端口，则电路反馈类型为并联反馈。串联反馈与并联反馈电路如图 4.14 所示。

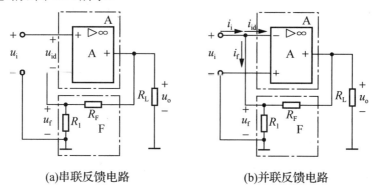

图 4.14 串联反馈与并联反馈电路

为什么要引入不同类型的反馈呢？因为没有反馈的放大器性能往往不理想，在很多情况下不能满足需要。引入反馈后，电路可以根据输出信号的变化控制放大器的净输入信号的大小，从而自动调节放大器的放大过程，进而改善放大器的性能。

4.2.3 负反馈对放大器性能的影响

1. 提高了放大倍数的稳定性

引入负反馈以后，由于某种原因造成放大器的放大倍数发生变化，负反馈放大器的放大倍数变化量只是基本放大器放大倍数变化量的 $\dfrac{1}{(1+AF)^2}$，因此放大器放大倍数的稳定性大大提高。

2. 展宽通频带

引入负反馈以后，放大器下限频率由无负反馈时的 f_L 下降为 $\dfrac{f_L}{1+AF}$，而上限频率由无负反馈时的 f_H 上升为 $(1+AF)\cdot f_H$，因此放大器的通频带得到展宽，展宽后的通频带约为未引入负反馈时的 $(1+AF)$ 倍，负反馈展宽通频带如图 4.15 所示。

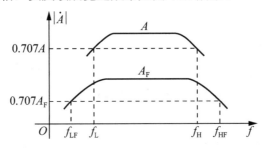

图 4.15 负反馈展宽通频带

图中，A 和 A_F 分别表示负反馈引入前后的放大倍数，f_L 和 f_H 分别表示负反馈引入前的下限频率和上限频率，f_{LF} 和 f_{HF} 分别表示负反馈引入后的下限频率和上限频率。

3. 减小非线性失真

由于放大电路中存在着晶体管等非线性器件，因此即使输入的是正弦波，输出也不一定是正弦波，因为产生了波形失真，而负反馈可有效减小波形失真。

4. 对放大器输入、输出电阻的影响

(1) 对输入电阻的影响

串联负反馈使输入电阻增大，并联负反馈使输入电阻减小。

(2) 对输出电阻的影响

电压负反馈使输出电阻减小，电流负反馈使输出电阻增大。

前面学习了集成运放的特性及反馈的作用，接下来利用集成运放 LM358 和合理的反馈类型来搭建音频放大电路的中间级。

4.3 音频放大电路中间级的制作

音频放大电路中间级如图 4.16 所示。

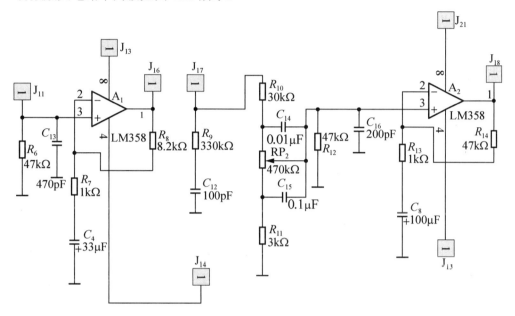

图 4.16 音频放大电路中间级

其器件清单见表 4-6。

表 4-6 音频放大电路中间级器件清单

序号	名称	规格	数量	序号	名称	规格	数量
1	电阻器	47kΩ	3	9	电解电容器	100μF/25V	1
2	电阻器	1kΩ	2	10	电容器	470pF	1
3	电阻器	330kΩ	1	11	电容器	100pF	1
4	电阻器	30kΩ	1	12	电容器	0.01μF	1
5	电阻器	3kΩ	1	13	电容器	0.1μF	1
6	电阻器	8.2kΩ	1	14	电容器	200pF	1
7	电位器	470kΩ	1	15	集成运放	LM358	2
8	电解电容器	33μF/25V	1	16	集成块座(8 脚)	DIP8 座	2

4.3.1 电路结构及原理分析

在图 4.16 所示电路中，音频放大电路中间级由集成运放 LM358，电阻 $R_6 \sim R_{14}$，电容 C_4、C_8、$C_{12} \sim C_{16}$，电位器 RP_2 组成。其中 LM358(A_1)组成的同相输入放大器构成电压放大部分，电容 C_{14} 至 C_{15} 之间的阻容网络构成音调控制部分。LM358(A_2)的作用是补偿音调控制部分对信号的衰减。

音调控制部分是通过 RC 衰减器对高低频率信号的衰减倍数的不同来升高或降低音信号的。RP_2 为低音控制电位器，其滑动端由上端移至下端时，低频衰减倍数逐渐加大，输出信号中的低频成分随之逐渐减小。

4.3.2 电路反馈类型及作用

在图 4.16 所示电路中，运用瞬时极性法可判别出中间级两级放大电路为负反馈。通过反馈电阻 R_8 和 R_{14} 反馈交直流信号，可稳定电路的静态和动态特性。反馈信号和输入信号在不同端口，为串联反馈，可有效增强电路的输入电阻，输出端反馈电压信号，减小输出电阻。

综上所述，电路所采用的反馈类型为电压串联负反馈，所以对信号的放大起到了很好的优化作用。

4.3.3 实施步骤

1. 安装

① 安装前应认真理解电路原理，弄清印制电路板上元器件与原理图之间的对应关系，并对所装元器件预先进行检查，确保元器件处于良好状态。

② 将器件清单的电阻器、电容器、电位器、集成运放 LM358 等元器件参考原理图 4.16 在印制电路板上焊接好。

2. 调试

① 检查印制电路板元器件安装、焊接是否准确无误。

② 检查无误后通电，用万用表测试该放大电路各静态工作点的数值并记录，通过比较理论值和测量值判别安装有无错误。若出现数值异常，通过修改电路中相应元器件的参数重新进行静态工作点的测试，直至正确为止。

③ 在电路输入端接入信号发生器，输出端正确连接示波器，并输出一定频率的正弦交流信号，观察示波器的输入、输出波形并记录波形曲线，计算该电路的电压放大倍数并和理论值比较，观察是否吻合，若有偏差，试分析其中的原因。

④ 将反馈电阻 R_8 断开，结合调试步骤③重新测定所有参数，体会负反馈对电路放大功能的影响。

⑤ 将已制作完成的输入级和中间级正确连接(即用导线连接 J_{10} 和 J_{11}、J_{16} 和 J_{17})，通过示波器测定电路的通频带并记录和绘制相应曲线。

特别提示

高精密输入放大器 AD8572 及高精度数据采集电路认知

在部分以单片机为核心的数据采集电路中，大部分单片机能够处理的模拟信号电压范围一般为 0～2.4V，超过此电压就会损坏单片机系统，而外部输入的信号电压常在零到几十伏之间变化。为适应处理待测电压和精度，需要对外部输入的信号按比例进行放大和缩小，因此可用高精密输入放大器 AD8572 搭建比例运算电路完成此功能，如图 4.17 所示为采集 ±15V 信号的比例运算电路。为保证留有测量裕量，可利用 EE_1、EE_2 和 AD8572-1 通道组成分压及同相电压跟随器，假设输入电压为 +15V，信号转换值

$$=\left(\frac{EE_2}{EE_1+EE_2}\times1\times15\right)V=\left(\frac{1}{1+6.2}\times15\right)V\approx2.08V<2.4V$$。按 EE_1 和 EE_2 的阻值计算，最大转换正电压 $=\left(\frac{2.4}{2.08}\times15\right)V=17.30V$，所以可将 0~15V 之间的电压转换为 2.4V 以下可被单片机处理的电压，该电路正电压转换范围为 0~17.30V。同理利用 EE_3、EE_4 和 AD8572-2 通道组成反相比例运算电路，假设输入电压为-15V，信号转换值 $=\left[-\frac{EE_4}{EE_3}\times(-15)\right]V=2V<2.4V$。

按 EE_3 和 EE_4 的阻值计算，最大转换负电压 $=\left(-\frac{7.5}{1}\times2.4\right)V=-18V$，所以可将-15V~0 之间的电压转换为 2.4V 以下可被单片机处理的电压，该电路负电压转换范围为-18V~0。

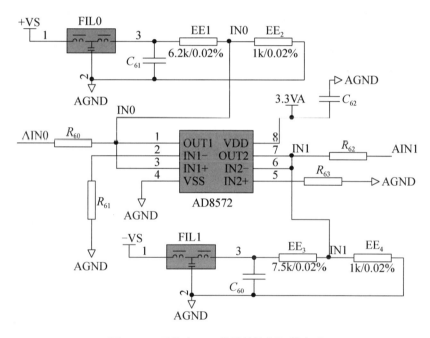

图 4.17 采集±15V 信号的比例运算电路

4.4 手机无线充电器电路设计

无线充电系统由原副边两个子系统组成，原边为发射电路，副边为接收电路，发射电路由交流、直流和高频电源组成，接收电路由整流滤波、稳压和负载电路组成。由此我们可以确定电路的框架，如图 4.18 所示。由 2.2 节的分析可知，需要采取原副边均为并联的结构，也就是 P-P 补偿，由此我们就可以确定手机无线充电器的主电路拓扑。无线充电器从市电中获得电源，经过变压器降压后，变为低压交流电，然后通过由四个二极管组成的整流电路进行整流，最后通过电容进行滤波，产生一个直流电，MOS 管和 LC 网络组成高频谐振电源，副边谐振腔接收从原边传来的谐振信号，再通过二极管整流和电容滤波、三端稳压器产生一个稳定的电压给输出负载。

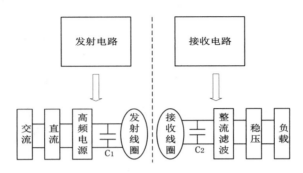

图 4.18　无线充电系统的框架及主电路

1. 整流滤波电路的设计

整流滤波电路由变压器、整流二极管及滤波电容组成，变压器的作用是将 220V 的交流电转变为低压交流电，确保实验电路的安全。四个二极管 D_1、D_2、D_3、D_4 组成的全波整流电路，把交流电转变成脉动的直流电，而滤波电容 C_0 的作用是把脉动的直流电转变为较为稳定的直流电，如图 4.19 所示。

2. 高频震荡电源的设计

高频震荡电源由两部分组成：MOS 管 Q_1 和 LC 谐振网络。经过电容稳压滤波之后的直流电可近似看做一个稳定的直流源，通过 MOS 管 Q_1 不断的开通与闭合形成一个脉冲方波，这个脉冲方波通过 LC 谐振网络形成高频谐振电源，电磁波通过这个高频谐振电源发送出去，如图 4.20 所示。

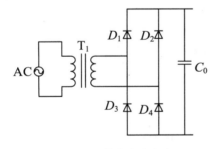
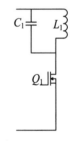

图 4.19　整流滤波电路　　　　　　　图 4.20　高频震荡电源

3. 接收电路的设计

接收电路由 LC 谐振网络、整流电路、滤波电路、稳压电路等部分组成。LC 谐振网络的作用是接收从原边得来的电磁波，将其变为电信号。之后通过一个二极管 D_5 半波整流电路和电容滤波 C_3，产生一个较为稳定的直流电，但是这个直流电还有较大波动，不能满足手机充电要求，因此必须加入直流稳压芯片 U_1 产生一个稳定的输出电压，如图 4.21 所示。

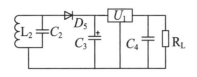

图 4.21 接收电路

4. 控制电路的设计

要想实现手机无线充电的功能，仅有主电路是远远不够的，还必须有控制电路。控制电路的主要作用就是驱动 MOS 管的开关。本次设计我们采用以 UC2845 芯片为核心的控制电路，其外观及引脚分布如图 4.22 所示。

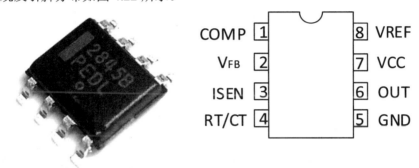

图 4.22　UC2845 外观及引脚分布

UC2845 分为两种封装，一种是 8 脚，一种是 14 脚，本次设计，我们采用 8 脚封装，下面分别介绍每个引脚的功能。

① 1 脚为芯片内部运算放大器的输出端，这里不使用，使其通过一个电容接地。

② 2 脚是反馈脚，这里通过一个电阻接地，目的是产生固定占空比的 PWM 波，根据芯片资料可以查出，当 2 脚直接接地时其 PWM 波的占空比为 50%。

③ 3 脚是电流检测脚，主要用于短路检测，这里不使用，直接通过电阻接地。

④ 4 脚的电容 R_{2a}、R_{2b} 和 C_4 组成震荡电路，目的是产生一个高频锯齿波。其频率可以通过生产厂商给出的图表查出。

⑤ 5 脚是公共地。

⑥ 6 脚是输出 PWM 脚，最高输出电流可达 1A，所以无须驱动电路，可以直接用此脚驱动 MOS 管。

⑦ 7 脚是电源端，通过 LM7812 芯片从主电路上通电。

⑧ 8 脚是一个参考电压引脚，其输出一个 5V 的电压。

控制电路由两部分组成，辅助电源部分和芯片控制部分。辅助电源部分主要由 LM7812 芯片组成，其作用是从直流母线上获取稳定的直流电压来供给控制芯片使用，如图 4.23 所示。控制电路实物图如图 4.24 所示。

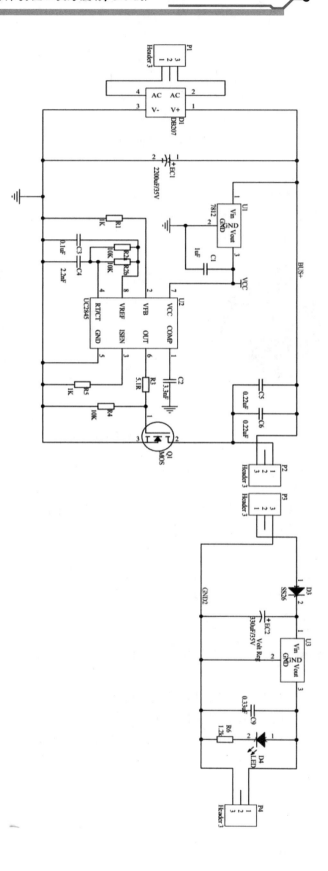

图 4.23 控制电路原理图

项目 4　集成运放、反馈的认知及应用电路的制作

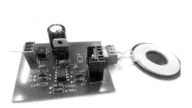
原边

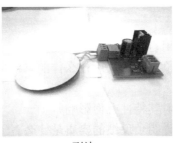
副边

充电过程

图 4.24　控制电路实物图

项目小结

1. 集成运放实现了器件、连线和系统的一体化，外接线少，具有可靠性高、性能优良、质量轻、造价低廉、使用方便等优点。

2. 常用集成运放具有良好的特性，即电压放大倍数大、输入电阻高、共模抑制比高、输出电阻小。理想运放开环差模电压放大倍数 A_{od}、共模抑制比 K_{CMRR}、差模输入电阻 r_{id} 可视作无穷大，开环输出电阻视作零，故具有"虚断"和"虚短"的特性。

3. 反馈能有效地影响电路的放大性能，其中电压串联负反馈可有效增加输入电阻、减少输出电阻、提高放大倍数的稳定性、展宽通频带，是改善电路放大性能的最优反馈类型，音频放大电路中间级即采用了该种反馈类型。

习　题

一、选择题

4.1　集成运放的最主要特点之一是(　　)。
　　A. 输入电阻很大　　　　　　　　B. 输入电阻为零
　　C. 输出电阻很大　　　　　　　　D. 输出电阻为零

4.2　欲使放大器净输入信号减弱，应采取的反馈类型是(　　)。
　　A. 串联反馈　　　　　　　　　　B. 并联反馈
　　C. 正反馈　　　　　　　　　　　D. 负反馈

4.3　放大电路采用负反馈后，下列说法不正确的是(　　)。
　　A. 放大能力提高了　　　　　　　B. 放大能力降低了
　　C. 通频带展宽了　　　　　　　　D. 非线性失真减小了

4.4　将一个具有反馈性能的放大器的输出端短路，晶体管输出电压为零，反馈信号消失，则该放大器采用的反馈是(　　)。
　　A. 正反馈　　B. 负反馈　　C. 电压反馈　　D. 电流反馈

4.5　串联负反馈会使放大器的输入电阻(　　)。
　　A. 变大　　　B. 减小　　　C. 为零　　　　D. 不变

二、简答题

4.6 集成电路为什么要采用直接耦合方式？

4.7 集成运放的输入级与输出级各采用什么样的电路形式，它们对集成运放的性能带来什么影响？

4.8 电路中引入负反馈时对其特性有何影响？

4.9 什么是负反馈？举例说明负反馈的实质是什么。

4.10 如何判别音频放大电路中反馈电阻的反馈类型及其在电路中作用是什么？

三、分析计算题

4.11 电路如图 4.25 所示，试求以下内容。

(1) 当 $R_1=20\text{k}\Omega$，$R_F=100\text{k}\Omega$ 时，u_o 与 u_i 的运算关系是什么？

(2) 当 $R_F=100\text{k}\Omega$ 时，欲使 $u_o=26u_i$，则 R_1 为何值？

4.12 电路如图 4.26(a)所示，已知 $R_1=10\text{k}\Omega$，$R_2=20\text{k}\Omega$，$u_i=5\sin\omega t$，$u_o=\pm4.7\text{V}$，输入波形如图 4.26(b)所示。试求以下内容。

(1) 参考电压 U_T。

(2) 画出输出波形。

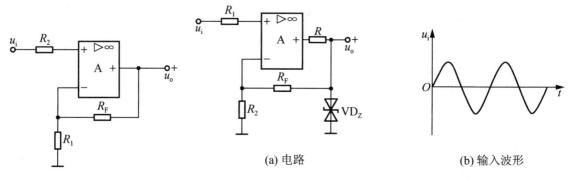

图 4.25 题 4.11 图   图 4.26 题 4.12 图

4.13 电压比较器电路如图 4.27 所示，其中稳压二极管 VD_Z 的稳定电压 $\pm U_Z=\pm6\text{V}$，试求以下内容。

(1) 电路的阈值电压 U_T。

(2) 画出电压传输特性线，并标出有关参数。

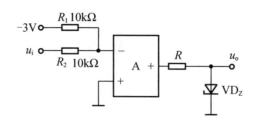

图 4.27 题 4.13 图

4.14　设计一个加减法运算电路，使其实现数学运算：$Y=X_1+2X_2-5X_3-X_4$。

4.15　请判断图 4.28 所示的各电路有无反馈？

4.16　请指出图 4.28 所示的各电路中反馈的类型和极性，并在图中标出瞬时极性及反馈电压或反馈电流。

4.17　请问在图 4.28 中存在交流负反馈的电路，哪些适用于高内阻信号源？哪些适用于低内阻信号源？哪些可以稳定输出电压？哪些可以稳定输出电流？

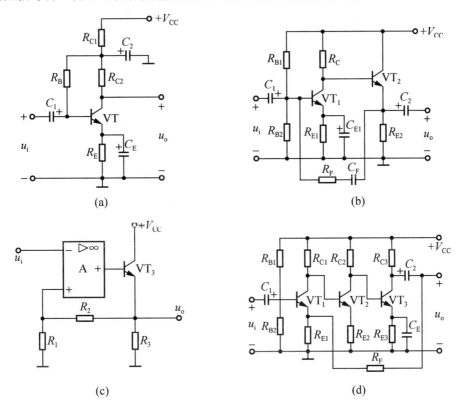

图 4.28　题 4.15 图

4.18　如果要求稳定输出电压并提高输入电阻，应该对放大器施加什么类型的负反馈？对于输入电阻为高内阻信号源的电流放大器，应引入什么类型的负反馈？

4.19　负反馈放大电路如图 4.29 所示，试判断电路的负反馈类型。若要求引入电流并联反馈，应如何修改此电路？

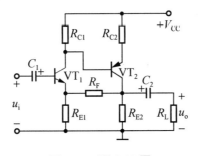

图 4.29　题 4.19 图

项目 5

功率放大器的认知及应用电路的制作

学习目标

1. 知识目标

(1) 掌握功率放大电路的三种组态(甲类、乙类、甲乙类)的特点及应用场合。

(2) 了解常见功率放大器的种类和引脚特性,了解常用功率放大电路的工作原理,会对功率放大电路进行分析。

(3) 了解功率放大电路在使用过程中的散热问题,掌握功放管和功率放大电路散热问题的解决措施。

2. 技能目标

(1) 掌握利用万用表、信号发生器、示波器测试功率放大电路特性的方法。

(2) 利用分立元件制作音频放大电路输出级,对电路出现的故障进行原因分析及排除。

(3) 利用功率放大器制作音频放大电路。

生活提点

功率放大电路通常作为多级放大电路的输出级。在很多电子设备中,要求放大电路的输出级能够带动某种负载,如驱动仪表使指针偏转,驱动扬声器使之发声,驱动自动控制系统中的执行机构等。总之,要求放大电路有足够大的输出功率,这样的放大电路统称为功率放大电路。

项目 5　功率放大器的认知及应用电路的制作

 项目任务

① 利用分立元件制作音频放大电路输出级，要求输出效率高，最大输出功率不低于 10W。该输出级电路实物如图 5.1 所示。

图 5.1　音频放大电路输出级电路实物

② 利用功率放大器制作音频放大电路。

 项目实施

5.1　功率放大电路的认知

功率放大电路在音频放大电路中主要提供较大的电流转化(放大)以带动负载(即音箱)，是一种以输出较大功率为目的的放大电路，其在整个音频放大电路中的位置如图 5.2 所示。

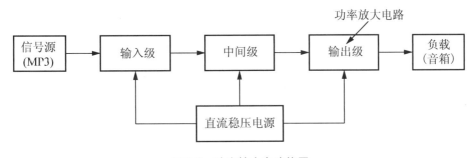

图 5.2　功率放大电路位置

5.1.1 功率放大电路的要求

① 功率放大电路对电流、电压的要求都比较高,电路参数 I_{CM}、U_{CEM}、P_{CM} 不能超过晶体管的极限值,同时还要考虑功放管的散热和保护问题。一般采用给功放管加装由铜、铝等导热性能良好的金属材料制成的散热片(板)的方法来加强散热,加装了散热片(板)的功放管可充分发挥潜力,增加输出功率而不损坏功放管,功放管的工作特性如图 5.3 所示。

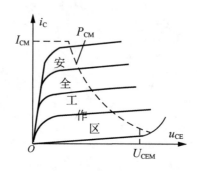

图 5.3 功放管的工作特性

② 电流、电压信号比较大,波形失真小。
③ 电源提供的能量能最大化地转换给负载,减少晶体管及线路上的损失,电路的效率(η)高。

$$\eta = \frac{P_{\text{Omax}}}{P_E} \times 100\% \tag{5.1}$$

其中 P_{Omax} 为负载上得到的交流信号功率,P_E 为电源提供的直流功率。

由于电路中功放管的工作状态有甲类、乙类、甲乙类等,因此功率放大电路有多种组态,接下来了解一下这几种放大电路的特点。

5.1.2 功率放大电路的分类及特点

1. 甲类功率放大电路

甲类功率放大电路的工作点设置在放大区的中间,其功放管特性曲线如图 5.4 所示。由图可知,这种电路的优点是在输入信号的整个周期内晶体管都处于导通状态,输出信号失真较小(前面讨论的共射极放大电路就工作在这种状态),缺点是晶体管有较大的静态电流 I_{CQ},这时管耗 P_C 大,电路能量转换效率低。

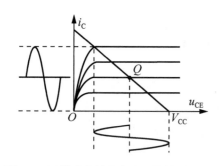

图 5.4 甲类功率放大电路功放管特性曲线

2. 乙类功率放大电路

下面主要介绍乙类双电源互补对称功率放大电路和乙类单电源互补对称功率放大电路。

(1) 乙类双电源互补对称功率放大电路

乙类功率放大电路的工作点设置在截止区，电路工作时，晶体管 VT_1、VT_2 交替对称各工作半周，晶体管的静态输出电流、电压为零，所以能量转换效率高。

图 5.5 所示为 OCL 电路及特性曲线，电路由工作在乙类状态的两个对称功率放大器组合而成。VT_1(NPN 型)和 VT_2(PNP 型)是两个特性一致的互补晶体管，电路采用双电源供电，负载直接接到 VT_1、VT_2 的发射极上。因电路没有输出电容和变压器，故称为无输出电容(Output Capacitor Less，OCL)功率放大电路，简称 OCL 电路。

设 u_i 为正弦波，当 u_i 处于正半周时，VT_1 导通，VT_2 截止，输出电流 $i_L=i_{C1}$，流过 R_L 时输出正弦波的正半周。当 u_i 处于负半周时，VT_1 截止，VT_2 导通，输出电流 $i_L=-i_{C1}$，流过 R_L 时输出正弦波的负半周。如图 5.5(b)所示，在信号的一个周期内，输出电流基本上是正弦波电流。由此可见，该电路实现了在静态时功放管无电流通过，而在动态有信号时，VT_1、VT_2 轮流导通，组成"推挽"电路，此时输出正弦波电流。由于电路结构和两管特性对称，工作时两管互相补充，故也称"互补对称"电路。

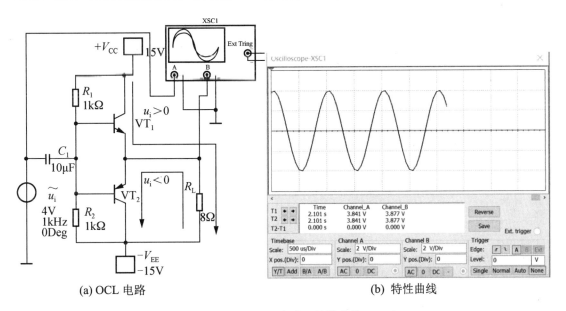

(a) OCL 电路　　　　　　　　　　　　(b) 特性曲线

图 5.5　OCL 电路及特性曲线

OCL 电路的输出功率，直流电源供给的总功率、效率及管耗的计算过程如下。

假设 u_i 为正弦波且幅度足够大，VT_1、VT_2 导通时均能达到饱和，此时输出最大电压值为 $U_{Lmax}-V_{CC}-U_{CES}$，其中 U_{CES} 为功放管工作在饱和状态时的集电极与发射极之间的压降。

负载上得到的最大输出功率为

$$P_{Omax}=\frac{V_{CC}-U_{CES}}{\sqrt{2}}\cdot\left(\frac{V_{CC}-U_{CES}}{\sqrt{2}}\cdot\frac{1}{R_L}\right)=\frac{(V_{CC}-U_{CES})^2}{2R_L} \tag{5.2}$$

由于每个电源中的电流为半个正弦波，因此电流表达式为

$$i_L=\frac{V_{CC}-U_{CES}}{R_L}\sin\omega t$$

电流平均值为

$$I_{av1} = I_{av2} = \frac{1}{2\pi}\int_0^\pi \frac{V_{CC}-U_{CES}}{R_L}\sin\omega t\,d(\omega t) = \frac{V_{CC}-U_{CES}}{\pi R_L}$$

且 $V_{CC1}=V_{CC2}=V_{CC}$

电源提供的总功率为

$$P_E = P_{E1}+P_{E2} = 2V_{CC}\cdot\frac{V_{CC}-U_{CES}}{\pi R_L} = \frac{2V_{CC}(V_{CC}-U_{CES})}{\pi R_L} \tag{5.3}$$

电源效率为

$$\eta = \frac{P_{O\max}}{P_E}\times 100\% = \frac{\dfrac{(V_{CC}-U_{CES})^2}{2R_L}}{\dfrac{2V_{CC}(V_{CC}-U_{CES})}{\pi R_L}}\times 100\% = \frac{\pi(V_{CC}-U_{CES})}{4V_{CC}}\times 100\% \approx \frac{\pi}{4}\times 100\% \approx 78.5\%$$

(5.4)

余下的 21.5%则消耗在功放管上。

例 1 音频放大电路功率输出级 $V_{CC}=15V$，在输入信号足够大的情况下，实测功率放大器 D880 的 $U_{CES}=0.5V$，所带负载 $R_L=8\Omega$，要求最大输出功率不低于 10W，试估算 $P_{O\max}$ 和 η。

解：负载所获得的最大输出功率

$$P_{O\max} = \frac{(V_{CC}-U_{CES})^2}{2R_L} = \frac{(15-0.5)^2}{2\times 8}W \approx 13.14W > 10W$$

满足设计要求，同时

$$P_E = P_{E1}+P_{E2} = \frac{2V_{CC}(V_{CC}-U_{CES})}{\pi R_L} = \frac{2\times 15\times(15-0.5)}{3.14\times 8}W \approx 17.3W$$

可得

$$\eta = \frac{P_{O\max}}{P_E}\times 100\% = \frac{\pi(V_{CC}-U_{CES})}{4V_{CC}}\times 100\% = \frac{3.14\times(15-0.5)}{4\times 15}\times 100\% \approx 75.9\%$$

(2) 乙类单电源互补对称功率放大电路

图 5.5 所示电路中的互补对称功率放大器需要正、负双电源供电，但在实际电路(如收音机、扩音机)中常采用单电源供电。为此，可采用图 5.6 所示电路中的单电源互补对称功率放大器，这种形式的电路无输出变压器，却有输出耦合电容，故称为无输出变压器(Output Transformer Less，OTL)功率放大电路，简称 OTL 电路。

在图 5.6 所示的电路中，功放管工作为乙类状态。静态时因电路对称，两管发射极 e 的静态输出电压约为电源电压的一半(忽略 U_{BE})，负载中没有电流。动态时在输入信号的正半周，VT_1 导通、VT_2 截止，VT_1 以射极输出的方式向负载 R_L 提供电流($i_o=i_{C1}$)，使负载 R_L 得到正半周输出电压，同时对电容 C_2 充电；在输入信号的负半周，VT_1 截止，VT_2 导通，电容 C_2 通过 VT_2 和 R_L 放电，VT_2 也以射极输出的方式向 R_L 提供电流($i_o=i_{C2}$)，使负载 R_L 得到负半周输出电压，电容 C_2 在这时起到负电源的作用。为了使输出波形对称，即 i_{C1} 与 i_{C2} 大小相等，就必须保持电容 C_2 上静态电压恒为 $\dfrac{V_{CC}}{2}$ 不变，也就是电容 C_2 在放电过程中其输入端电压不能下降过多，因此，电容 C_2 的容量必须足够大。

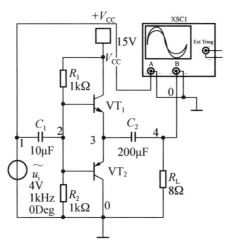

图 5.6 OTL 电路

由上述分析可知单电源互补对称功率放大电路的工作原理与双电源互补对称功率放大电路的工作原理相似，不同之处只是静态输出电压由 0 变为 $\dfrac{V_{CC}}{2}$。

乙类功率放大电路(包括 OTL 电路和 OCL 电路)的效率比较高，但由于功放管的输入特性存在死区，只有当输入信号的幅值大于死区电压时，功放管才逐渐导通。因此输出波形在输入信号零点附近的范围内会出现失真，称为交越失真，其波形如图 5.7 所示。为了消除交越失真，需使乙类功率放大器的每一个功放管的导通时间略大于信号的半个周期，以克服死区电压，此时电路工作在第三种状态——甲乙类，接下来介绍甲乙类功率放大电路及音频放大电路输出级，同时进一步了解一下提高电路电流放大倍数的复合管结构。

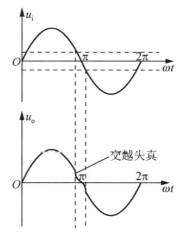

图 5.7 交越失真波形

5.2 甲乙类功率放大电路及复合管结构

5.2.1 甲乙类功率放大电路

为了克服交越失真,可以利用 PN 结压降、电阻压降或其他元器件压降,给两个晶体管的发射结加上正偏电压,使两个晶体管在没有输入信号时处于微导通的状态。由于此时电路的静态工作点已经上移进入了放大区(为了降低损耗,一般将静态工作点设置在刚刚进入放大区的位置),因此功率放大电路的工作状态由乙类变成了甲乙类。

图 5.8 所示的电路为甲乙类功率放大电路,其原理是在静态时,二极管 VD_1、VD_2 产生的压降给功放管 VT_1、VT_2 提供了一个适当的正偏电压,使之处于微导通的状态。因为电路对称,所以静态时 $i_{C1}=i_{C2}$,$i_o=0$,$u_o=0$。当有信号时,电路工作在甲乙类,所以即使 u_i 很小,基本上也可实现线性放大。

功率放大电路中,如果负载电阻较小,并要求得到较大的输出功率,则电路必须为负载提供很大的电流。由于一般很难从前级获得这样大的电流,因此需设法将电流放大。如果采用单管结构,其电流放大倍数较小及驱动能力不足,很难获得良好的放大效果,所以通常在电路中采用复合管结构。

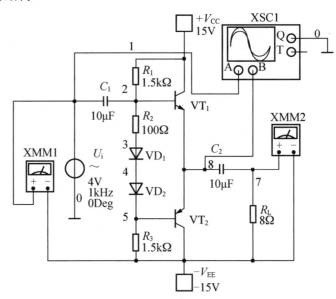

【甲乙类功率放大电路】

图 5.8 甲乙类功率放大电路

5.2.2 复合管及互补对称功率放大电路

1. 复合管

复合管是指将两个或两个以上的晶体管适当地连接起来,使其等效成一个晶体管,也叫达林顿管。连接时,应遵守两条规则。①在串联点,必须保证电流的连续性。②在并联点,必须保证总电流为两个晶体管电流的代数和。复合管的连接形式共有四种,如图 5.9 所示。

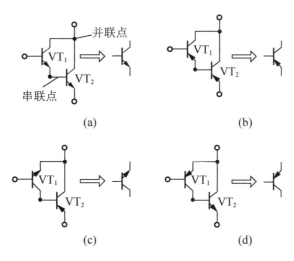

图 5.9 复合管的四种连接形式

利用 2N5551 和 2N5172 搭建一个等效 NPN 型晶体管,并且将两个晶体管的β_1和β_2分别设定为 30 和 20,同时用该复合管组成共射极放大电路,如图 5.10 所示。通过实验可得出 $\beta = \dfrac{I_C}{I_B} = \dfrac{35.143}{0.059286} \approx 593$,调整电路参数,确保 U_{CE} 为 V_{CC} 的一半,总电流放大倍数基本可以维持在 600 左右。

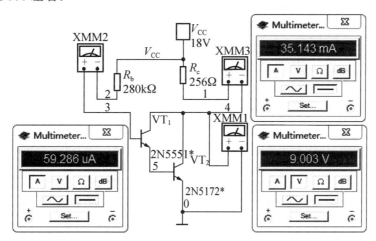

图 5.10 复合管共射极放大电路

由图 5.9 和图 5.10 可得出如下结论。
① 复合管的极性取决于推动级。如 VT_1 为 NPN 型,则复合管就为 NPN 型。
② 输出功率的大小取决于输出管 VT_2。
③ 若 VT_1 和 VT_2 的电流放大倍数为 β_1、β_2,则复合管的电流放大倍数为 $\beta = \beta_1 \cdot \beta_2$。

2. 复合管互补对称功率放大电路

利用图 5.9(a)和图 5.9(d)形式的复合管代替图 5.8 中的功放管 VT_1 和 VT_2,就构成了复合管互补对称功率放大电路,如图 5.11 所示。复合管可以降低对前级推动电流的要求,不

过其与直接为负载 R_L 提供电流的两个输出级功放管 VT_3、VT_4 的类型截然不同。在大功率情况下,两者很难选配到完全对称。

图 5.12 所示的电路则与复合管互补对称功率放大电路不同,其与两个输出级功放管是同一类型,因此比较容易配对,这种电路被称为准互补对称功率放大电路。电路中 R_{E1}、R_{E2} 的作用是使 VT_3 和 VT_2 能有一个合适的静态工作点。

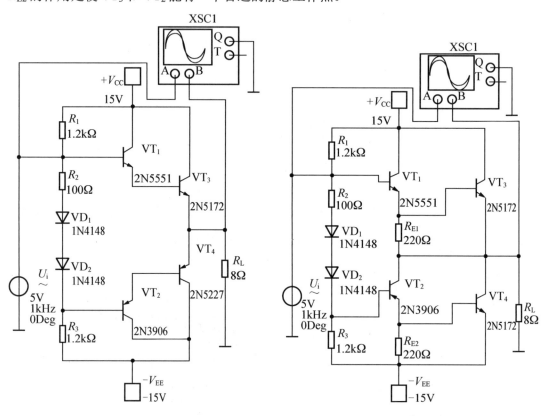

图 5.11 复合管互补对称功率放大电路　　　　图 5.12 准互补对称功率放大电路

5.3 音频放大电路功率输出级的制作

5.3.1 音频放大电路功率输出级电路结构及原理

音频放大电路输出级的器件清单见表 5-1。

表 5-1 音频放大电路输出级的器件清单

序号	名称	规格	数量	序号	名称	规格	数量
1	电阻器	47kΩ	3	9	电容器	20μF	1
2	电阻器	1kΩ	1	10	二极管	1N4148	2
3	电阻器	510Ω	1	11	晶体管	8050	1
4	电阻器	22Ω	2	12	晶体管	8550	1
5	电阻器	220Ω	2	13	晶体管	D880	2

续表

序号	名称	规格	数量	序号	名称	规格	数量
6	电阻器	10kΩ	2	14	信号发生器	—	1
7	电容器	10μF	1	15	示波器	—	1
8	电容器	200pF	1	16	万用表	—	1

音频放大电路输出级的原理图如图 5.13 所示。音频放大电路输出级由晶体管 VT_2～VT_5、电阻 R_{15}～R_{21}、R_F 及二极管 VD_5、VD_6 组成，其中 VT_2～VT_5 组成的准互补对称功率放大电路为末级。电阻 R_F 组成的反馈网络构成电压串联负反馈，该反馈网络对于直流电源而言是全反馈，目的是使输出端 O 点(VT_4 的 e 与 VT_2 的 c 连接点)的静态电位稳定为零，而电容 C_{30} 作为扬声器保护之用。

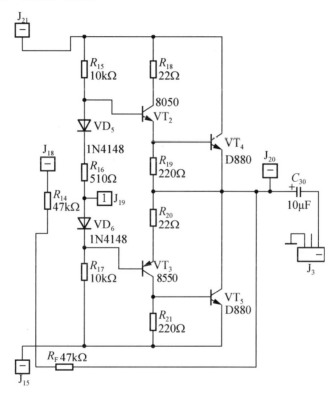

图 5.13 音频放大电路输出级的原理图

由于功率放大电路工作时电流较大，为了保护功率放大电路尤其是功放管的安全，因此在实际应用时，要充分注意散热问题。

5.3.2 输出级电路的调试

1. 安装

① 应认真理解电路原理，弄清印制电路板上元器件与原理图的对应关系，并对所装元器件预先进行检查，确保元器件处于良好状态。

② 将电阻器，二极管 1N4148，晶体管 8050、8550、D880，电容器等元器件按图 5.13 所示电路在印制电路板上连接并焊接好。

2. 调试

① 检查印制电路板元器件安装、焊接,应准确无误。

② 检查无误后通电,在负载端连接一个 8Ω 的电阻,用万用表测试该放大电路各静态工作点的数值并记录,通过比较理论值和测量值判别安装有无错误。若出现数值异常,通过修改电路中相应元器件的参数重新进行静态工作点的测试,直至正确为止。

③ 在电路输入端接入信号发生器,输出端正确连接示波器(将示波器输出测试通道表笔搭在 J_{20} 端),并输出一定频率(1kHz)和幅值(0.2V)的正弦交流信号,将电位器阻值调至最大,观察输出波形,通过示波器记录波形的幅值,计算此时的电压放大倍数。调整输入信号幅值(0.05V、0.1V、0.5V、0.8V、1.0V、1.5V、2.0V),利用示波器观察输入、输出波形,将各种信号幅值下的参数值记录于表 5-2 中,并判别是否正确。

表 5-2 不同输入信号幅值下的输出信号幅值

U_{im}/V	0.05	0.1	0.5	0.8	1.0	1.5	2.0
U_{om}/V							
A_u							

5.4 集成功率放大器的认知及应用

随着集成技术的不断发展,集成功率放大器产品越来越多。由于集成功率放大器成本低、使用方便,因此被广泛地应用在有源音箱、收音机、电视机等系统中的功率放大部分。

下面通过 TDA2030A 制作音频放大电路这一案例来学习集成功率放大器。

5.4.1 TDA2030A 简介

TDA2030A 是目前使用较为广泛的一种集成功率放大器,与其他功率放大器相比,它的引脚和外部元件都较少。

TDA2030A 的电器性能稳定,并在内部集成了过载和热切断保护电路,能适应长时间连续工作,其金属外壳与负电源引脚相连,因而在单电源使用时,金属外壳可直接固定在散热片上并与地线(金属机箱)相接,无须绝缘,使用很方便。

TDA2030A 内部采用的是直接耦合方式,也可以作为直流放大使用。

TDA2030A 主要性能参数如下。

① 电源电压 V_{CC}:±3~±18V。

② 输出峰值电流:3.5A。

③ 输入电阻:>0.5MΩ。

④ 静态电流:<60mA(测试条件:V_{CC}=±15V)。

⑤ 电压增益:30dB。

⑥ 频响 BW:0~140kHz。

⑦ 在 V_{CC}=±15V、R_L=4Ω 时,输出功率为 14W。

其引脚排列及电气符号如图 5.14 所示。

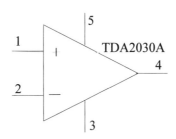

图 5.14 TDA2030A 引脚排列及电气符号

5.4.2 TDA2030A 集成功率放大电路的典型应用

1. 双电源(OCL)电路

图 5.15 所示的电路是由 TDA2030A 组成的 OCL 电路。集成功率放大电路的器件清单见表 5-3。

【集成功率放大电路的实际应用】

表 5-3 集成功率放大电路的器件清单

序 号	名 称	规 格	数 量
1	电阻器	22kΩ	2
2	电阻器	470Ω	1
3	电阻器	22Ω	1
4	电位器	10kΩ	1
5	负载电阻器	8Ω	1
6	电容器	22μF	1
7	电容器	0.33μF	1
8	二极管	1N4001	4
9	集成功率放大器	TDA2030A	1
10	信号发生器	—	1
11	示波器	—	1
12	印制电路板	—	1
13	晶体管直流稳压电源	—	1

输入信号 u_i 由同相输入端输入,其中 RP 为音量调节旋钮,R_1 是 TDA2030A 同相输入端偏置电阻,由 R_1 和 R_2 决定放大器闭环放大倍数,闭环放大倍数为

$$A_{uf} = 1 + \frac{R_1}{R_2} = 1 + \frac{22}{0.47} \approx 48 \tag{5.5}$$

R_2 电阻越小,闭环放大倍数越高,考虑到实际音源(如 PC、MP3 等)输出峰值电压可达 200mV,故闭环放大倍数达到 40~50 倍即可满足放音要求,过大反而容易导致信号失真。两个二极管 VD_1、VD_2 接在电源与输出端之间,为防止扬声器(感性负载)反冲而影响音质,同时防止输出峰值电压损坏集成块 TDA2030A,可通过 R_4 和 C_4 对扬声器(感性负载)进行相位补偿来消除自激。

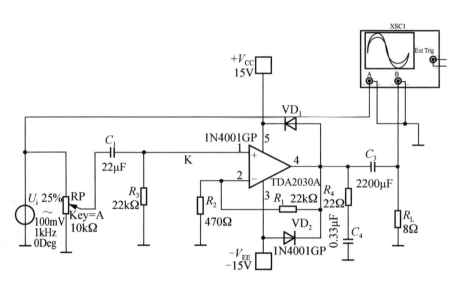

图 5.15　由 TDA2030A 组成的 OCL 电路

2. 单电源(OTL)电路

对于仅有一组电源的中小型录音机的音响系统，可采用单电源连接方式，如图 5.16 所示。由于采用单电源供电，故同相输入端用阻值相同的电阻 R_1、R_2 组成分压电路，使 K 点电位为 $\dfrac{V_{CC}}{2}$。在静态时，同相输入端、反相输入端和输出端的电压皆为 $\dfrac{V_{CC}}{2}$。其他元器件的作用与 OCL 电路相同。

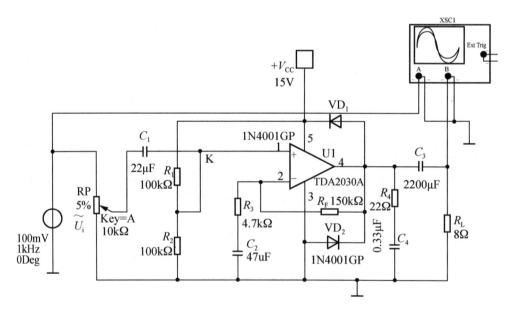

图 5.16　由 TDA2030A 组成的 OTL 电路

5.4.3 实施步骤

1. 安装

① 应认真理解电路原理，弄清印制电路板上元器件与原理图的对应关系，并对所装元器件预先进行检查，确保元器件处于良好状态。

② 将电阻器、二极管 1N4001、集成功率放大器 TDA2030A、电容器等元器件按图 5.15 和 5.16 所示电路在印制电路板上正确连接。

2. 调试

① 检查印制电路板上元器件安装、接线，应准确无误。

② 检查无误后通电，将音源(MP3)音量从最小调至最大，观察扬声器中音质的变化。若出现异常情况，分析并检测电路中元器件的连接是否正确，直至正常为止。

5.4.4 集成功率放大器 MP108 及应用电路认知

由于系统要求输出电流每相不小于 2.5A，故对集成功率放大器 MP108 供电的直流电源输出功率要求较大，一般的晶体管直流稳压电源已很难满足功率及稳定性要求。因此在 MP108 应用电路中采用了单相双 MOS 管(如 IRFP150N)，利用其推挽输出方式给信号放大电路提供+VS 直流供电电压，同时电源进线采用电抗器和电容器组成的单路滤波电路，以消除 AC220V 电源带来的扰动，图 5.17 所示为+VS 电源及单相功率驱动电路。根据设计已知，MP108 组成的同相比例运算电路的电压放大倍数为 2，故由式(5.5)可推断出熔断器 RG1_2 和 RG1_3 需选择精度为 0.1%的精密军品电阻器(1kΩ)。

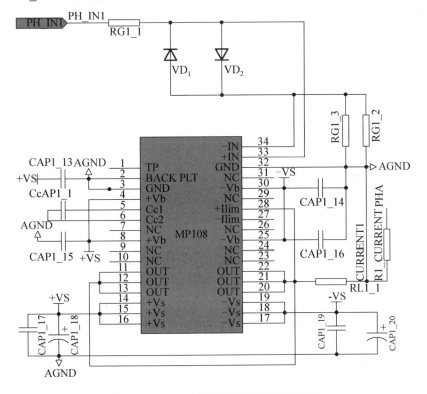

图 5.17　+VS 电源及单相功率驱动电路

项目小结

1. 功率放大电路作为负载的驱动级，有三种组态，分别为甲类、乙类和甲乙类。
2. 甲类功率放大电路输出失真小，但静态功耗大。乙类功率放大电路效率高，但失真大。甲乙类功率放大电路效率高，且交越失真小。
3. 功率放大电路输出电流大，为保护功率装置，必须要加装散热片(板)。
4. 功率放大器可有效地简化电路结构，现已得到广泛应用。

习 题

一、选择题

5.1 对功率放大器最基本的要求是( )。
　　A．输出信号电压大　　　　　　B．输出信号电流大
　　C．输出信号电压和电流均大　　D．输出信号电压大、电流小

5.2 乙类功率放大电路在正常工作过程中，晶体管工作在( )状态。
　　A．放大　　B．饱和　　C．截止　　D．放大或截止

5.3 乙类功率放大电路比单管甲类功率放大电路( )。
　　A．输出电压高　B．输出电流大　C．效率高　D．效率低

5.4 乙类功率放大电路易产生的失真是( )。
　　A．饱和失真　B．截止失真　C．交越失真　D．线性失真

5.5 两个晶体管的电流放大倍数分别为 50 和 60，则由其组成的复合管的理论电流放大倍数为( )。
　　A．110　　B．3000　　C．10　　D．1000

二、分析计算题

5.6 功率放大器的功能和要求是什么？

5.7 功率放大电路中，甲类、乙类、甲乙类三种工作状态下的静态工作点分别选取在晶体管伏安特性曲线的什么位置。在输入信号同一周期内，三种工作状态下晶体管的导通角度有何差别？

5.8 对于采用甲类功率放大电路作为输出级的收音机电路，有人说将音量调得越小越省电，这句话对吗？为什么？

5.9 在音频放大电路输出级的制作中，试说明一下电路是如何实现消除交越失真的。

5.10 判断图 5.18 所示复合管中哪些复合形式是正确的，哪些是错误的？确定复合形式正确的复合管的等效类型是什么？

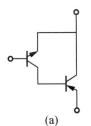 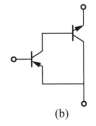 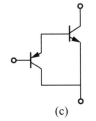 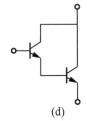

(a)　　　　　　　　(b)　　　　　　　　(c)　　　　　　　　(d)

图 5.18　题 5.10 图

5.11　图 5.19 所示为几种功率放大电路中的晶体管集电极电流波形，试判断各属于甲类、乙类、甲乙类中的哪类功率放大电路？哪类放大电路的效率最高？为什么？

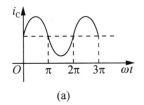 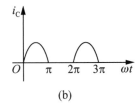 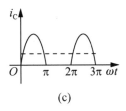

(a)　　　　　　　　　　(b)　　　　　　　　　　(c)

图 5.19　题 5.11 图

5.12　OCL 电路中，电源电压 $V_{CC}=13V$，负载电阻 $R_L=8\Omega$，功放管的饱和压降 $U_{CES}=1V$，求 R_L 上能获得的最大输出功率。

5.13　互补对称功率放大电路如图 5.20 所示。晶体管 VT_1、VT_2 的饱和压降 $|U_{CES}|\approx 3V$，试求以下内容。

(1) 二极管 VD_1、VD_2 的作用是什么？

(2) 电路的最大输出功率 P_{Omax} 和效率 η。

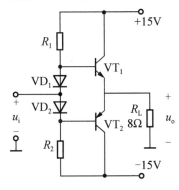

图 5.20　题 5.13 图

项目 6

正弦波振荡器的认知及应用电路的制作

学习目标

1. 知识目标
(1) 了解正弦波振荡电路的基本知识，了解常见正弦波振荡路的种类及应用场合。
(2) 掌握石英晶体振荡电路的元件组成及工作原理。
(3) 了解非正弦发生器的电路组成及工作原理。
(4) 了解滤波电路的分类及原理分析。
2. 技能目标
(1) 掌握石英晶体振荡器的识别方法。
(2) 利用晶体管、运放 LM358 等通用器件制作幅值、频率可变的正弦波振荡器，学会对电路所出现故障进行原因分析及排除。
(3) 按工艺要求制作音箱分频器，掌握对分频器的调试。

生活提点

在前面音频放大电路各级测试中，都需要在输入端加上一定频率和幅值的低频正弦波信号，在后序各数字应用电路的测试中，还需用到一定频率和幅值的矩形波等数字脉冲信号，这些信号是怎么产生的呢？通过相应振荡器的制作及测试来了解各种波形的产生机理。

项目任务

①利用运放 LM358、石英晶体振荡器等通用器件制作幅值、频率可变的正弦波振荡器。正弦波振荡器输出频率范围为 2.9~5.3kHz，且幅值可调。

② 制作 LC 电容反馈式三点式振荡器。

③ 制作音箱分频器。音箱分频器采用二分频方式。

实验电路分别如图 6.1、图 6.2、所示，可在面包板和万能板上制作。

项目实施

6.1 正弦波振荡器的制作

由运放 LM358 组成的幅值、频率可变的正弦波振荡器的电路如图 6.1 所示。

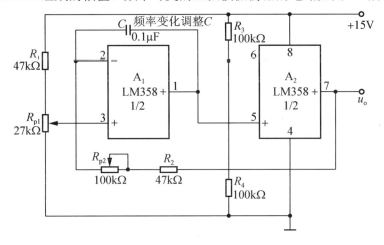

图 6.1 幅值、频率可变的正弦波振荡器的电路

正弦波振荡器器件清单如表 6-1 所示。

表 6-1 正弦波振荡器器件清单

序号	名称	规格	数量	序号	名称	规格	数量
1	电阻	47kΩ	2	7	面包板	50mm×120mm	1
2	电阻	27kΩ	1	8	导线	—	若干
3	电阻	100kΩ	2	9	双踪示波器	—	1
4	电位器	100kΩ	1	10	晶体管毫伏表	—	1
5	电位器	27kΩ	1	11	晶体管稳压电源	—	1
6	电容	0.1μF/63V	1				

6.1.1 振荡器的类别和应用

振荡器又称信号源,在生产实践和科技领域中有着广泛的应用。各种波形曲线均可以用三角函数方程式来表示。振荡器能够产生多种波形,如三角波、锯齿波、矩形波(含方波)、正弦波的电路被称为函数信号发生器。函数信号发生器在电路实验和设备检测中具有十分广泛的用途。例如在通信、广播、电视系统中,都需要射频(高频)发射,这里的射频波就是载波,把音频(低频)、视频信号或脉冲信号运载出去,就需要能够产生高频的振荡器。在工业、农业、生物医学等领域内,如高频感应加热、熔炼、淬火、超声诊断、核磁共振成像等,都需要功率或大或小、频率或高或低的振荡器。

正弦信号主要用于测量电路和系统的频率特性、非线性失真、增益及灵敏度等,按频率覆盖范围分为低频(200~20000Hz)信号发生器、高频信号发生器(100kHz~30MHz)和微波信号发生器;按输出电平可调节范围和稳定度分为简易信号发生器(即信号源)、标准信号发生器(输出功率能准确地衰减到-100dBm以下)和功率信号发生器(输出功率达数十毫瓦以上);按频率改变的方式分为调谐式信号发生器、扫频式信号发生器、程控式信号发生器和频率合成式信号发生器;等等。

6.1.2 电路组成及原理分析

由 A_1 组成的电路相当于比例积分器,A_2 所组成的电路相当于比较器。

接通电源后,A_2 输出为低电平(0V),而 A_1 输出为高电平,由于有电容 C,所以这个高电平是逐渐增长的,即随着电容 C 经 R_{P2}、R_2 支路不断地充电,使 A_1 的 1 脚电位逐渐增长。当其电位增长到高于 $U_{CC}/2$ 时,A_2 输出变为高电平。A_2 的高电平使 A_1 反相端为高电平,则 A_1 输出为低电平,但由于 C 上电压不能突变,其输出端电位只能随电容 C 经 R_{P2}、R_2 支路反相充电而下降。当下降到低于 $U_{CC}/2$ 时,A_2 输出又变成低电平。于是 A_1 输出为高电平,由于 C 上的电压不能突变,其输出端电位只能随 C 的充电逐渐上升,依次类推,电路产生正弦波。

振荡频率: $f = \dfrac{1}{2\pi(R_{P2}+R_2)C}$。调节 R_{P2} 可改变振荡频率,此电路频率变化范围为 2.9~5.3kHz。

输出信号的幅度调节通过改变 R_{P1} 来实现,此电路幅度调节范围为 2~6V。

6.1.3 实施步骤

① 在面包板上安装前仔细检查元器件,确保元器件处于良好状态。

② 将电阻、电位器、LM358 等元器件按原理图正确连接在面包板上,将电路输出端连接至双踪示波器,检查无误后将晶体管直流稳压电源接入并通电。

③ 通过示波器观察电路的输出电压的波形,并记录此时输出波形的幅值 U_o 及频率 f_o。

④ 调节电位器 R_{P1},观察输出波形的幅值变化及极限值 U_{omin} 和 U_{omax} 并作记录。

⑤ 调节电容 C 和电位器 R_{P2},观察输出波形的频率变化及极限值并作记录。

⑥ 将输出信号的幅值调至 3V，频率调至 1kHz，记录此时电位器 R_{P1} 和 R_{P2} 的值并与理论计算值进行比较，观察是否吻合。将所有数据记录于表 6-2 中。

表 6-2 正弦波振荡器测试记录表

测试步骤	测试结果	
步骤(3)	$U_o=$	$f=$
步骤(4)	$U_{omin}=$	$U_{omax}=$
步骤(5)	$f_{omin}=$	$f_{omax}=$
步骤(6)	$R_{P1}=$	$R_{P2}=$

通过正弦波振荡电路的制作及测试，可以看到该电路所产生波形的机理，即通过 RC 电路的充放电使得波形从无到有并能达到稳定的输出，但从输出波形来看也存在着一定的局限性，其一，幅值调节幅度较小；其二，频率范围太窄，仅局限于低频区间。如何产生幅值、频率调节范围更宽的振荡信号？接下来继续学习其他的振荡电路。

6.2 LC 电容反馈式三点式振荡器的制作

LC 电容反馈式三点式振荡器电路原理如图 6.2 所示。

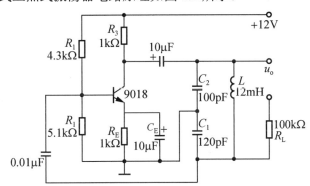

图 6.2 LC 电容反馈式三点式振荡器电路原理

LC 电容反馈式三点式振荡器的器件清单如表 6-3 所示。

表 6-3 LC 电容反馈式三点式振荡器的器件清单

序号	名称	规格	数量	序号	名称	规格	数量
1	电阻	1kΩ	2	8	电容	10μF	1
2	电阻	4.3kΩ	1	9	电容	100pF、120pF、680pF	3
3	电阻	5.1kΩ	1	10	电容	120pF、680pF、1200pF	3
4	电阻	100kΩ	1	11	面包板	50mm×120mm	1
5	电感	0.33mH	1	12	导线	—	若干
6	电感	12mH	1	13	双踪示波器		1
7	电容	0.01μF/63V	1	14	晶体管稳压电源	—	1

振荡器能够输出一定频率和幅值的振荡波形是遵循了从无到有、从小到大并最终达到信号稳定输出的产生机理，现通过"扩音系统啸叫"实例来了解这一过程。

6.2.1 自激振荡现象

扩音系统在使用中有时会发出刺耳的啸叫声，称为自激振荡现象，其形成的过程如图 6.3 所示。

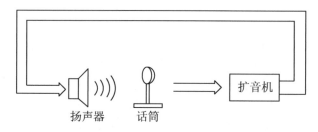

图 6.3　音响系统的自激振荡现象

可以借助图 6.4 所示的振荡电路的框图来分析正弦波振荡形成的条件。

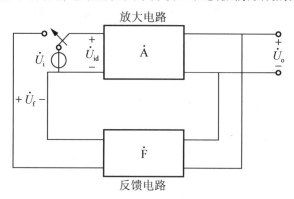

图 6.4　振荡电路的框图

自激振荡形成的基本条件是反馈信号与输入信号大小相等、相位相同，即 $\dot{U}_f = \dot{U}_i$，而 $\dot{U}_f = A_f \dot{U}_i$，故可得自激振荡的形成条件为

$$A_f = 1 \tag{6.1}$$

这包含着如下两层含义。

① 反馈信号与输入信号大小相等，称为幅值平衡条件。
② 反馈信号与输入信号相位相同，称为相位平衡条件。

电路满足平衡条件后，放大电路在接通电源的瞬间，随着电源电压由零开始的突然增大，电路受到扰动，在放大电路的输入端产生一个微弱的扰动电压 $\dot{U}_i$，经放大器放大、正反馈，再放大、再反馈，如此反复循环，输出信号的幅度很快增加。这个扰动电压包括从低频到高频的各种频率的谐波成分。为了能得到需要频率的正弦波信号，必须增加选频网络，则只有在选频网络中心频率上的信号才能通过，其他频率的信号被抑制，在输出端就会得到图 6.5 所示的起振波形。

那么，振荡电路在起振以后，振荡幅度会不会无休止地增长下去呢？这就需要增加稳幅环节,当振荡电路的输出达到一定幅度后,稳幅环节就会使输出减小,维持一个相对稳定的稳幅振荡。也就是说,在振荡建立的初期,必须使反馈信号大于原输入信号,反馈信号一次比一次大,才能使振荡幅度逐渐增大;当振荡建立后,还必须使反馈信号等于原输入信号,才能使建立的振荡得以维持下去。

由上述分析可知,起振条件应为

$$AF>1 \tag{6.2}$$

稳幅后的幅度平衡条件为

$$AF=1 \tag{6.3}$$

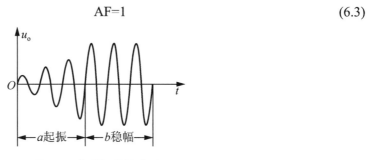

图 6.5 自激振荡的波形

6.2.2 振荡器的组成

要形成振荡,电路中必须包含以下组成部分。

① 放大器:放大部分使电路有足够的电压放大倍数 A,从而满足自激振荡的幅值条件。

② 正反馈网络:它将输出信号以正反馈形式引回到输入端,以满足相位条件。

③ 选频网络:由于电路的扰动信号是非正弦的,它由若干不同频率的正弦波组合而成,因此要想使电路获得单一频率的正弦波,就应有一个选频网络,选出其中一个特定信号,使其满足自激振荡的相位条件和幅值条件,从而产生振荡。

④ 稳幅环节:一般利用放大电路中晶体管本身的非线性,可将输出波形稳定在某一幅值,但若出现振荡波形失真,可采用一些稳幅措施,通常采用适当的负反馈网络来改善波形。

综上所述,一个正弦波振荡电路应当包括放大电路、正反馈网络、选频网络和稳幅环节 4 个组成部分。

根据选频网络组成元件的不同,正弦波振荡电路通常分为 RC 振荡电路(一般工作在低频范围内,它的振荡频率为 20Hz~200kHz,其中图 6.1 就是一典型的 RC 振荡电路)、LC 振荡电路和石英晶体振荡电路。通过 LC 电容反馈式三点式振荡器的制作来学习相关知识。

6.2.3 电路组成及原理分析

1. 电路组成

图 6.6 所示为电容三点式 LC 振荡电路。电容 C_1、C_2 与电感 L 组成选频网络,该网络的端点分别与晶体管的三个电极或与运放输入、输出端相连接,电路放大环节采用了高频晶体管 9018 作为放大之用。

2. 振荡条件和振荡频率

三端式振荡器选频网络由 3 部分电抗组成，有 3 个端子对外，分别接在晶体管的 3 个极上或集成运放的两个输入端和输出端上。用晶体管作放大器时，从发射极向另外两个极看，应是同性质的电抗，而集电极与基极间应接与上述两电抗性质相反的电抗。

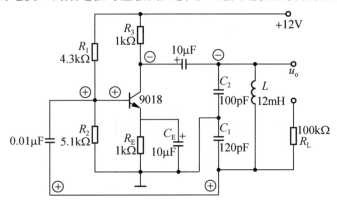

图 6.6　电容三点式 LC 振荡电路

以图 6.6 为例，用瞬时极性法判断振荡的相位条件可判断出电路反馈形式为正反馈，满足相位条件(反馈电压 $u_f=u_2$)。幅值条件如前所述，其振荡频率为

$$f_o \approx \frac{1}{2\pi\sqrt{LC}} \tag{6.4}$$

式中，$C = \dfrac{C_1 C_2}{C_1 + C_2}$。

由于反馈电压取自 C_2，电容对高次谐波容抗小，反馈中谐波分量少，振荡产生的正弦波形较好，但这种电路调频不方便，因为改变 C_1、C_2 调频的同时也改变了反馈系数。

6.2.4　实施步骤

① 在面包板上安装前仔细检查元器件，确保元器件处于良好状态。

② 将电阻、电位器、晶体管等元器件按原理图正确连接在面包板上，将电路输出端连接至双踪示波器，检查无误后将晶体管直流稳压电源接入并通电。

③ 通过示波器观察电路的输出信号的波形，并记录此时输出波形的幅值 U_o 及频率 f_o。

④ 调节电位器 R_P，观察输出波形的幅值变化并作记录于表 6-4 中。

表 6-4　信号输出频率表　　　　　　　　　　　　　单位：pF

C_1	C_2		
	100	120	680
120	$f_o=$	$f_o=$	$f_o=$
680	$f_o=$	$f_o=$	$f_o=$
1200	$f_o=$	$f_o=$	$f_o=$

⑤ 固定电容 $C_2=100\text{pF}$，调换电容 C_1 分别为 680pF 和 1200pF，将输出信号频率 f_o 依

次记录在表 6-4 中。

⑥ 调节电容 C_2 至 120pF 和 680pF,重复步骤(5),记录信号输出频率 f_o。

6.3 石英晶体振荡器的认知

石英晶体振荡器的实物如图 6.7 所示。

　　(a) 双脚无源晶振　　　　(b) 恒温晶振　　　　(c) 四脚无源晶振

图 6.7　石英晶体振荡器的实物

有些电路要求振荡频率的稳定性非常高(如无线电通信的发射机频率)。其 $\Delta f / f_o$ 达 $10^{-8} \sim 10^{-10}$ 数量级,用前面所讨论的电路很难实现这种要求。采用石英晶体振荡器则可以满足这样高的稳定性。

6.3.1　石英晶体振荡器的特性

石英晶体振荡器简称晶振,它是利用具有压电效应的石英晶体片制成。这种石英晶体薄片受到外加交变电场的作用时会产生机械振动,当交变电场的频率与石英晶体的固有频率相同时,振动便变得很强烈,这就是晶体谐振特性的反应。利用这种特性,就可以用石英谐振器取代 LC(线圈和电容)谐振回路、滤波器等。由于石英晶体振荡器具有体积小、质量轻、可靠性高、频率稳定度高等优点,所以被应用于家用电器和通信设备中。

石英晶体振荡器因具有极高的频率稳定性,故主要用在要求频率十分稳定的振荡电路中作谐振元件,如彩电的色副载波振荡器、电子钟表的时基振荡器及游戏机中的时钟脉冲振荡器等。石英晶体成本较高,故在要求不太高的电路中一般采用陶瓷谐振元件。

6.3.2　石英晶体振荡器的等效电路

石英晶体振荡器内部结构的等效电路、频率特性及图形符号如图 6.8 所示。

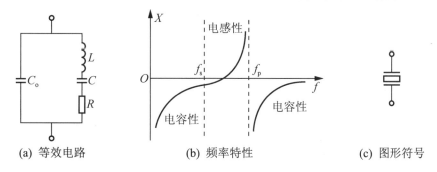

图 6.8　石英晶体振荡器内部结构的等效电路、频率特性及图形符

由等效电路可知，石英晶体振荡器应有两个谐振频率。在低频时，可把静态电容 C_0 看作开路。若 $f = f_s$ 时，L、C、R 串联支路发生谐振，$X_L=X_C$，它的等效阻抗 $Z_0=R$，最小值串联谐振频率为

$$f_s = \frac{1}{2\pi\sqrt{LC}}$$

从大类来说，输出波形可以分为方波和正弦波两类。

方波主要用于数字通信系统时钟上，主要有输出电平、占空比、上升/下降时间、驱动能力等几个指标要求。

6.3.3 石英晶体振荡电路应用

石英晶体振荡器可以归结为两类：一类称为并联型，另一类称为串联型。前者的振荡频率接近于 f_p，后者的振荡频率接近于 f_s。

图 6.9 所示为并联型石英晶体振荡器应用电路。当 f_0 在 $f_s \sim f_p$ 的窄小的频率范围内时，晶体在电路中起一个电感作用，它与 C_1、C_2 组成电容反馈式振荡电路。

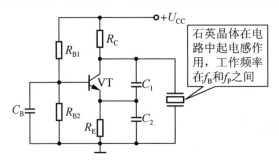

图 6.9 并联型石英晶体振荡器应用电路

可见，电路的谐振频率 f_0 应略高于 f_s，C_1、C_2 对 f_0 的影响很小，电路的振荡频率由石英晶体决定，改变 C_1、C_2 的值可以在很小的范围内微调 f_0。

它有两种频率，一种为串联谐振频率，另一种为并联谐振频率，后者高于前者，但在实际使用中，石英晶体振荡器上标的频率数即为其输出频率。

6.4 音箱分频器的制作

分频器的实物如图 6.10 所示。

(a) 中低音部分

(b) 高音部分

图 6.10 分频器的实物

二分频电路原理图如图6.11所示。

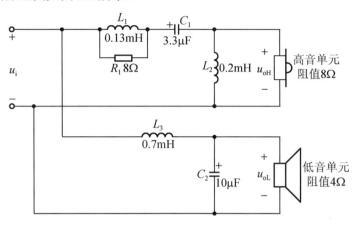

图 6.11　二分频电路原理图

音箱分频器器件清单如表6-5所示。

表 6-5　音箱分频器器件清单

序号	名称	规格	数量
1	电阻	8Ω	1
2	电容	3.3μF/50V	1
3	电容	10μF/50V	1
4	电感	0.2mH	1
5	电感	0.13mH	1
6	电感	0.7mH	1
7	万能板	5×8mm^2	1
8	信号发生器	—	1
9	示波器	—	1

6.4.1　分频器的认知

分频器是音箱内的一种电路装置，用以将输入的音乐信号分离成高音、中音、低音等不同部分，然后分别送入相应的高、中、低音喇叭单元中重放。

分频器是指将不同频段的声音信号区分开来，分别给予放大，然后送到相应频段的扬声器中再进行重放。在高质量声音重放时，需要进行电子分频处理。

分频器是音箱中的"大脑"，对音质的好坏至关重要。功放输出的音乐信号必须经过分频器中的各滤波元件处理，让各单元特定频率的信号通过。要科学、合理、严谨地设计好音箱之分频器，才能有效地修饰喇叭单元的不同特性，优化组合，使得各单元扬长避短，尽可能地发挥出各自应有的潜能，使各频段的频响变得平滑、声像相位准确，才能使高、中、低音播放出来的音乐层次分明、合拍，音质明朗、舒适、宽广、自然。

分频器一般位于功率放大器之后，设置在音箱内，通过 LC 滤波网络，将功率放大器输出的功率音频信号分为中低音和高音(称为二分频，也有将功率音频信号分为低音、中音和高音的，称为三分频)，分别送至各自扬声器。其特点是连接简单、使用方便。

由于分频器是一种滤波电路，在分析电路之前，先来了解滤波的概念及RC无源滤波电路。

6.4.2 滤波及RC无源滤波电路

1. 滤波电路的分类及幅频特性

所谓滤波，就是保留信号中所需频段的成分，抑制其他频段信号的过程。

根据输出信号中所保留的频率段的不同，可将滤波分为低通滤波、高通滤波、带通滤波、带阻滤波4类。它们的幅频特性如图6.12所示，被保留的频率段称为通带，被抑制的频率段称为阻带。A_u为各频率的增益，A_{um}为通带的最大增益，其中达到$0.707A_{um}$即出现了"拐点"，对应的频率即为分频点。

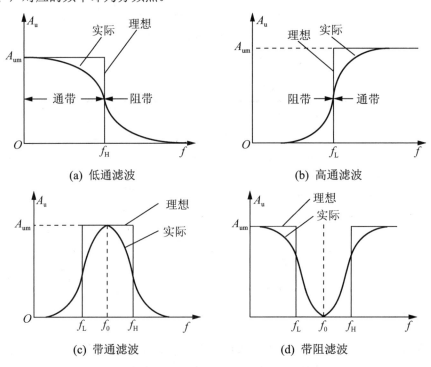

图6.12 滤波电路的幅频特性

滤波电路的理想特性如下。
① 通带范围内信号无衰减地通过，阻带范围内无信号输出。
② 通带与阻带之间的过渡带为零。

2. RC无源滤波电路

图6.13所示的RC网络为无源滤波电路。

对于图6.13(a)，利用分压公式$u_o = \left(\dfrac{X_C}{\sqrt{X_C^2 + R^2}} \right) u_i = \sqrt{1 - \dfrac{R^2}{X_C^2 + R^2}} u_i$可知，在电阻$R$为定值时，频率越高，则容抗$X_C$越小，输出电压越小，该电路高频成分衰减大，即电路输出低

频成分多,为低通滤波电路;同理,当 R 和 C 调换位置,如图 6.13(b)所示,电路低频信号衰减大,电路为高通滤波电路。当然,将电路图 6.12 组合在一起,可分别输出低频和高频信号,但由于电阻 R 为耗能元件,所以该电路也存在着一定的缺点,具体如下。

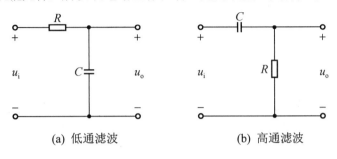

(a) 低通滤波　　　　　　　(b) 高通滤波

图 6.13　无源滤波电路

① 由于 R 及 C 上有信号压降,使输出信号幅值下降。
② 带负载能力差,当 R_L 变化时,输出信号的幅值将随之改变,滤波特性也随之变化。
③ 过渡带较宽,幅频特性不理想。

由于电感 L 为储能元件,在电路中不消耗电能,且具有"通低频,阻高频"的特性,故将 RC 滤波网络改成 LC 滤波网络以进一步减少信号的衰减。

6.4.3　电路组成及原理

LC 滤波电路中,增加了 3 个电感以取代原来的电阻。上方电路高频成分针对电感 L_2 来说,感抗大,故过滤的成分少,即容易通过高频成分,为高通滤波;同理,下方电路抑制高频、通过低频,为低通滤波;图中电阻 R 和电感 L_1 的并联组合主要为了抑制高频的电磁干扰。

6.4.4　实施步骤

① 在万能板上安装前仔细检查元器件,确保元器件处于良好状态。
② 将电阻、电感、电容元件按原理图正确安装并焊接在万能板上,印制板元器件安装、焊接应准确无误。
③ 将前面所制作的音频放大电路的输出正确连接于分频器的输入端,将分频器输出端连接至喇叭单元,检查无误后通电放音,通过试听体会分频器的分频效果。若出现声音异常,通过修改电路中相应元器件的参数重新进行测试,直至效果较好为止。
④ 也可在分频器电路中连接双踪示波器,分别监控高频和低频输出,给定一定频率的正弦交流信号(从 50Hz 开始),通过示波器观察低频和高频部分的输出波形并记录波形曲线。调整信号发生器输出信号的频率,并将各种信号频率下的各波形曲线重新进行测定和记录,同时观察,当频率调到一定值时,出现低频和高频的幅值基本一致,则记录该频率点。

项 目 小 结

1. 正弦波振荡器是利用自激振荡来输出一定频率和幅值的波形,自激振荡形成的基本条件是反馈信号与输入信号大小相等、相位相同。

2. 石英晶体振荡器简称晶振,它是利用具有压电效应的石英晶体片制成的,在要求频率十分稳定的振荡电路中作谐振元件。

3. 滤波分为低通滤波、高通滤波、带通滤波、带阻滤波 4 类。音箱分频器利用了电容、电感元件的特性对交流信号进行滤波,将一路不同频率的信号分为低频、中频和高频信号输出。

习 题

一、选择题

6.1 正弦波振荡器的振荡频率 f 取决于( )。
　　A. 正反馈强度　　　　　　　B. 放大器放大倍数
　　C. 反馈元件参数　　　　　　D. 选频网络参数

6.2 电路能形成自激振荡的主要原因是在电路中( )。
　　A. 引入了负反馈　　　　　　B. 引入了正反馈
　　C. 电感线圈起作用　　　　　D. 供电电压正常

6.3 正弦波振荡器是由( )大部分组成。
　　A. 2　　　　　B. 3　　　　　C. 4　　　　　D. 5

6.4 正弦波振荡器的振荡频率 f 取决于( )。
　　A. 正反馈强度　　　　　　　B. 放大器的放大倍数
　　C. 反馈元件参数　　　　　　D. 选频网络参数

6.5 石英晶体振荡器在振荡电路中常作为下述哪种元件使用?( )
　　A. 电感元件　　　　　　　　B. 电容元件
　　C. 电感元件和短路元件　　　D. 电阻元件

二、简答题

6.6 简述自激振荡的形成条件。正弦波振荡电路由哪些部分组成?

6.7 振荡器为什么要在有了初始信号之后才能起振?为什么接通电源时,振荡器便有了初始信号?如何判断一个电路能否产生初始信号?

6.8 比较 RC 和 LC 电路的特点及应用范围。

6.9 通常要求振荡电路接成正反馈,为什么电路中又引入负反馈?它起什么作用?负反馈作用太强或太弱有什么问题?

6.10 石英晶体振荡器的特点是什么?画出石英晶体振荡器的等效电路和电抗频率特性。

三、分析计算题

6.11 通过分频器的制作，简要说明由 R、L、C 所组成的电路是如何实现分频功能的。

6.12 欲将图 6.2 所示的 RC 正弦波振荡电路产生振荡频率为 1kHz 的正弦振荡输出，当电容 $C=0.016\mu F$ 时，电阻 R 应选多大？

6.13 当需要频率分别在 100Hz～1kHz 或 10～20MHz 范围内可调的正弦振荡输出时，应分别采用 RC 还是 LC 正弦波振荡电路？

6.14 图 6.14 所示电路为二分频电路，试分析该电路能否完成音频信号的分频功能，说明原因。

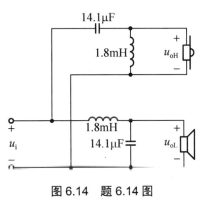

图 6.14　题 6.14 图

项目 7

晶闸管的认知及应用电路的制作

学习目标

1. 知识目标
(1) 掌握晶闸管的结构、特性及应用场合。
(2) 掌握晶闸管整流电路的结构及工作原理。
2. 技能目标
(1) 学会判别及使用万用表测试晶闸管的极性。
(2) 利用晶闸管制作调光台灯,对电路出现的故障进行原因分析及排除。

生活提点

台灯是比较常见的照明工具,本节所要制作的是亮度可调的调光台灯,这种台灯的亮度能在很大范围内调节,有利于保护视力。调光台灯里面除了开关、电线外,比普通台灯多了一块控制电路板,它就是用来调节亮度的调光器。

项目 7　晶闸管的认知及应用电路的制作

项目任务

利用晶闸管制作一个家用调光台灯，要求实现无级调光。调光台灯控制电路板如图 7.1 所示。

图 7.1　调光台灯控制电路板

【电力电子技术】

项目实施

7.1　晶　闸　管

调光台灯的种类很多，其调光功能普遍通过使用晶闸管器件来实现，晶闸管实物如图 7.2 所示。

(a) 小功率晶闸管　　(b) 螺栓型晶闸管　　(c) 中功率晶闸管　　(d) 平板型晶闸管　　(e) 晶闸管模块

图 7.2　晶闸管实物

7.1.1　晶闸管的结构组成

晶闸管(Thyristor)是闸流晶体管的简称，旧称可控硅。从结构上看，晶闸管不同于由一个 PN 结构成的硅整流二极管(也称硅整流元件)，而是由三个 PN 结构成的包括四个导电区(P-N-P-N)、三个电极(阳极 A、阴极 K 和门极 G)的半导体器件。其结构和图形及文字符号如图 7.3 所示，在电路中用文字符号 VT(H)表示。

从性能上看，晶闸管不仅具有单向导电性，而且还具有比硅整流元件更为可贵的可控性，它只有导通和关断两种状态。晶闸管不仅用于整流，而且可以通过门极外施加的控制信号控制其导通和关断，因而还可以用作无触点开关，以快速接通或切断电路，实现将直流电变成交流电。

131

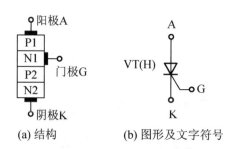

图 7.3 晶闸管结构和图形及文字符号

晶闸管的优点是可以以小功率控制大功率，功率放大倍数高达几十万倍，反应极快，可在微秒级内导通、关断，无触点运行，无火花，无噪声，效率高和成本低等。因此，晶闸管在整流电路、静态旁路开关、无触点输出开关，特别是大功率 UPS 供电系统中得到了广泛的应用。但是晶闸管静态及动态的过载能力较差，容易受干扰而误导通。

从外形上分类，晶闸管主要有螺栓形、平板形和平底形等。

7.1.2 万用表测晶闸管的好坏

首先用万用表 $R\times 1k$ 的电阻挡测量晶闸管的阳极与阴极之间的正反向电阻，然后用 $R\times 10$ 或 $R\times 100$ 的电阻挡测量晶闸管的门极与阴极之间的正反向电阻，并将所测数据进行记录以判断被测晶闸管的好坏。

在测量中应注意以下问题。

① 测量晶闸管门极(又称控制极)与阴极之间的正向电阻时，有时会发现表的旋钮放在不同电阻挡的位置上，读出的电阻值 R_{GK} 相差很大。因此在测量晶闸管各极间的电阻时万用表旋钮应放在同一挡。

② 测量晶闸管门极与阴极之间的正反向电阻时，旋钮放在 $R\times 10$ 挡时发现有的晶闸管正反向电阻值很接近，约为几百欧。但是出现这种现象还不能判断被测晶闸管已被损坏，而要留心观察正反向电阻值，虽然数值很接近，但是只要正向电阻值比反向电阻值小一些，一般来说被测晶闸管就还是好的。

③ 测量晶闸管极间电阻，特别是测量门极与阴极之间的电阻时，不要用 $R\times 10k$ 挡，以防止损坏门极，一般应放在 $R\times 10$ 挡测量。

晶闸管三极排列，如图 7.4 所示。

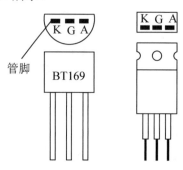

图 7.4 晶闸管三极排列

7.2 晶闸管的特性测试

为了了解晶闸管的导电特性,先利用普通晶闸管 BT169 做一个简单的实验。

晶闸管特性测试器件清单见表 7-1。

表 7-1 晶闸管特性测试器件清单

序 号	名 称	规 格	数 量
1	晶体管直流稳压电源	—	1
2	面包板	—	1
3	发光二极管	红色($\phi 5$、高亮)	1
4	金属膜电阻器	510Ω	1
5	金属膜电阻器	10Ω	1
6	晶闸管	BT169	1
7	开关	—	1
8	导线	—	若干

测试电路如图 7.5 所示。

晶闸管导电特性测试步骤如下。

① 门极电路中开关 S 断开(不加电压,即 $U_{GK}=0$),晶闸管阳极接晶体管直流稳压电源的正极,阴极经发光二极管接电源的负极,此时晶闸管承受正向电压($U_{AK}>0$),如图 7.5(a)所示,这时发光二极管不亮,说明晶闸管不导通。将电源反接,如图 7.5(b)所示,这时发光二极管仍不亮,说明晶闸管不导通。

② 晶闸管的阳极和阴极之间加正向电压($U_{AK}>0$),门极相对于阴极也加正向电压($U_{GK}>0$),如图 7.5(c)所示,这时发光二极管发光,说明晶闸管已导通。

③ 晶闸管导通后,如果去掉门极上的电压($U_{GK}=0$),即将图 7.5(d)中的开关 S 断开,发光二极管仍然发光,说明晶闸管继续导通。

④ 晶闸管的阳极和阴极之间加反向电压($U_{AK}<0$),如图 7.5(e)所示,无论门极加不加电压,发光二极管都不亮,说明晶闸管不导通。

⑤ 如果门极加反向电压($U_{GK}<0$),晶闸管阳极回路无论加正向电压还是反向电压,发光二极管都不亮,说明晶闸管不导通。

由此可得出以下结论。

① 晶闸管阳极承受反向电压时,不管门极承受何种电压,晶闸管都处于反向阻断状态。

② 晶闸管阳极承受正向电压时,仅在门极承受正向电压的情况下才导通。这时晶闸管处于正向导通状态,这就是晶闸管的闸流特性,即可控特性。

③ 晶闸管在导通情况下,无论门极电压如何,只要阳极有一定的正向电压,晶闸管都保持导通。即晶闸管导通后,门极失去控制作用,只起触发作用。

④ 晶闸管在导通情况下,当主回路电压(或电流)减小到接近零时,晶闸管关断。

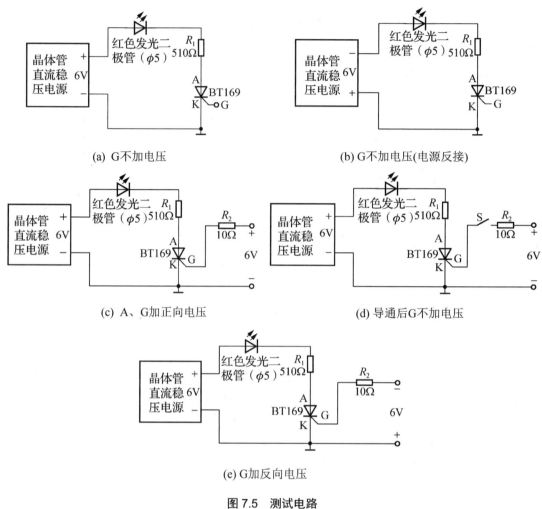

(a) G不加电压

(b) G不加电压(电源反接)

(c) A、G加正向电压

(d) 导通后G不加电压

(e) G加反向电压

图 7.5 测试电路

7.3 制作调光台灯控制电路

调光台灯控制电路原理图如图 7.6 所示。

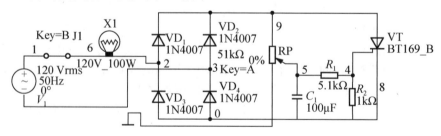

图 7.6 调光台灯控制电路原理图

调光台灯控制电路器件清单见表 7-2。

表 7-2 调光台灯控制电路器件清单

序 号	名 称	规 格	数 量
1	单相交流电源插头	—	1
2	万能板	—	1
3	白炽灯泡及灯座	—	1
4	金属膜电阻器	5.1kΩ	1
5	金属膜电阻器	1kΩ	1
6	电容器	100μF	1
7	晶闸管	BT169	1
8	开关	—	1
9	整流二极管	1N4007	4
10	电位器	51kΩ	1
11	导线	—	若干

该电路如何实现调光的作用呢？可以通过可控整流电路了解其工作原理。

7.3.1 晶闸管可控整流电路

1. 单相半波可控整流电路

把不可控的单相半波整流电路中的二极管用晶闸管代替，就成了单相半波可控整流电路，如图 7.7 所示，负载电阻为 R_L。下面将分析这种单相半波可控整流电路接电阻性负载时的工作情况，其电压与电流波形如图 7.8 所示。

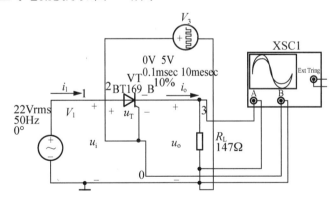

图 7.7 单相半波可控整流电路

从图 7.8(a)可知，在输入交流电压 u_i 为正半周时，晶闸管承受正向电压，假如在 t_1 时刻给门极加上周期性正向触发脉冲 U_g，晶闸管导通，负载上得到电压。当输入交流电压 u_i 下降到接近零时，晶闸管正向电流小于维持电流而关断。在输入交流电压 u_i 为负半周时，晶闸管承受反向电压，晶闸管关断，负载电压和电流均为零。在第二个正半周内，再在相应的 t_3 时刻加入正向触发脉冲，晶闸管导通。这样，在负载 R_L 上就可以得到图 7.8(b)所示的输出电压 u_o 波形。图 7.8(c)所示为晶闸管所承受的正反向电压的波形，图 7.8(d)所示为晶

闸管电流 i_T、输出电流 i_o、输入电流 i_i 的波形。

显然，在晶闸管承受正向电压的时间内，改变门极触发脉冲的输入时刻(移相)，负载上得到的电压波形就随之改变，这样就控制了负载上输出电压的大小。

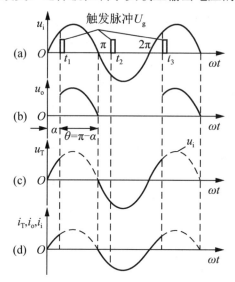

图 7.8 单相半波可控整流电路电压与电流波形

晶闸管在正向电压下不导通的电角度称为解发延迟角(又称控制角、移相角)，用 α 表示，导通的电角度则称为导通角，用 θ 表示，且 $\theta = \pi - \alpha$，如图 7.8(b)所示。很显然，导通角 θ 越大，输出电压越高。整流输出电压的平均值可以用控制角表示，即

$$U_o = \frac{1}{2\pi} \int_\alpha^\pi \sqrt{2} U_i \sin\omega t \, d(\omega t) = \frac{2\sqrt{2}U_i}{2\pi} \cdot \frac{1+\cos\alpha}{2} = 0.45 U_i \frac{1+\cos\alpha}{2} \quad (7.1)$$

从式(7.1)可以看出，当 $\alpha = 0°$ ($\theta = 180°$)时，晶闸管在正半周全导通的位置，$U_o = 0.45 U_i$，输出电压最高，相当于不可控单相半波整流电路的输出电压。若 $\alpha = 180°$ ($\theta = 0°$)，$U_o = 0$，晶闸管全关断。

根据欧姆定律，电阻性负载中整流电流的平均值为

$$I_T = I_o = I_i = \frac{U_o}{R_L} = 0.45 \frac{U_i}{R_L} \cdot \frac{1+\cos\alpha}{2} \quad (7.2)$$

此电流即为通过晶闸管的平均电流。

2. 单相桥式全控整流电路

将单相桥式整流电路中的四个二极管改成晶闸管，并由脉冲发生器 V_2、V_3 交替提供触发脉冲(V_2、V_3 触发周期相同，且相位相差180°)，就组成了单相桥式全控整流电路，如图 7.9 所示。电路中 VT_2 和 VT_3 组成一对桥臂，u_i 为正半周时($u_i > 0$)，在 t_1 时刻，VT_2、VT_3 得到 V_3 触发脉冲导通，当 u_i 过零时关断。VT_1 和 VT_4 组成另一对桥臂，u_i 为负半周时($u_i < 0$)，在 t_2 时刻，VT_1、VT_4 得到 V_2 触发脉冲导通，当 u_i 过零时关断。

单相桥式全控整流电路电压与电流波形如图 7.10 所示。

整流输出电压的平均值为

$$U_o = \frac{1}{\pi}\int_\alpha^\pi \sqrt{2}U_i \sin\omega t\, d(\omega t) = \frac{2\sqrt{2}U_i}{\pi}\frac{1+\cos\alpha}{2} = 0.9U_i\frac{1+\cos\alpha}{2} \tag{7.3}$$

从式(7.3)可以看出，当 $\alpha=0°$ ($\theta=180°$)时，$U_o=0.9U_i$，输出电压最高，相当于不可控单相桥式整流电路的输出电压。若 $\alpha=180°$ ($\theta=0°$)，$U_o=0$，晶闸管全关断。

根据欧姆定律，电阻性负载中整流电流的平均值为

$$I_o = \frac{U_o}{R_L} = \frac{0.9U_i}{R_L}\frac{1+\cos\alpha}{2} \tag{7.4}$$

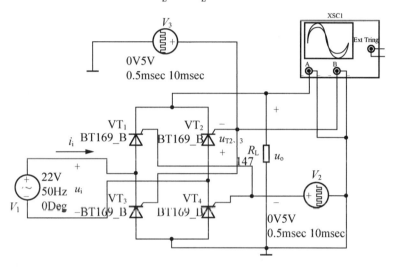

图 7.9　单相桥式全控整流电路

流过两组晶闸管的平均电流为

$$I_T = \frac{1}{2}I_o = 0.45\frac{U_i}{R_L}\frac{1+\cos\alpha}{2} \tag{7.5}$$

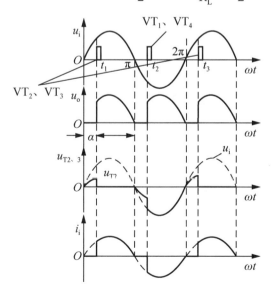

图 7.10　单相桥式全控整流电路电压与电流波形

【晶闸管】

7.3.2 调光台灯工作原理

在图 7.6 中，由电源插头 XP、灯 EL、电源开关 S、整流二极管 $VD_1\sim VD_4$、单相晶闸管 VT 与电源构成主电路，由电位器 RP、电容 C、电阻 R_1 与 R_2 构成触发电路。将 XP 插入市电插座，闭合 S，接通 220V 交流电源，$VD_1\sim VD_4$ 全桥整流得到脉动直流电压，调节 RP 的阻值，就能改变电容 C 的充放电时间常数，即改变 VT 的控制角，从而改变电路的导通程度，使 EL 获得 0～220V 电压。RP 的阻值调得越大，EL 越暗，反之越亮，从而达到无级调光的目的。

7.3.3 实施步骤

【IGBT 芯片发展及应用】

1. 安装

① 安装前应认真理解电路原理，弄清万能板上元器件与原理图的对应关系，并对所装元器件预先进行检查，确保元器件处于良好状态。

② 参考图 7.6 将器件清单中的电阻器、电容器、二极管及晶闸管等元器件在万能板上连接并正确焊接，确保无虚焊。

2. 调试

① 检查万能板上元器件及导线连接，应准确无误。

② 检查无误后闭合开关通电，调节电位器 RP 观察电灯的亮暗是否正常。若出现异常，检查电路中相应元器件及电路连接，直至正确为止。

7.4　MOS 管的认知

下面给出了几种常用 MOS 管的实物，如图 7.11 所示。

(a) 大功率 MOS 管
(TO-247 封装)

(b) 中小功率 MOS 管
(TO-220 封装)

(c) 中小功率 MOS 管
(TO-252 封装)

图 7.11　MOS 管的实物

7.4.1 MOS 管的结构与电路符号

MOS 管是三端器件，三个管脚分别是 G(门极)、D(漏极)和 S(源极)。G 的高低电平可以控制 D 和 S 的导通与关断。MOS 管的种类很多，按照沟道分类，可分为 N 沟道管(N 型管)和P沟道管(P型管);按照材料分类,可分为结型管和绝缘栅型管;按照功率分类,可分为大功率、中功率和小功率管。其中,常见的分类为N型管和P型管。对于N型管来说,高电平导通。对于P型管来说,低电平导通。在实际的应用中,为了保护MOS管不被反向击穿,厂家通常会在D和S之间增加一个反向PN结,这个PN结称为续流二极管,MOS管的结构示意图和符号如图7.12所示。

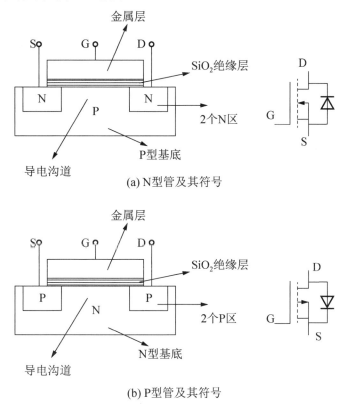

(a) N型管及其符号

(b) P型管及其符号

图7.12 MOS管的结构示意图和符号

7.4.2 MOS管极性的判别

MOS管极性的判别主要有两种方法:一是实物辨别法;二是仪表测试法。

1. 实物辨别法

无论哪种型号的MOS管,从正面观察,一般从左到右的三个管脚分别是G(门极)、D(漏极)、S(源极),如图7.13所示。

2. 仪表测试法

MOS管的管脚也可以用万用表来测量,将万用表电阻挡调至$R \times 100$或$R \times 1k$挡,用黑表笔接任意一个电极,用红表笔依次触碰另外两个电极。若测出某一电极与另外两个电极的阻值均很大(无穷大)或阻值均很小(几百欧姆到一千欧姆),则可判断黑表笔接的是G,另外两个电极是D和S。这种方法同时也可用来检测MOS管的好坏。由于N型管和P型管的原理类似,因此下面以N型管为例来介绍一下如何用万用表测量MOS管是否可以正常使用。

① 把万用表设置到二极管挡,红表笔接 S,黑表笔接 D,此时会有一个 0.5V 左右的压降。再将两个表笔调换位置,则万用表显示为无穷大。

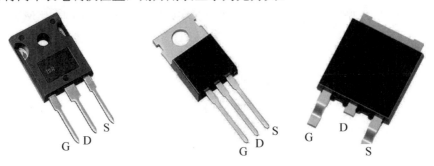

图 7.13 MOS 管管脚的辨别

② 然后将黑表笔接 S,红表笔接 G,此时万用表显示为无穷大。再将红表笔接 D,此时万用表显示为 0,说明 MOS 管导通。

经过以上两个步骤基本可以判定此 N 型管可以正常使用。在实际工程中,一般只按照步骤①检查即可,因为大部分 MOS 管损坏后其反并联的二极管也会损坏,也就是说直接用万用表测量 S 和 D 两端压降,如果显示为"0",则说明此 MOS 管已经被击穿,不可再用。需要注意的是,在测量 MOS 管时,一定要将其从印制电路板上拆下,然后再测,否则会导致测试结果不准确,数字式万用表测试 MOS 管示意图如图 7.14 所示。

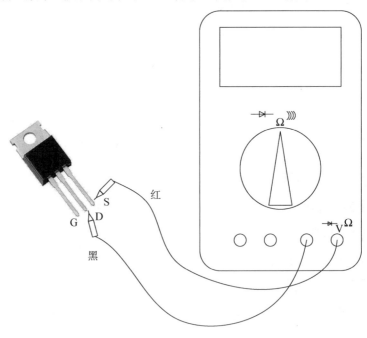

【MOS 管】

图 7.14 数字式万用表测试 MOS 管示意图

7.4.3 MOS 管的重要参数

MOS 管是一种电压型全控开关器件,以 N 型管为例,在 G 加入一个高电平,D 和 S 就会导通。反之加入一个低电平,就会关断。MOS 管的参数有很多,包括电压、电流、电容、电阻等，为了更好理解其参数含义，首先需要了解 MOS 管的等效电路模型，如图 7.15 所示。

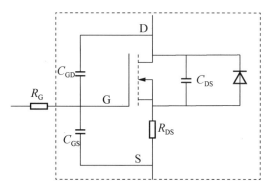

图 7.15　MOS 管的等效电路模型

(1) 漏源极(DS)击穿电压 V_{DS}

此电压是 MOS 管的 D 和 S 所能承受的最高电压，当工作电压超过 V_{DS} 时，MOS 管就会被击穿。器件选型时，应考虑有一定的电压裕量。

(2) 最大工作电流 I_D

此电流是 MOS 管最大连续工作电流，会随着温度的升高而减小。在选型时，要考虑留出足够的电流裕量，避免因裕量不足造成 MOS 管过度发热进而导致器件损坏。

(3) 导通电阻 R_{DS}

理论上，当 MOS 管导通时，MOS 管就相当于一根导线，其 D 和 S 之间的电阻为零。但在实际情况中，由于工艺的限制，其电阻不可能为零。不同的 MOS 管导通电阻差别很大，小则零点几毫欧，大则几兆欧。一般来说，I_D 越大，R_{DS} 越小。在器件选型时，一定要考虑导通电阻，其是影响电路效率的重要因素之一。以某型 MOS 管为例，其 R_{DS}=5.4Ω，I_D=2A，如果按照 1.5A 的工作电流计算，那么导通损耗为 12.15W，若是对于 100W 的电源来说，这就是一个很高的损耗了。

(4) 门极(G)开通电压 V_{GS}

在 MOS 管的 G 加上一定的电压，一般为大于 12V，MOS 管就可以导通，但是这个电压有一个上限，一般为 20V。

(5) 驱动电阻 R_G

为了避免 MOS 管在导通或关断时产生震荡和限制电流，需要在 G 加一个外加电阻，这个电阻称为驱动电阻 R_G，其大小一般在几欧姆到十几欧姆之间。

(6) 输入电容 C_{Iss}、输出电容 C_{Oss}、反向传输电容 C_{rss}

因为 MOS 管任意两个极之间均是 PN 结，所以就存在寄生电容，这些寄生电容影响着 MOS 管的导通与关断。理论上，MOS 管的导通与关断是不会产生损耗的，但在实际中，由于这些寄生电容的影响，导致 MOS 管在导通和关断时会产生电压和电流的交叉重叠，这样就产生了开关损耗。在低频时可以不用考虑开关损耗，但在高频时必须考虑开关损耗，因为此时的开关损耗已占据了 MOS 管损耗的大部分。而通过这些寄生电容可以计算出 MOS 管的驱动损耗和开关损耗，MOS 管开关状态如图 7.16 所示。

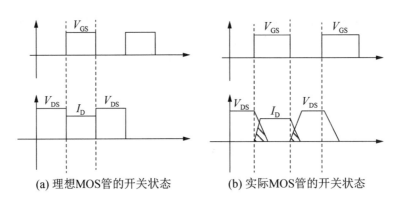

(a) 理想MOS管的开关状态　　　(b) 实际MOS管的开关状态

图 7.16　MOS 管开关状态

其中，C_{iss} 为输入电容，$C_{iss}=C_{GD}+C_{GS}$。C_{oss} 为输出电容，$C_{oss}=C_{DS}+C_{GD}$。C_{rss} 为反向传输电容，$C_{rss}=C_{GD}$。

7.5　反激电路的设计

7.5.1　反激电路的工作原理

由反激电路构成的简易手机充电器主电路如图 7.17 所示。

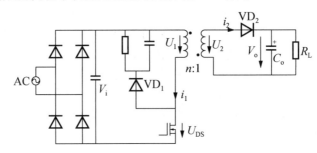

图 7.17　简易手机充电器主电路

主电路主要分为三部分，分别是整流滤波电路、变换电路及输出电路。整流滤波电路由四个二极管组成的整流桥构成，电路利用输入电容进行滤波从而得到一个比较稳定的直流电，相当于一个直流稳压电源。变换电路是通过 MOS 管的导通与关断和高频变压器来实现能量从原边到副边的转换。输出电路主要由输出二极管和输出滤波电容组成，通过这两个器件来实现稳定的电压输出。

反激电路的工作过程主要包括两个阶段，分别是 MOS 管的导通阶段和关断阶段。

反激电路有三种工作模式，分别是电流断续模式(DCM)、电流连续模式(CCM)和电流临界模式(BCM)，这里的电流主要是指变压器原边、副边的电流。反激电路本质上是一种能量的传递，在 MOS 管关断时，由于变压器漏感的存在，原边电流 i_1 并不会马上变成 0，而是通过二极管 VD_1 续流，电路的能量被吸收电路吸收，也就是说 i_1 还会继续"流动"一段时间。那么当下一次 MOS 管导通的时候，i_1 的状态就有三种可能性。

① i_1 已经"流完了"，也就是 i_1 为 0。

② i_1 还没有 "流完"，也就是 i_1 不为 0。

③ i_1 刚好 "流完"，也就是 i_1 刚好为 0。

这就对应了反激电路的 DCM、CCM 和 BCM 三种工作模式，实际上对于所有开关电源电路来说几乎都有这三种工作模式，本质上是因为电路中存在电感。在设计反激电路时，大部分情况均采用电流断续模式(DCM)。下面主要介绍反激电路在断续模式下的工作状态，其工作波形如图 7.18 所示。

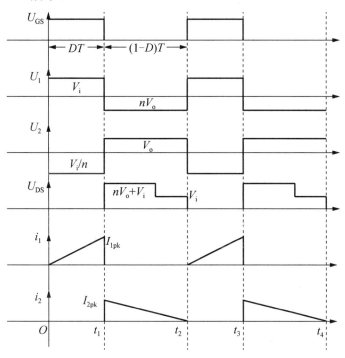

图 7.18 反激电路在断续模式下的工作波形

(1) $O \sim t_1$ 阶段

在 O 时刻，MOS 管导通。此时 MOS 管相当于一根导线，输入电压 V_i 加在变压器原边，原边电压 U_1 等于输入电压 V_i。变压器是异名端耦合，此时副边电压 U_2 为反向，副边二极管 VD_2 被截止，$U_2=V_i/n$，MOS 管两端压降 $U_{DS}=0$。由于变压器原边电压为恒定输入电压，因此原边电流 i_1 刚好从 0 开始线性增加，直到下一次 MOS 管导通时停止。其导通时能量流动方向如图 7.19 所示。

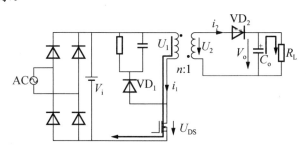

图 7.19 MOS 管导通时能量流动方向

(2) $t_1 \sim t_2$ 阶段

在 t_1 时刻，MOS 管关断。此时 MOS 管相当于开路，由于变压器漏感的存在，电流不能突变，原边电流 i_1 继续通过二极管 VD_1 续流，原边电压 U_1 变为上负下正，副边电压 U_2 变为上正下负，副边二极管 VD_2 导通，变压器向输出电容和负载提供能量。副边电压 U_2 被钳位为输出电压 V_o，变压器的耦合作用，使得原边电压 U_1 变为 nV_o，这个电压被称作反射电压。此时，输入电压和反射电压共同加在 MOS 管的 D 和 S 两端，因此 MOS 管两端电压变为 nV_o+V_i。当 i_1 "流完"后，i_2 也消失，副边不再向原边反馈电压，此时 MOS 管两端电压就只有输入电压 V_i 了。MOS 管关断时的能量流动方向如图 7.20 所示。

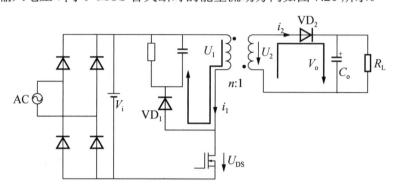

图 7.20 MOS 管关断时的能量流动方向

7.5.2 反激电路主电路的主要参数计算

电路的设计参数为输入交流电压 100～240V，输出电压 5V，输出电流 1A，器件开关频率 100kHz，效率 80%，其中变压器原边电流等效计算关系如图 7.21 所示。

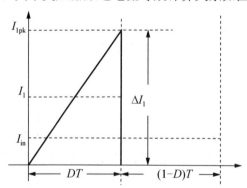

图 7.21 变压器原边电流等效计算关系

电路的参数计算过程如下。

(1) 计算最大和最小输入电压

经过整流后变压器的最大输入电压 $V_{i\max} = (\sqrt{2} \times 240)\text{V} \approx 339 \text{ V}$ (7.6)

最小输入电压 $V_{i\min} = (\sqrt{2} \times 100)\text{V} \approx 141 \text{ V}$ (7.7)

(2) 计算反射电压

设计反激电路时，在最小输入电压情况下，其最大占空比一般不超过 0.5，所以设定最大占空比 $D=0.46$，计算变压器在一个周期内的反射电压应对变压器原边采用伏秒平衡原

理，计算公式为

$$V_{i\min}DT = V_{OR}(1-D)T$$

$$V_{OR} = \frac{D}{1-D}V_{i\min} \tag{7.8}$$

$$V_{OR} = \left(\frac{0.46}{1-0.46} \times 141\right) \text{V} \approx 120 \text{ V}$$

上式中 T 为开关周期，V_{OR} 为反射电压。

(3) 计算变压器匝比和原边电感量

副边二极管导通压降为 V_D，取 $V_D=0.5$ V，则反射电压与输出电压有如下关系

$$V_{OR} = n(V_o + V_D)$$

$$n = \frac{V_{OR}}{V_o + V_D} = \frac{120}{5+0.5} \approx 22 \tag{7.9}$$

上式中 n 为匝比。

变压器的电流纹波率和电流的关系如下

$$r = \frac{\Delta I_1}{2}/I_1 = \frac{\Delta I_1}{2I_1} \tag{7.10}$$

其中 r 为变压器电流纹波率，I_1 为变压器原边电感平均电流，ΔI_1 为在 MOS 管导通的时间内变压器原边电流的变化量，由此可以看出，在临界和断续时，r 取 1。

在一个周期内有

$$I_{in}T = I_1DT \tag{7.11}$$

上式中 I_{in} 为输入电流在一个周期内的平均值，此时等于 0.1。

在 MOS 管导通时间内，有

$$L_m \frac{\Delta I_1}{DT} = V_{i\min} \tag{7.12}$$

由式(7.10)~式(7.12)可得

$$L_m = \frac{V_{i\min}DT}{\Delta I_1} = \frac{V_{i\min}DT}{2rI_1} = \frac{V_{i\min}DT}{2r\frac{I_{in}}{D}} = \frac{V_{i\min}D^2T}{2rI_{in}}$$

$$= \frac{V_{i\min}D^2TV_{i\min}}{2rI_{in}V_{i\min}} = \frac{(V_{i\min}D)^2 T}{2rP_{in}} \tag{7.13}$$

$$= \frac{\eta(V_{i\min}D)^2}{2P_O rf} = \left[\frac{0.8 \times (141 \times 0.46)^2}{2 \times 5 \times 1 \times 100}\right] \text{mH}$$

$$= 3.365 \text{ mH}$$

其中 η 为效率，P_O 为输出功率，f 为开关频率。

(4) 计算 MOS 管的电压和电流

为了保证电路安全可靠的工作，我们需要找到满足设计要求的 MOS 管，为此，我们需要计算 MOS 管所能承受的最大电压和电流。根据 7.5.1 节内容分析可知，当 MOS 管关断时，会有反射电压和输入电压同时加在 MOS 管的 D 和 S 两端，当输入电压最大时，此时条件最为恶劣。所以在设计时，需要为 MOS 管留出 20%的电压裕量。因此可得

$$80\% \cdot V_{DS} = V_{OR} + V_{i\max}$$

$$V_{DS} = \frac{V_{OR} + V_{i\max}}{80\%} = \left(\frac{120+339}{80\%}\right) \text{V} \approx 574 \text{ V} \tag{7.14}$$

所以需要选择额定电压大于 574V 的 MOS 管。

当原边输入电压最小，而负载最大时，原边电流最大，此时

$$L_\text{m} \frac{\Delta I_1}{DT} = V_{i\min}$$
$$I_\text{1pk} = \Delta I_1 = \frac{V_{i\min} D}{L_\text{m} f} = \left(\frac{141 \times 0.46}{3.365 \times 100}\right) \text{A} \approx 0.193 \text{ A}$$
(7.13)

所以原边最大电流约为 0.2A，需要选择额定电流大于 0.2A 的 MOS 管。在这里我们选择英飞凌科技公司的 SPP02N60C3 型 MOS 管，其主要参数如表 7-3 所示。

表 7-3 SPP02N60C3 主要参数

参数	数值	单位
V_DS	650	V
R_DS	3	Ω
I_D	1.8	A

由以上数据可以计算出 MOS 管的导通损耗为

$$P_\text{loss} = I_\text{in}^2 \cdot R_\text{DS} = (0.1^2 \times 3) \text{ W} = 0.03 \text{ W}$$

这是一个可以接受的数值。

(5) 变压器磁芯的选型及参数的计算

高频变压器是开关电源的核心器件，其选型也关系着电源性能的好坏。通过式(7.9)我们知道了变压器的匝比，但还不知道原副边具体是多少匝。为了得到具体的匝数，需要首先选择磁芯，可以根据式(6.11)来计算磁芯的体积。

$$V_\text{e} = 0.7 \frac{(2+r)^2}{r} \frac{P_\text{O}}{\eta f} = \left[0.7 \times \frac{(2+1)^2}{1} \times \frac{5}{0.8 \times 100}\right] \text{cm}^3 \approx 0.394 \text{ cm}^3 = 394 \text{ mm}^3$$
(7.16)

根据计算结果需要选择一个体积大于 394mm³ 的磁芯。通过查询磁芯数据手册，我们选择型号为 EE13 的磁芯。EE 型磁芯的数据如表 7-4 所示，尺寸如图 7.22 所示。

表 7-4 EE 型磁芯的数据

磁芯类型	磁芯材质	尺寸 A×B×C/mm	A_p /cm⁴	A_e /mm²	A_w /mm²	A_L /(nH/N²)	L_e /mm	V_e /mm³
EE8	PC40	8.3×4.0×3.6	0.0091	7.00	13.05	590.00	19.47	139.00
EE10	PC40	10.2×5.5×4.75	0.0287	12.10	23.70	850.00	26.60	302.00
EE13	PC40	13.0×6.0×6.15	0.0570	17.10	33.35	1130.00	30.20	517.00
EE16	PC40	16×7.2×4.8	0.0765	19.20	39.85	1140.00	35.00	672.00
EE19	PC40	19.1×7.95×5.0	0.1243	23.00	54.04	1250.00	39.40	900.00

磁芯的选择方法不唯一，读者也可以利用 AP 法来选择磁芯，只要满足要求即可。在确定了磁芯之后就可以确定变压器匝数了。匝数可由式(7.17)确定。

$$N_\text{p} = \frac{L_\text{m} I_\text{1pk}}{\Delta B A e} 10^8 = \frac{3.365 \times 10^{-3} \times 0.193}{2500 \times 17.10 \times 10^{-2}} \times 10^8 \approx 153$$
(7.17)

项目 7 晶闸管的认知及应用电路的制作

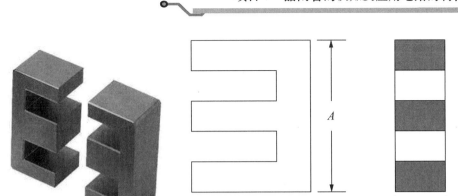

图 7.22　EE 型磁芯的尺寸

上式中，N_p 为变压器原边匝数，ΔB 为磁感应强度，取 2500Gs，A_e 为 EE13 磁芯的截面积，取 0.17cm²。

副边匝数为

$$N_s = \frac{N_p}{n} = \frac{153}{22} = 6.95 \approx 7 \tag{7.18}$$

通过以上计算我们基本就完成了对反激电路的主电路参数设计。

7.5.3　反激电路控制电路的设计

上述内容主要讲了反激电路的主电路部分，但是反激电路要想正常工作，还必须有控制电路。一般反激电路的控制电路由专门的控制芯片来实现，常用的有 TOP switch 系列、UC284X/384X 系列等。

图 7.23 所示为 UC2845 的封装及引脚分布，其每个引脚功能如下。

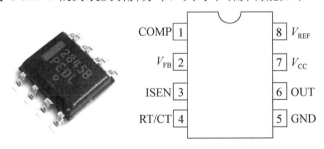

图 7.23　UC2845 的封装及引脚分布

① 1 脚：误差放大器的输出端。外接阻容元件用于改善误差放大器的增益和频率特性。

② 2 脚：反馈电压输入端。常用此脚电压与误差放大器同相输入端的 2.5V 基准电压进行比较，当此脚电压高于 2.5V 基准电压时，电路产生误差(控制)电压，误差(控制)电压增大，第 6 脚输出脉冲变窄，占空比降低，抑制输出电压增加，从而使输出电压稳定，反之亦然。

③ 3 脚：电流检测输入端。在外围电路中功率开关管(如 MOS 管)的源极上串接一个小阻值的取样电阻，把脉冲变压器的电流转换成电压，将电压送入 3 脚，从而控制脉宽。此外，当电源电压异常时，功率开关管的电流增大，当取样电阻上的电压超过 1V 时，脉冲变压器就缩小脉宽使电源处于间歇工作状态，UC2845 停止输出，从而有效地保护了功率开关管。

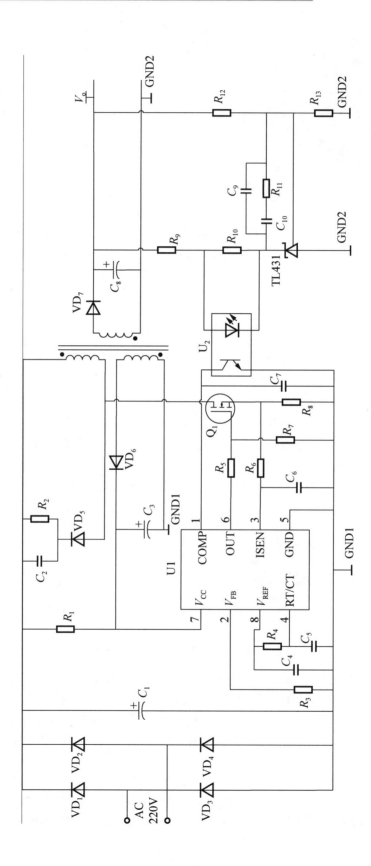

图 7.24 典型 UC2845 反激电路

④ 4 脚：定时端。内部振荡器的工作频率由外接的阻容时间常数决定，通电后，5V 电压通过电阻 R_t 给电容 C_t 充电，使 4 脚电压近似线性上升。当电压上升到 2.8V 时，在内部振荡器中，将 C_t 上的电压突然放掉，电压开始下降，当电压下降到 1.4V 时，电压又开始上升，这样就形成一个锯齿形波电压。

【反激电源实例】

⑤ 5 脚：公共地端。

⑥ 6 脚：推挽输出端。此端输出的频率是振荡频率的 1/2，内部为图腾柱式，上升、下降时间仅为 50ns，驱动能力为±1A。

⑦ 7 脚：电源。电源比较器上、下门限电压分别为 8.4V、7.6V，UC2845 最小工作电压为 8.2V，此时耗电在 1mA 以下。输入电压可以通过一个大阻值电阻从高压降压获得。芯片工作后，输入电压在 7.6～36V 之间波动(内部有一个 36V 的齐纳二极管，从 V_{CC} 连接至地，它的作用是保护集成电路免受系统启动或运行期间产生过高电压的破坏)，低于 7.6V 时芯片停止工作。工作时耗电约为 15mA，此电流可通过反馈电阻提供。当 V_{CC} 欠压时，UC2845 的基准电压输出端 8 脚将无+5V 输出，从而导致 RC 振荡器停止工作。

⑧ 8 脚：5V 基准电压输出端，有 50mA 的负载能力。

图 7.24 是典型 UC2845 反激电路，其副边是以 TL431 元件为核心的 PI 调节电路。其中 C_9、C_{10}、R_{11} 构成了 PI 调节环，通过改变这三个元件的值可以改变环路参数，使环路达到稳定。R_1 是电路开始启动时的限流电阻，当电路通电的瞬间，母线通过 R_1 给 UC2845 提供一个初始启动电压，当 UC2845 开始工作后，其工作电压由变压器 3-4 绕组所构成的整流滤波电路提供。

由 TL431 和 R_{12}、R_{13} 共同构成了一个 5V 的基准电压电路，当输出电压 V_o 大于 5V 时，光耦 PC817 导通电流变大，此时流入 UC2845 的 1 脚电流变大，通过 UC2845 内部的转换，使 6 脚发出的 PWM 波占空比变小，从而使输出电压降低。当输出电压 V_o 小于 5V 时，光耦 PC817 导通电流变小，此时流入 UC2845 的 1 脚电流变小，通过 UC2845 内部的转换，使 6 脚发出的 PWM 波占空比变大，从而使输出电压增加。通过这样不断地动态调节，使输出电压稳定在 5V 左右。

7.6 MOS 管在新能源技术中的应用

7.6.1 直流充电桩模块的简介

直流充电桩模块(简称充电模块)是电动汽车直流充电桩的核心部分，它的作用是将交流电转变成直流电来实现对电动汽车的快速充电。充电模块一般有 15kW、20kW 和 30kW 等几个功率级别。图 7.25 给出了某公司 15kW 充电模块的外形，表 7-5 给出了某型号 15kW 充电模块的主要参数。

【充电模块】

图 7.25 15kW 充电模块的外形

表 7-5 15kW 充电模块的主要参数

规格名称	规格参数
额定功率	15kW
输入电压	AC 380V±15%
输入模式	三相四线制
输入电流	40A
工作频率	45～65Hz
输出电压范围选择	低压输出时 200～500V。高压输出时 200～750V
输出电流范围选择	低压输出时 0～30A。高压输出时 0～15A
稳压精度	≤0.5%
稳流精度	小于 30A 时≤0.3%。大于等于 30A 时≤1%
满载效率	≥94%
输出功率因数	≥0.99
THD(总谐波电流含量)	≤5%(在 50%～100%负载时)
平均无故障时间(MTBF)	≥8760h
工作环境温度	-40～+60℃(限功率使用)

7.6.2 直流充电桩模块的组成

现在市场上大部分充电模块一般由 PFC 和 DC/DC 两部分电路组成，PFC 一般采用三相维也纳(VIENNA)电路，如图 7.26 所示，而 DC/DC 一般采用谐振(LLC)电路。前级 PFC 的作用是将三相交流电转变成可稳定输出的直流电，且为图 7.27 所示的后级 LLC 电路提供可靠的调压范围。其中 $V_{BUS}+$ 和 PG 之间的最高电压可达 800V，V_{BUSM} 是二者中线电压为 400V。

由于充电模块的工作频率高，工作电压高，工作电流大，如果直接采用硬开关电路将会产生巨大的开关损耗，因此后级一般采用 LLC 软开关电路。通过所串联的谐振电感和谐振电容，使电路工作在零电压导通状态，也就是在 MOS 管导通前先使其 D 和 S 两端电压变为零，这样就极大地降低了导通损耗，效率最高可达 94%。若是采用 LLC 同步整流结构，其效率将会达到 96%左右。后级 LLC 电路采用原边串联、副边并联的电路结构，这样就避免使用价格昂贵的高电压大功率 MOS 管，只需要使用常规的 MOS 管即可，而且使用两组变压器，也减小了体积、损耗。一般前级和后级电路均采用全数字 DSP 控制，使控制更加安全可靠。

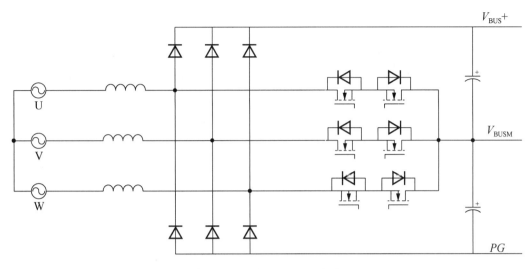

图 7.26 三相 VIENNA 电路

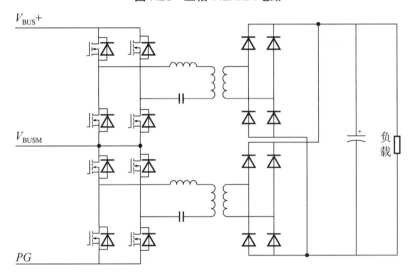

图 7.27 后级 LLC 电路

7.7 IGBT 的认知及应用

IGBT(Insulated Gate Bipolar Transistor)是绝缘栅双极型晶体管的简称,是由 BJT(双极型晶体管)和 MOS 管组成的复合全控型电压驱动式功率半导体器件。IGBT 有驱动功率小、饱和压降低、耐压值高等特点,是能源变换与传输的核心器件,被称为电力电子装置的"CPU",广泛应用于轨道交通、智能电网、航空航天、电动汽车与新能源装备等领域。

IGBT 分为单管 IGBT 和 IGBT 模块。单管 IGBT 一般用于中小功率场合,常见为 TO-247 封装。IGBT 模块是由 IGBT 与 FWD(续流二极管)通过特定的电路桥接封装而成的模块化半导体产品,IGBT 模块具有节能、安装维修方便、散热稳定等特点。当前市场上销售的多为此类模块化产品,一般所说的 IGBT 也指 IGBT 模块,IGBT 实物如 7.28 所示。

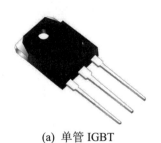
(a) 单管 IGBT

(b) IGBT 模块

图 7.28 IGBT 实物

IGBT 和 MOS 管一样，也是三端器件，分别是栅极(G)、集电极(C)和发射极(E)。其中 G 的高低电平控制 C、E 的导通与关断。对于 N 型管来说，高电平有效。对于 P 型管来说，低电平有效。IGBT 的内部结构要比 MOS 管复杂，其比 MOS 管多了若干层掺杂区，实现了对漂移区导电率的调制，增强了通流能力，解决了 MOS 管无法兼顾高耐压值与低通态电阻之间的矛盾。但也由此造成了 IGBT 无法进行高频开关的问题，因此 IGBT 常用于对开关频率要求不高的场合，如逆变电源、电机调速等电路中，IGBT 的内部结构及电气符号如图 7.29 所示。

【高铁 IGBT】

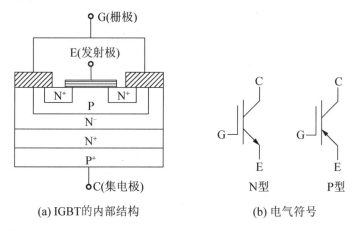

(a) IGBT 的内部结构　　　(b) 电气符号

图 7.29 IGBT 的内部结构及电气符号

拓展讨论

党的二十大报告指出：建设现代化产业体系。实施产业基础再造工程和重大技术装备攻关工程，支持专精特新企业发展，推动制造业高端化、智能化、绿色化发展。巩固优势产业领先地位，在关系安全发展的领域加快补齐短板，提升战略性资源供应保障能力。推动战略性新兴产业融合集群发展，构建新一代信息技术、人工智能、生物技术、新能源、新材料、高端装备、绿色环保等一批新的增长引擎。构建优质高效的服务业新体系，推动现代服务业同先进制造业、现代农业深度融合。加快发展物联网，建设高效顺畅的流通体系，降低物流成本。

1. 我国在新型电力电子器件研发上取得了一定的突破，那么在我国哪些工程领域中有具体应用，取得了哪些成果？

2. 在今后五年中，我国将推动哪些战略性新兴产业融合集成发展？

3. 我国的电子和信息产业在今后的发展中在实现碳中和及碳达峰目标过程中将扮演一个什么样的角色？

【中压直流及电磁弹射】

项 目 小 结

1. 晶闸管阳极承受反向电压时，不管门极承受何种电压，晶闸管都处于反向阻断状态。

2. 晶闸管阳极承受正向电压时，仅在门极承受正向电压的情况下才导通。

3. 晶闸管在导通情况下，无论门极电压如何，只要阳极有一定的正向电压，晶闸管都保持导通。即晶闸管导通后，门极失去控制作用，只起触发作用。

4. 晶闸管在导通情况下，当主回路电压（或电流）减小到接近零时，晶闸管关断。

5. 单相半波可控整流电路中，控制角 α 决定了整流输出电压 U_o 的大小，α 减小，则 U_o 增加，反之，U_o 减少。

6. MOS 管是三端器件，三个管脚分别是 G(门极)、D(漏极)和 S(源极)。G 的高低电平可以控制 D 和 S 的导通与关断。

7. 反激电路有三种工作模式，分别是电流断续模式(DCM)、电流连续模式(CCM)和电流临界模式(BCM)。

8. 为了保证电路安全可靠的工作，在设计时器件参数要留有一定的裕量。

9. 直流充电桩模块是电动汽车直流充电桩的核心部分，它的作用是将交流电转变成直流电来实现对电动汽车的快速充电。

10. 充电模块一般由 PFC 和 DC/DC 两部分电路组成，PFC 一般采用三相 VIENNA 电路，而 DC/DC 一般采用 LLC 电路。

习 题

一、选择题

7.1 普通晶闸管管心由(　　)层杂质半导体组成。
A. 1　　　　　　B. 2　　　　　　C. 3　　　　　　D. 4

7.2 晶闸管具有(　　)性。
A. 单向导电　　　　　　　　B. 可控单向导电
C. 电流放大　　　　　　　　D. 负阻效应

7.3 单相桥式全控整流电路，若控制角 α 变大，则整流输出电压的平均值(　　)。
   A．不变　　　　　　　　　　　B．变小
   C．变大　　　　　　　　　　　D．为零

7.4 晶闸管触发导通后，其门极对主电路(　　)。
   A．仍有控制作用　　　　　　　B．失去控制作用
   C．有时仍有控制作用　　　　　D．控制能力下降

7.5 单相桥式全控整流电路，带电阻性负载，触发脉冲的移相范围应是(　　)。
   A．$0°\leq\alpha\leq 90°$　　　　　　　B．$0°\leq\alpha\leq 120°$
   C．$0°\leq\alpha\leq 150°$　　　　　　D．$0°\leq\alpha\leq 180°$

7.6 单相桥式全控整流电路，带电阻性负载，电源电压有效值为 U_i，则晶闸管承受的最大正向电压值是(　　)。
   A．$\frac{1}{2}U_i$　　　　　　　　　　B．$\frac{1}{2}\sqrt{2}U_i$
   C．U_i　　　　　　　　　　　D．$\sqrt{2}U_i$

二、简答题

7.7 使晶闸管导通的条件是什么？

7.8 维持晶闸管导通的条件是什么？怎样才能使晶闸管由导通变为关断？

7.9 某反激式开关电源，设计参数为输入交流电压 90～270V，输出电压 12V、输出电流 2A，试计算其变压器原边电感量。

7.10 某反激式开关电源，设计参数为输入交流电压 100～240V，输出电压 24V、输出电流 2A，器件开关频率 65 kHz，效率 75%，试计算出所需 MOS 管的电压和电流，并选出一款匹配的 MOS 管。

7.11 请问 IGBT 和 MOS 管之间有哪些异同点？

三、计算题

7.12 在单相半波可控整流电路中，负载电阻 R_L 为 10Ω，需直流电压 60V，现直接由 220V 电网供电，试计算晶闸管的导通角、电流的有效值。

7.13 在单相半波可控整流电路中，输入电压为交流 220V，负载电阻为 20Ω。试求以下内容。
   (1) $\alpha = 60°$ 时，整流输出电压的平均值 U_o 和电流的平均值 I_o。
   (2) 绘出 i_o、u_T 的波形。

7.14 图 7.30 所示为单相半波可控整流电路，带电阻性负载，已知 U_i= 200V，R_L=5Ω，α=60°。试求以下内容。
   (1) 绘出 u_G、u_o、i_o、u_T 的波形。
   (2) 计算 U_o 及 I_o 值。

7.15 图 7.31 所示为单相桥式全控整流电路，带电阻性负载，已知 $R_L=5\Omega$，$U_i=300V$，$\alpha=30°$。试求以下内容。

(1) 计算 U_o 及 I_o 值。

(2) 绘出 u_G、u_o、i_o、i_i、u_T 的波形。

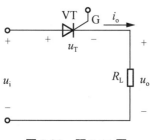
图 7.30 题 7.14 图

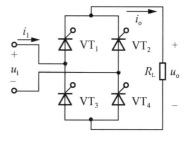
图 7.31 题 7.15 图

综合训练一

航空测控箱用高精度、直流线性供电电源的安装与调试项目

高精度传感器、线性信号转换模块等是航空航天测控系统的重要组成部分，其对测量精度的要求远远超过一般民用测控系统，要求系统的每一个部分都不存在短板。而作为航空航天测控系统另一重要组成部分的直流供电电源，其输出电压的质量决定了信号测试和转换的精度。直流供电电源系统设计以变压、整流、滤波及稳压作为基本架构，通过优化电路结构，增加反馈绑定等环节搭建多路高精度直流供电电源，使电源在负载改变的情况下仍能保证高精度输出。

1. 系统组成及工作原理

系统由整流、滤波、反馈绑定、稳压等部分组成，其输出电压分±15V 和+5V 两组(3 路)输出。

该航空航天测控系统±15V 电源设计参数为：输出精度优于±0.15V，不同负载下(输出电流 0~1.5A)电压稳定度≤1%，双电压要求在输出电流 0~1.5A 时绝对值偏差≤0.15V，即对称性≤1%。+5V 电源设计参数为：输出精度优于±0.05V，不同负载下(输出电流 0~1.5A)电压稳定度≤1%。

±15V 电源每路最高输出电流可达 1.5A，各路电源波纹分量应不大于 5mV，并以输出 1A 负载电流作为该电路标准调校电流值。

±15V 线性直流供电模块如图 z1-1 所示，由整流、滤波、+VS 稳压电路、-VS 反馈绑定电路组成。大电容 C_5 和 C_9 可保证滤波。稳压二极管 VD_{z1} 和 VD_{z2}(1N4750)进行稳压。三端集成稳压器 LM338 提供 5A 的平均输出电流，输出电压在 1.2~32V 内连续可调。R_3 和 R_7 均为精密电阻器，利用精密方形电位器 RP_1 及高电压、大电流运放 OPA551 形成反馈回路，从而将负电压与正电压绝对值同步绑定。功放管 TIP42 为电路提供足够大的负载电流。后级旁路电容 C_1、C_2、C_{12}、C_{13} 过滤旁路高频干扰信号。

同理+5V 电源采用 7V 交流电压输入，整流、滤波、稳压均采用与±15V 电源相同的电路结构。由于+5V 是单片机标准供电电压，同时显示模块 TM12864Z-1 也需要+5V 供电，故在电路调试时将电位器 RP_2 调整至合适位置，使其固定为+5V 输出电压，+5V 线性直流供电模块如图 z1-2 所示。

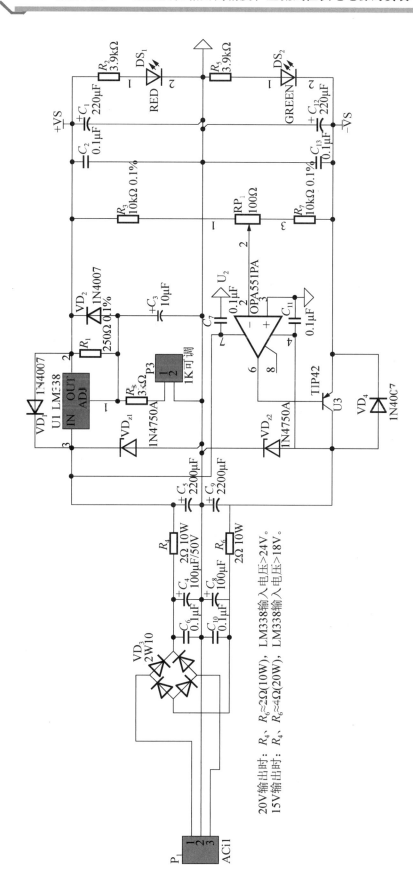

图 z1-1 ±15V 线性直流供电模块

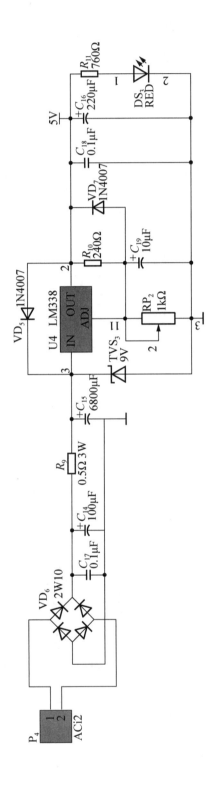

图 z1-2 +5V 线性直流供电模块

第 2 篇 数字电路

数字电路部分将完成制作用于测量电容量的数显电容计,其由控制电路、计数电路、显示译码电路、超量程指示电路、多谐振荡电路和 C-T 转换电路组成,其组成框图如图Ⅱ-1 所示。

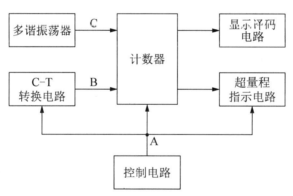

图Ⅱ-1 数显电容计组成框图

各部分电路的功能如下。

① C-T 转换电路是把被测电容器的电容量 C_x 转换成脉冲信号,使脉冲信号的宽度 T_x 正比于 C_x。单稳态触发器的定时时间与定时电容 C 成正比,因此可以用单稳态触发器实现此功能。

② 多谐振荡电路是由多谐振荡器产生周期性的矩形波脉冲构成,计数器在 C-T 转换期间进行计数。在转换期间计数器计到的脉冲数越多,代表 C_x 越大。只要调整好多谐振荡器的振荡频率,就可以使计数器计到的脉冲数(用十进制表示)等于被测电容器的电容量。

③ 计数电路由计数器构成,是 3 位十进制计数器,用于统计脉冲数。

④ 显示译码电路是把计数器计到的脉冲数用十进制数字在显示器上显示出来。

⑤ 超量程指示电路是当计数器计到的脉冲数超过 999 时,电路产生一个指示信号,即代表被测电容器的电容量超过了 999nF,此时显示器的读数已不是 C_x 的值。

⑥ 控制电路是用来产生控制各部分电路正常工作的时序信号,其实质是一个低频信号

发生器，振荡周期为 4s，该电路在振荡波下降沿触发单稳态 C-T 转换电路，上升沿清零计数器和复位超量程指示电路。数显电容计测量时序图如图Ⅱ-2 所示。

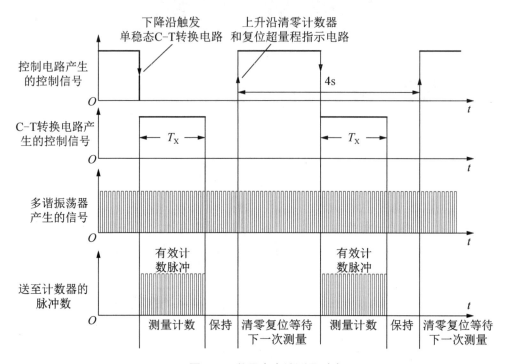

图Ⅱ-2　数显电容计测量时序图

项目制作目标如下。
① 测量范围为 0～999nF。
② 用 3 位 LED 数码管显示测量结果。
③ 具有超量程指示。
④ 能自动进行测量，测量周期为 4s。
数显电容计电气原理图如图Ⅱ-3 所示。

【数显电容计 PCB 图】

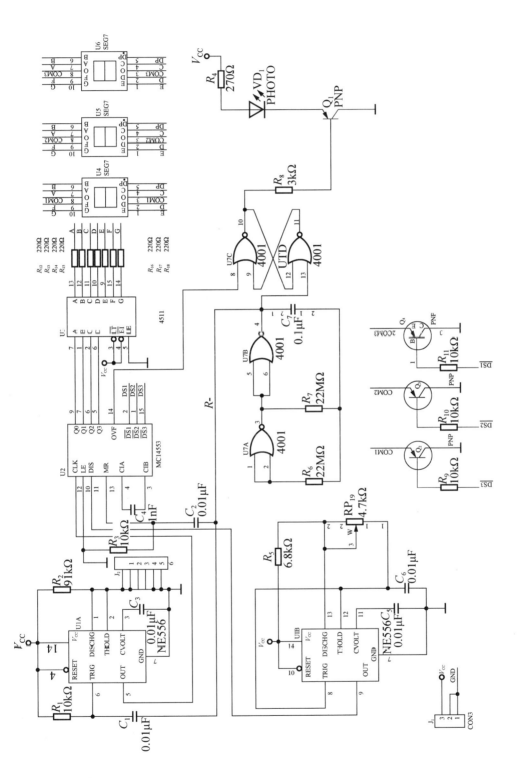

图 II-3 数显电容计电气原理图

项目 8

数字电路基础

学习目标

1. 知识目标
(1) 掌握数字信号与模拟信号的特点。
(2) 熟悉数字电路的特点与分类。
(3) 掌握不同数制及转换,掌握一些常用编码。
(4) 掌握基本逻辑关系及集成门电路。
(5) 掌握逻辑函数的表示方法及相互间的转化。
(6) 掌握逻辑函数的公式和卡诺图化简法。
2. 技能目标
(1) 能识别数字信号与模拟信号。
(2) 能测量调节数字信号的各个参数。

生活提点

由于自然界中的各种信号,例如光、电、声、振动、压力、温度等在时间和幅度上通常都是连续的模拟信号,因此传统上对信号的处理大都采用模拟信号处理系统(或电路)。随着人们对信号处理的要求日益增多,以及模拟信号处理系统中存在一些无法克服的缺点,所以对信号的许多处理转而采用数字方法来进行。近年来大规模集成电路和计算机技术的进步,使得信号的数字处理技术得到了飞速发展。数字信号处理系统在性能、可靠性、体积、耗电量、成本等诸多方面都比模拟信号处理系统优越,因而许多以往采用的模拟信号处理系统被数字信号处理系统所代替。其广泛应用于通信、计算机网络、雷达、自动控制、地球物理学、声学、天文学、生物医学、消费类电子产品等国民经济的各个领域中,并已成为信息产业的核心技术之一。比如平时用到的手机、计算机等产品,均是基于数字信号处理系统上的数字化产品,数显电容计中用到的也都是各种集成数字电路。

 项目任务

项目目标：使用信号发生器观察数字信号与模拟信号。

项目要求：通过示波器来检测各数字信号的幅度、周期、脉冲宽度及占空比。

项目提示：图 8.1 所示为信号发生器输出的模拟信号及数字信号截图。

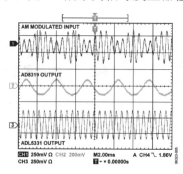
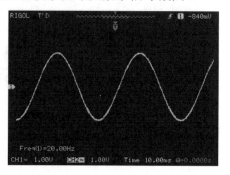

(a) 模拟信号截图

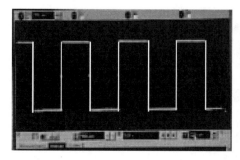
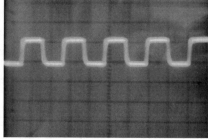

(b) 数字信号截图

图 8.1 模拟信号及数字信号截图

接下来通过信号发生器和示波器测试数字信号。

项目测试器件清单见表 8-1。

表 8-1 项目测试器件清单

序 号	名 称	规 格	数 量
1	信号发生器	—	1
2	示波器	—	1

测试步骤如下。

① 将信号发生器的输出端与示波器的输入端正确相连。

② 接通信号发生器和示波器的电源，将信号发生器的波形选择开关打在"⎍"挡，衰减开关打在"40dB"挡，频率选择开关打在"1k"挡，信号输出频率设为1kHz，通过信号发生器显示屏观察并旋转电平调节旋钮使得输出幅值为100mV，依次将电平输出幅值调至 50mV、20mV、10mV、5mV，观察示波器输出并绘制输出波形。

③ 将信号发生器的信号输出频率依次调至 100Hz、10kHz、1MHz，观察波形变化。

通过上述测试，初步了解一下数字信号，接下来进一步了解数字信号的特性及应用。

项目 8 数字电路基础

项目实施

8.1 模拟与数字信号的认知

【认识数字电路】

8.1.1 模拟信号与数字信号

1. 模拟(analog)信号

模拟信号是指在时间和数值上都是连续变化的信号，如温度、速度、压力等。传输和处理模拟信号的电路称为模拟电路。模拟信号的优点是直观且容易实现，但存在保密性差、抗干扰能力弱、传播距离短、传递容量小等缺点。模拟信号波形如图 8.2 所示。

2. 数字(digital)信号

数字信号是指在时间和数值上都是不连续的(离散的)信号，如电子表的秒信号，计算机 CPU 处理的信号等。下面以周期性的矩形波信号为例来介绍数字信号的特性。

(1) 数字信号的特点

数字信号在电路中常表现为突变的电压或电流，二进制数字信号如图 8.3 所示，信号电平只存在高低之分。由于二进制数字信号抗干扰能力强，易于编码，故该信号广泛应用于当前的数字信号处理系统中，后面内容研究的主要就是该种信号。

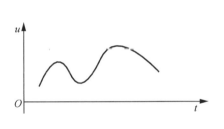

图 8.2 模拟信号波形

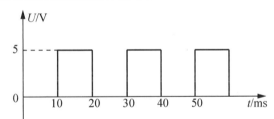

图 8.3 二进制数字信号

(2) 二进制数字信号的正逻辑与负逻辑

二进制数字信号是一种二值信号，用两个电平(高电平和低电平)分别表示两个逻辑值(逻辑 1 和逻辑 0)。描述数字信号有两种逻辑体制。

正逻辑体制规定：高电平为逻辑 1，低电平为逻辑 0。

负逻辑体制规定：低电平为逻辑 1，高电平为逻辑 0。

如果采用正逻辑，图 8.3 所示的数字电压信号就变为图 8.4 所示的逻辑值，这是常用的逻辑体制。

(3) 数字信号的主要参数

一个理想的周期性数字信号，如图 8.5 所示，可用以下几个参数来描述。

U_m——信号幅度。

T——信号的重复周期。

t_w——脉冲宽度。

D——占空比。其定义为 $D(\%) = \dfrac{t_w}{T} \times 100\%$

其中占空比 D 若为 50%，则该矩形波为方波。

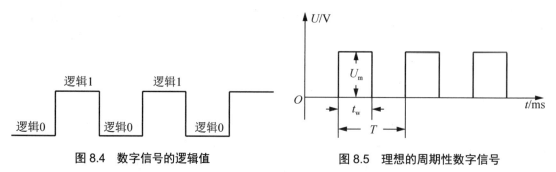

图 8.4　数字信号的逻辑值　　　　　　图 8.5　理想的周期性数字信号

3. 模拟信号与数字信号之间的相互转换

在合适的条件下，要实现模拟信号和数字信号的相互转换，就要用到 A/D 和 D/A 转换器，其中 A 代表模拟量，D 代表数字量，转换原理及应用电路将在项目 13 中作详细介绍。

8.1.2　数字集成电路

对模拟信号进行传输、处理的电子线路称为模拟集成电路。对数字信号进行传输、处理的电子线路称为数字集成电路。

1. 数字集成电路的发展

20 世纪 70 年代为分立元件集成时代(集成度为数千晶体管)，20 世纪 80 年代为功能电路及模块集成时代(集成度达数十万晶体管)，20 世纪 90 年代进入以片上系统 SoC(System on Chip)为代表的包括软件、硬件等许多功能全部集成在一个芯片内的系统——芯片时代(集成度达数百万晶体管)。蓬勃兴起的纳米技术，进一步扩大了集成电路的规模，其单位平方厘米的面积上可以集成几亿个晶体管，集成规模的提高不仅缩小了系统的体积，降低了系统的功耗与成本，而且大大地提高了数字系统的可靠性。

2. 数字集成电路的研究

① 在数字集成电路中，研究的主要问题是电路的逻辑功能，即输入信号和输出信号状态之间的关系。

② 数字集成电路对其组成的元器件的精度要求不高，只要在工作时能够可靠地区分 0 和 1 两种状态即可。

3. 数字集成电路的分类

① 按集成度可分为小规模(SSI，每片 10～100 个器件)、中规模(MSI，每片 100～1000 个器件)、大规模(LSI，每片 1000～10000 个器件)和超大规模(VLSI，每片器件数目大于 10000 个)四类。

② 按应用的角度可分为通用型和专用型两类。

③ 按所用器件制作工艺可分为双极型(TTL 型)和单极型(MOS 型)两类。

④ 按电路的结构和工作原理的不同可分为组合逻辑电路和时序逻辑电路两类。组合逻辑电路没有记忆功能，其输出信号只与当时的输入信号有关，而与电路以前的状态无关。时序逻辑电路具有记忆功能，其输出信号不仅和当时的输入信号有关，而且还与电路以前的状态有关。

拓展讨论

党的二十大报告指出：完善科技创新体系。坚持创新在我国现代化建设全局中的核心地位。深化科技体制改革，深化科技评价改革，加大多元化科技投入，加强知识产权法治保障，形成支持全面创新的基础制度。培育创新文化，弘扬科学家精神，涵养优良学风，营造创新氛围。扩大国际科技交流合作，加强国际化科研环境建设，形成具有全球竞争力的开放创新生态。

1. 同学们可以通过互联网来了解一下我国集成电路的发展历程，并思考一下我国国产芯片和国外芯片在制程工艺上还有哪些差距？制造设备有哪些区别？各有什么优势？我们在其中做些什么？

2. 今后五年，我国集成电路产业将在哪些领域扮演重要的角色，对此国家制定了哪些政策以支持集成电路产业的发展？

3. 结合国家的发展规划，思考一下我们今后如何在工作岗位上实现创新。

8.1.3 数制转换

1. 几种常用的计数体制

日常生活中最常使用的是十进制(如 563)，但在数字系统特别是计算机中，多数采用二进制、十六进制，有时也采用八进制的计数方式。无论何种计数体制，任何一个数都是由整数和小数两部分组成的。

(1) 十进制

① 例如十进制数 576 可以表示为$(576)_{10}$，当所表示的数据是十进制时，可以无须加标注。

② 特点如下。

a. 由十个不同的数码 0、1、2、…、9 和一个小数点组成。

b. 采用"逢十进一"的运算规则。

例如 $(213.71)_{10}=2×10^2+1×10^1+3×10^0+7×10^{-1}+1×10^{-2}$，其中 10^2、10^1、10^0、10^{-1}、10^{-2} 称为权或位权，0~9 这十个整数称为系数。

在实际的数字电路中采用十进制十分不便，因为十进制有十个数码，要想严格地区分开必须有十个不同的电路状态与之相对应，这在技术上实现起来比较困难。因此在实际的数字电路中一般是不直接采用十进制的。

(2) 二进制

① 例如二进制数 101.01 可以表示为$(101.01)_2$。

② 特点如下。

a. 由两个不同的数码 0、1 和一个小数点组成。

b. 采用"逢二进一、借一当二"的运算规则。

(3) 八进制

① 例如八进制数 107.4 可以表示为 $(107.4)_8$。

② 特点如下。

a. 由八个不同的数码 0、1、2、3、4、5、6、7 和一个小数点组成。

b. 采用"逢八进一、借一当八"的运算规则。

(4) 十六进制

① 例如十六进制数 2A5 可以表示为 $(2A5)_{16}$。

② 特点如下。

a. 由十六个不同的数码 0、1、2、…、9、A、B、C、D、E、F 和一个小数点组成，其中 A～F 分别代表十进制数 10～15。

b. 采用"逢十六进一、借一当十六"的运算规则。

2. 数制转换

十进制符合人们的计数习惯且表示数字位数也较少。二进制适合计算机和数字系统用于内部的数据处理。八进制和十六进制主要用于编写程序，且容易与二进制进行转换。那么在实际工作中，如何进行各种计数体制之间的转换呢？

(1) 其他进制转换为十进制

法则：加权系数求和。

① 二进制转换为十进制。

二进制转换为十进制时只要进行二进制的加权系数求和，便可得到等值的十进制。

例 1　将二进制数 $(101.01)_2$ 转换为十进制数。

解：$(101.01)_2 = 1 \times 2^2 + 0 \times 2^1 + 1 \times 2^0 + 0 \times 2^{-1} + 1 \times 2^{-2} = (5.25)_{10}$

其中 2^2、2^1、2^0、2^{-1}、2^{-2} 为权，2 为其计数基数。

尽管一个数用二进制表示要比用十进制表示位数多得多，但因二进制只有 0、1 两个数码，所以适合数字电路状态的表示，例如用二极管的开和关表示 0 和 1、用晶体管的截止和导通表示 0 和 1，电路实现起来比较容易。

② 八进制转换为十进制。

八进制转换为十进制时只要写出八进制的按权展开式，然后将各项数值按十进制运算法则相加，就可得到等值的十进制。

例 2　将八进制数 $(107.4)_8$ 转换为十进制数。

解：$(107.4)_8 = 1 \times 8^2 + 0 \times 8^1 + 7 \times 8^0 + 4 \times 8^{-1} = (71.5)_{10}$

其中 8^2、8^1、8^0、8^{-1} 为权，8 为其计数基数，0～7 这八个整数为系数。

③ 十六进制转换为十进制。

十六进制转换为十进制时只要写出十六进制的按权展开式，然后将各项数值按十进制运算法则相加，就可得到等值的十进制。

例 3　将十六进制数 $(BA3.C)_{16}$ 转换为十进制数。

解：$(BA3.C)_{16} = B \times 16^2 + A \times 16^1 + 3 \times 16^0 + C \times 16^{-1}$

$\qquad\qquad = 11 \times 16^2 + 10 \times 16^1 + 3 \times 16^0 + 12 \times 16^{-1}$

$\qquad\qquad = (2979.75)_{10}$

其中 16^2、16^1、16^0、16^{-1} 为权，16 为其计数基数，0～9 十个整数和 A～F 六个字母为系数。

(2) 十进制转换为各进制

法则：整数部分除基逆序取余；小数部分乘基顺序取整。

十进制转换为二进制分为整数部分转换和小数部分转换，转换后再合并。其他各进制转换方式与之相同。

下面以十进制数 $(35.325)_{10}$ 转换为二进制数为例，叙述转换过程。

① 小数部分转换——乘 2 取整法。

基本思想：将小数部分不断地乘 2 取整数，直到达到一定的精确度。

将十进制数 $(35.325)_{10}$ 的小数 0.325 转换为二进制数的小数可表示如下。

$$0.325 \times 2 = 0.65$$
$$0.65 \times 2 = 1.30$$
$$0.3 \times 2 = 0.6$$
$$0.6 \times 2 = 1.2$$

可见小数部分乘 2 取整的过程不一定要使最后的乘积为零，这时可以按一定的精度要求求近似值。本题中精确到小数点后 4 位，则 $(0.325)_{10} = (0.0101)_2$。

② 整数部分转换——除 2 取余法。

基本思想：将整数部分不断地除 2 取余数，直到商为零。

```
2 | 35   …余1…K₀=1   低位
2 | 17   …余1…K₁=1
2 |  8   …余0…K₂=0
2 |  4   …余0…K₃=0
2 |  2   …余0…K₄=0
2 |  1   …余1…K₅=1   高位
    0
```

将十进制数 $(35.325)_{10}$ 的整数 35 转换为二进制数的整数可表示如下。

$$(35)_{10} = (100011)_2$$

最后结果为：$(35.325)_{10} = (100011.0101)_2$

(3) 二进制与八进制、十六进制之间的转换

① 二进制与八进制转换。

二进制转换为八进制的方法是从小数点开始，分别向左、向右将二进制按每 3 位一组分组(不足 3 位的补 0)，然后写出每一组等值的八进制即可。

例 4 将二进制数 $(11001.110101)_2$ 转换为八进制数。

解：$(011\ 001.110\ 101)_2 = (31.65)_8$

② 二进制与十六进制转换。

二进制转换为十六进制的方法是从小数点开始，分别向左、向右将二进制按每 4 位一组分组(不足 4 位的补 0)，然后写出每一组等值的十六进制即可。

例 5 将二进制数 $(11001.110101)_2$ 转换为十六进制数。

解：$(0001\ 1001.1101\ 0100)_2 = (19.D4)_{16}$

(4) 八进制与十六进制之间的转换

八进制与十六进制之间的转换可以通过二进制作中介。上述几种进制之间的对应关系如表 8-2 所示。

表 8-2 几种进制之间的对应关系

十进制数	二进制数	八进制数	十六进制数
0	0000	0	0
1	0001	1	1
2	0010	2	2
3	0011	3	3
4	0100	4	4
5	0101	5	5
6	0110	6	6
7	0111	7	7
8	1000	10	8
9	1001	11	9
10	1010	12	A
11	1011	13	B
12	1100	14	C
13	1101	15	D
14	1110	16	E
15	1111	17	F

8.1.4 常用编码

数字系统只能识别 0 和 1 两种不同状态的二进制数。实际传递和处理信息的过程很复杂，因此为了能使二进制数表示更多、更复杂的信息，通常把 0、1 按一定的规律编制在一起，这个过程称为编码。

最常见的编码为二-十进制代码。所谓二-十进制代码是用 4 位二进制数表示 1 位十进制数中的 0～9 这十个数码，也称 BCD 码。

常见的 BCD 码有 8421 码、格雷(Gray)码、余 3 码、ASCII 码等编码。

1. 8421 码

8421 码是最常用的 BCD 码，为有权码，各位的权从左到右为 8、4、2、1。在 8421 码中利用 4 位二进制数的十六种组合 0000～1111 中的前十种组合 0000～1001 代表十进制数的 0～9，后六种组合 1010～1111 为无效码。

例 6 把十进制数 $(78)_{10}$ 表示为 8421 码的形式。

解：$(78)_{10} = (0111\ 1000)_{8421}$

2. 格雷码

格雷码最基本的特性是任何相邻的代码间仅有一位数码不同。在信息传输过程中，若计数电路按格雷码计数，则每次状态更新时仅有一位数码发生变化，因此减少了出错的可能性。格雷码为无权码，如表 8-3 所示。该种编码方式也是逻辑函数卡诺图化简法的依据。

表 8-3 格雷码

两位格雷码	三位格雷码	四位格雷码
0　0	0　0　0	0　0　0　0
0　1	0　0　1	0　0　0　1
1　1	0　1　1	0　0　1　1
1　0	0　1　0	0　0　1　0
	1　1　0	0　1　1　0
	1　1　1	0　1　1　1
	1　0　1	0　1　0　1
	1　0　0	0　1　0　0
		1　1　0　0
		1　1　0　1
		1　1　1　1
		1　1　1　0
		1　0　1　0
		1　0　1　1
		1　0　0　1
		1　0　0　0

3. 余 3 码

余 3 码是将 8421 码的每组代码加上 0011(十进制数 3)，比它所代表的十进制数多 3，因此称为余 3 码。余 3 码的另一特性是 0 与 9、1 和 8 等互为反码。

4. ASCII 码(美国信息交换标准代码)

通常，人们可以通过键盘上的字母、符号和数值向计算机发送数据和指令，每个键符可以用一个二进制代码表示，这种代码就是 ASCII 码。它是用 7 位二进制代码表示的。如键盘上的 A~Z 表示 41H~5AH，a~z 表示 61H~7AH，0~9 表示 30H~39H。

一般在计算机编程语言中都是将各种进制转换成十六进制进行描述。

8.2　逻辑函数的认知

在数学中，一个函数是用来描述每个输入值与唯一输出值的对应关系。表达式用 $y=f(x)$ 表示，其中 x 为自变量，y 为因变量。包含某个函数所有的输入值的集合被称作这个函数的定义域，包含所有的输出值的集合被称作值域。而逻辑函数是按一定逻辑规律进行运算的代数，用表达式 $Y=F(A，B，C)$ 表示。其中 A，B，C 为输入逻辑变量，取值是 0 或 1，F 为输出逻辑变量，取值是 0 或 1。构成逻辑函数的最基本逻辑关系为与、或和非。下面学习一下逻辑关系。

8.2.1 逻辑关系

1. 与逻辑及与门电路

与逻辑——只有当决定一件事情的条件全部具备之后，这件事情才会发生，把这种因果关系称为与逻辑。与门电路及逻辑符号如图 8.6 所示，与门电路的真值表可用表 8-4 表示。

表 8-4 与门电路的真值表

A	B	Y
0	0	0
0	1	0
1	0	0
1	1	1

若用逻辑函数表达式来描述，则可写为 $Y = AB$。

74LS08 为四二输入与门，引脚分布如图 8.7 所示。

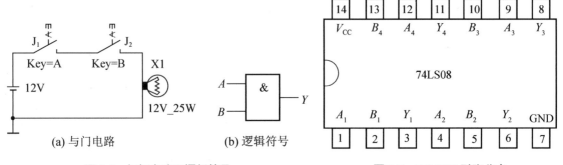

图 8.6 与门电路及逻辑符号　　　图 8.7 74LS08 引脚分布

2. 或逻辑及或门电路

或逻辑——当决定一件事情的几个条件中，只要有一个或一个以上条件具备，这件事情就会发生，把这种因果关系称为或逻辑。或门电路及逻辑符号如图 8.8 所示，或门电路的真值表可用表 8-5 表示。

表 8-5 或门电路的真值表

A	B	Y
0	0	0
0	1	1
1	0	1
1	1	1

若用逻辑函数表达式来描述，则可写为 $Y=A+B$。

74LS32 为四二输入或门，引脚分布如图 8.9 所示。

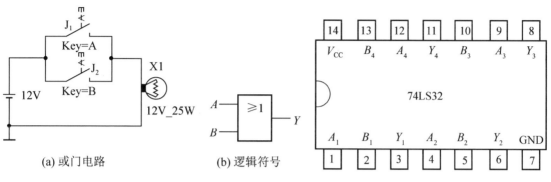

图 8.8 或门电路及逻辑符号　　　　　图 8.9 74LS32 引脚分布

3. 非逻辑及非门电路

非逻辑——某件事情发生与否，仅取决于一个条件，而且是对该条件的否定，即条件具备时事情不发生，条件不具备时事情才发生。非门电路及逻辑符号如图 8.10 所示，非门电路的真值表可用表 8-6 表示。

表 8-6　非门电路的真值表

A	Y
0	1
1	0

若用逻辑函数表达式来描述，则可写为 $Y = \overline{A}$。

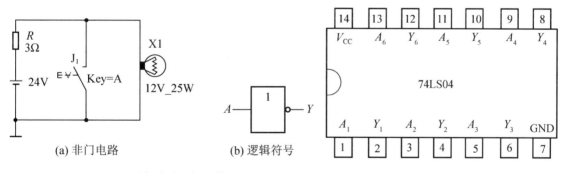

图 8.10 非门电路及逻辑符号　　　　　图 8.11 74LS04 引脚分布

常用的集成逻辑非门有 74LS04(六非门，引脚分布如图 8.11 所示)、74LS06、CD4069 等。

在实际应用中，可利用与门、或门和非门之间的不同组合构成复合门电路，完成复合逻辑运算。常见的复合门电路有与非门、或非门、与或非门、异或门和同或门电路等。

8.2.2　逻辑函数基本定律

根据上述逻辑变量和逻辑运算的基本定义，可得出逻辑函数的基本定律，见表 8-7。

表 8-7 逻辑函数的基本定律

0-1 律	重 叠 律	互 补 律	交 换 律	结 合 律	分 配 律	否 定 律
$0+A=A$	$A+A=A$	$A+\bar{A}=1$	$A+B=B+A$	$A+(B+C)=(A+B)+C$	$A(B+C)=AB+AC$	$\bar{\bar{A}}=A$
$0 \cdot A=0$	$AA=A$	$A\bar{A}=0$	$AB=BA$	$A(BC)=(AB)C$	$A+BC=(A+B)(A+C)$	
$1+A=1$						
$1 \cdot A=A$						

摩根定律:
$$\overline{A+B+C} = \overline{A}\overline{B}\overline{C} \tag{8.1}$$
$$\overline{ABC} = \bar{A}+\bar{B}+\bar{C} \tag{8.2}$$

【逻辑运算】

8.3 逻辑函数的化简

在传统的设计方法中,通常以与或表达式定义最简表达式,其标准是表达式中的项数最少,每项含的变量也最少。这样用逻辑电路去实现时,用的逻辑门最少,每个逻辑门的输入端也最少。另外还可提高逻辑电路的可靠性和速度。

逻辑函数的化简方法有多种,最常用的方法是公式化简法和卡诺图化简法。

8.3.1 逻辑函数的公式化简法

公式化简法就是利用逻辑函数的基本公式和规则对给定的逻辑函数表达式进行化简。常用的公式化简法有吸收法、消去法、并项法、配项法。

① 利用公式 $A+AB=A$,吸收多余的与项进行化简。
$$Y=\bar{A}+\bar{A}BC+\bar{A}BD+\bar{A}E=\bar{A}(1+BC+BD+E)=\bar{A}$$

② 利用公式 $A+\bar{A}B=A+B$,消去与项中多余的因子进行化简。
$$Y=A+\bar{A}B+\bar{B}C+\bar{C}D=A+B+\bar{B}C+\bar{C}D$$
$$=A+B+C+\bar{C}D=A+B+C+D$$

③ 利用公式 $A+\bar{A}=1$,把两项并成一项进行化简。
$$Y=A\overline{BC}+AB+A(\overline{\overline{BC}+B})$$
$$=A(\overline{BC}+B+\overline{\overline{BC}+B})=A$$

④ 有时对逻辑函数表达式进行化简,可以几种方法并用,综合考虑。
$$Y = \bar{A}BC+AB\bar{C}+A\bar{B}C+ABC$$
$$=\bar{A}BC+ABC+AB\bar{C}+ABC+A\bar{B}C+ABC$$
$$=AB(C+\bar{C})+AC(B+\bar{B})+BC(A+\bar{A})=AB+AC+BC$$

8.3.2 逻辑函数的卡诺图化简法

1. 最小项和最小项表达式

(1) 最小项

如果一个具有 n 个变量的逻辑函数的"与项"包含全部 n 个变量，每个变量以原变量或反变量的形式出现，且仅出现一次，则这种"与项"被称为最小项。

对两个变量 A、B 来说，可构成四个最小项 $\overline{A}\overline{B}$、$\overline{A}B$、$A\overline{B}$、AB。对三个变量 A、B、C 来说，可构成八个最小项 $\overline{A}\overline{B}\overline{C}$、$\overline{A}\overline{B}C$、$\overline{A}B\overline{C}$、$\overline{A}BC$、$A\overline{B}\overline{C}$、$A\overline{B}C$、$AB\overline{C}$、$ABC$。同理，对 n 个变量来说，可构成 2^n 个最小项。

最小项通常用符号 m_i 表示，i 是最小项的编号，是一个十进制数。确定 i 的方法是：首先将最小项中的变量按顺序排列好，然后将最小项中的原变量用 1 表示，反变量用 0 表示，这时最小项表示的二进制数对应的十进制数就是该最小项的编号。例如，对三个变量的最小项来说，ABC 的编号是 7，符号用 m_7 表示；$A\overline{B}C$ 的编号是 5，符号用 m_5 表示。

(2) 最小项表达式

如果一个逻辑函数表达式是由最小项构成的与或式，则这个表达式称为逻辑函数的最小项表达式，也叫标准与或式。例如 $Y=\overline{A}BC\overline{D}+AB\overline{C}\overline{D}+ABCD$ 是四个变量逻辑函数的最小项表达式。对一个最小项表达式可以采用简写的方式，例如

$$Y = F(A,B,C) = \overline{A}B\overline{C} + A\overline{B}C + ABC = m_2 + m_5 + m_7 = \sum\nolimits_m(2,5,7)$$

要写出一个逻辑函数的最小项表达式，可以有多种方法，但最简单的方法是先给出逻辑函数的真值表，将真值表中能使逻辑函数取值为 1 的各个最小项相或就可以了。

例 7 已知三个变量逻辑函数 $Y=AB+BC+AC$，试写出 Y 的最小项表达式。

解：首先画出 Y 的真值表，见表 8-8，将表中能使 Y 为 1 的最小项相或可得下式

$$Y = \overline{A}BC + A\overline{B}C + AB\overline{C} + ABC$$

表 8-8　Y 的真值表

A	B	C	Y=AB+BC+AC
0	0	0	0
0	0	1	0
0	1	0	0
0	1	1	1
1	0	0	0
1	0	1	1
1	1	0	1
1	1	1	1

2. 卡诺图

卡诺图是按相邻性原则排列起来的最小项方格图。变量的个数不同，卡诺图中方格数量也不同，若函数有 n 个变量，则卡诺图中就有 2^n 个小方格，每个小方格表示一个最小项。

相邻性原则是，卡诺图中相邻的两个小方格代表的最小项只有一个因子互反，其余都相同，即相邻变量取值符合格雷码排列。按照上述原则，下面介绍二变量～四变量卡诺图的画法。

① 二变量卡诺图。设变量为 A、B，因为有两个变量，对应四个最小项，所以卡诺图应有四个小方格。图 8.12 所示为二变量卡诺图，由图 8.12(a)可以看出小方格代表的最小项由方格外面行变量和列变量的取值形式决定，若原变量用 1 表示，反变量用 0 表示，则行、列变量取值对应的十进制数为该最小项的编号，图 8.12(a)也可表示为图 8.12(b)的形式。

A\\B	$\bar{B}$	B
$\bar{A}$	$\bar{A}\bar{B}$	$\bar{A}B$
A	$A\bar{B}$	AB

A\\B	0	1
0	m_0	m_1
1	m_2	m_3

(a) 变量以原变量、反变量形式表示　　(b) 变量以0、1形式表示

图 8.12　二变量卡诺图

② 三变量卡诺图。设变量为 A、B、C，共有 $2^3=8$ 个最小项，按照卡诺图的构成原则，可得如图 8.13 所示的三变量卡诺图。

A\\BC	$\bar{B}\bar{C}$	$\bar{B}C$	BC	$B\bar{C}$
$\bar{A}$	$\bar{A}\bar{B}\bar{C}$	$\bar{A}\bar{B}C$	$\bar{A}BC$	$\bar{A}B\bar{C}$
A	$A\bar{B}\bar{C}$	$A\bar{B}C$	ABC	$AB\bar{C}$

A\\BC	00	01	11	10
0	m_0	m_1	m_3	m_2
1	m_4	m_5	m_7	m_6

(a) 变量以原变量、反变量形式表示　　(b) 变量以0、1形式表示

图 8.13　三变量卡诺图

③ 四变量卡诺图。设变量为 A、B、C、D，共有 $2^4=16$ 个最小项，同理可得如图 8.14 所示的四变量卡诺图。

AB\\CD	$\bar{C}\bar{D}$	$\bar{C}D$	CD	$C\bar{D}$
$\bar{A}\bar{B}$	$\bar{A}\bar{B}\bar{C}\bar{D}$	$\bar{A}\bar{B}\bar{C}D$	$\bar{A}\bar{B}CD$	$\bar{A}\bar{B}C\bar{D}$
$\bar{A}B$	$\bar{A}B\bar{C}\bar{D}$	$\bar{A}B\bar{C}D$	$\bar{A}BCD$	$\bar{A}BC\bar{D}$
AB	$AB\bar{C}\bar{D}$	$AB\bar{C}D$	$ABCD$	$ABC\bar{D}$
$A\bar{B}$	$A\bar{B}\bar{C}\bar{D}$	$A\bar{B}\bar{C}D$	$A\bar{B}CD$	$A\bar{B}C\bar{D}$

AB\\CD	00	01	11	10
00	m_0	m_1	m_3	m_2
01	m_4	m_5	m_7	m_6
11	m_{12}	m_{13}	m_{15}	m_{14}
10	m_8	m_9	m_{11}	m_{10}

(a) 变量以原变量、反变量形式表示　　(b) 变量以0、1形式表示

图 8.14　四变量卡诺图

3. 用卡诺图表示逻辑函数

既然任何一个逻辑函数都可以写成最小项表达式，而卡诺图中的每一个小方格都代表逻辑函数的一个最小项，因此可以用卡诺图表示逻辑函数。具体的做法如下。

① 根据逻辑函数变量的个数，画出相应变量的卡诺图。
② 将逻辑函数写成最小项表达式。
③ 在逻辑函数包含的最小项对应的方格中填入 1，其余的填入 0 或空着。

这种用卡诺图表示逻辑函数的过程，也称为将逻辑函数"写入"卡诺图中。

例 8 请用卡诺图表示逻辑函数 $Y = AB + A\overline{C}$。

解：函数 Y 有三个变量，画出三变量卡诺图。将 Y 写成最小项表达式

$$Y = AB + A\overline{C} = AB(C+\overline{C}) + A(B+\overline{B})\overline{C}$$
$$= ABC + AB\overline{C} + AB\overline{C} + A\overline{B}\overline{C}$$
$$= ABC + AB\overline{C} + A\overline{B}\overline{C}$$
$$= m_7 + m_6 + m_4$$

在逻辑函数包含的三个最小项 m_4、m_6、m_7 对应的方格中填入 1，其余的空着，如图 8.15 所示。

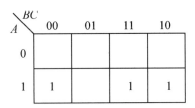

图 8.15　例 8 卡诺图

4. 化简

卡诺图化简的依据是其中的小方格按相邻性原则排列的，可以利用公式 $AB + A\overline{B} = A$ 消去互反因子，保留相同的变量，达到化简的目的。两个相邻的最小项合并可以消去一个变量，四个相邻的最小项合并可以消去两个变量，八个相邻的最小项合并可以消去三个变量，2^n 个相邻的最小项合并可以消去 n 个变量。

利用卡诺图化简逻辑函数，关键是确定能合并哪些最小项，将可以合并的最小项用一个圈圈起来，这个圈称为卡诺圈，画卡诺圈应注意以下几点。

① 卡诺圈中包含的"1"格越多越好，但个数必须为 $2^n(n=0，1，2，\cdots)$ 个。
② 卡诺圈的个数越少越好。
③ 一个"1"格可以被多个卡诺圈共用，但每个卡诺圈中至少要有一个"1"格没有被其他卡诺圈用过。
④ 不能漏掉任何一个"1"格。

用卡诺图化简逻辑函数的方法如下。

① 用卡诺图表示逻辑函数。
② 将相邻的"1"格用卡诺圈圈起来，合并相邻的最小项。

③ 从卡诺图中"读出"最简式。

下面举例说明化简的过程。

例9 请用卡诺图化简逻辑函数 $F(A,B,C) = \sum_m(0,1,3,5)$。

解：(1) 画出三变量卡诺图，并用卡诺图表示逻辑函数 F。

(2) 将相邻的"1"格用卡诺圈圈起来，如图 8.16 所示，合并相邻的最小项。

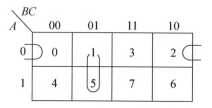

图 8.16　例 9 卡诺图

$$m_1 + m_5 = \overline{A}\overline{B}C + A\overline{B}C = \overline{B}C$$
$$m_0 + m_2 = \overline{A}\overline{B}\overline{C} + \overline{A}B\overline{C} = \overline{A}\overline{C}$$

(3) 从卡诺图中"读出"最简式，即将每个卡诺圈的合并结果逻辑相加，得到逻辑函数的最简与或表达式。

$$F(A,B,C) = \overline{A}\,\overline{C} + \overline{B}C$$

在熟练掌握卡诺图的化简方法之后，第(2)步可直接写出合并结果，即每个卡诺圈行变量和列变量取值相同的，表达式为两者合并的结果。

5. 具有无关项的逻辑函数的化简

在前面讨论的逻辑函数中，变量的每一组取值都有一个确定的函数值与之相对应，而在某些情况下，有些变量的取值是不允许出现或不会出现，或某些变量的取值不影响电路的逻辑功能，上述这些变量组合对应的最小项称为约束项或任意项，约束项或任意项统称为无关项，具有无关项的逻辑函数称为有约束条件的逻辑函数。例如十字路口的信号，A、B、C 分别表示红灯、绿灯和黄灯，1 表示灯亮，0 表示灯灭，正常工作时只能有一个灯亮，所以变量的取值只能为

A	B	C
0	0	1
0	1	0
1	0	0

其余几种变量组合 000，011，101，110，111 是不允许出现的，对应的最小项 $\overline{A}\,\overline{B}\,\overline{C}$, $\overline{A}BC$, $A\overline{B}C$, $AB\overline{C}$, ABC 则为无关项。此时有约束条件的逻辑函数的表示形式为

$$\overline{A}\,\overline{B}\,\overline{C} + \overline{A}BC + A\overline{B}C + AB\overline{C} + ABC = 0$$

即

$$m_0 + m_3 + m_5 + m_6 + m_7 = 0$$

对于有约束条件的逻辑函数 $F(A,B,C,D)$ 的表示形式有两种，一种为

$$F(A,B,C,D) = \sum_m(0,1,5,9,13) + \sum_d(2,7,10,15)$$

其中 $\sum_m$ 部分为使函数取值为 1 的最小项，$\sum_d$ 为无关项。

另一种为
$$F(A,B,C,D) = \sum\nolimits_m (0,1,5,9,13)$$
$$\sum\nolimits_d (2,7,10,15) = 0$$

因为无关项不会出现或对函数值没有影响，所以其取值可以为 0，也可以为 1，在化简时可以充分利用这一特点，使化简的结果更为简单。在卡诺图中无关项对应的小方格通常用"$\times$"表示。

例 10　请用卡诺图化简下述逻辑函数。

解：$F(A,B,C,D) = \sum\nolimits_m (0,1,2,5,9) + \sum\nolimits_d (3,6,8,11,13)$

(1) 画出四变量卡诺图，将函数写入卡诺图中。

(2) 合并相邻的最小项。考虑约束条件时，用两个卡诺圈将相邻的"1"格圈起来，圈到的无关项作"1"格使用，如图 8.17(a)所示，化简结果为
$$Y = \overline{AB} + \overline{CD}$$

若不考虑约束条件，则需要三个卡诺圈，如图 8.17(b)所示，化简结果为
$$Y = \overline{ABD} + \overline{ACD} + \overline{BCD}$$

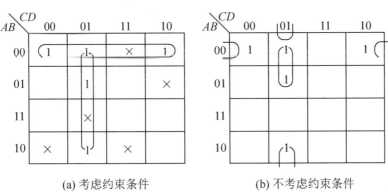

(a) 考虑约束条件　　　　(b) 不考虑约束条件

图 8.17　例 10 卡诺图

利用无关项化简逻辑函数时应注意，需要的无关项当作"1"格处理，不需要的应丢掉。

项 目 小 结

1. 数字信号的参数有信号幅度、周期、脉冲宽度及占空比。
2. 各进制与十进制的转换原则：各位加权系数求和。
3. 十进制与各进制的转换原则：整数部分除基逆序取余，小数部分乘基顺序取整。
4. 二进制、八进制与十六进制间的互换。
5. 逻辑函数是一种描述事物逻辑关系的数学方法，逻辑变量的取值只有 0、1 两种可能，且它们只表示两种不同的逻辑状态，而不表示具体的大小。最基本的逻辑关系有三种，"与""或""非"，将其分别组合可得到"与非""或非""与或非""异或"等复合逻辑关系。逻辑函数的表示方法有逻辑函数表达式、真值表等，每种表示方法都各有特点，且可以相互转换。

6. 逻辑函数的化简有公式化简法和卡诺图化简法,公式化简法是利用逻辑函数的基本定律和规则对逻辑函数进行化简,这种方法不受任何条件的限制,适用于各种复杂的逻辑函数,但没有固定的步骤可循,需要熟练地运用基本定律、规则并具有一定的运算技巧。卡诺图化简法简单、直观、容易掌握,有一定的规律可循,但当变量个数太多时卡诺图就较复杂,将失去简单、直观的优点,所以卡诺图化简法不适合化简变量个数太多的逻辑函数。

习　题

一、计算题

8.1　数制转换。

$(1100101)_2 = ($ 　　　$)_{10}$　$(1001.0011)_2 = ($ 　　　$)_{10}$　$(537)_8 = ($ 　　　$)_{10}$

$(3A1)_{16} = ($ 　　　$)_{10}$　$(0101\ 0110.1000\ 0101)_{8421} = ($ 　　　$)_{10}$

$(326)_{10} = ($ 　　　$)_2 = ($ 　　　$)_8 = ($ 　　　$)_{16} = ($ 　　　$)_{8421}$

$(1726)_{10} = ($ 　　　$)_2 = ($ 　　　$)_8 = ($ 　　　$)_{16} = ($ 　　　$)_{8421}$

8.2　试列出下列两个逻辑函数表达式的真值表。

① $Y_1 = A\overline{B} + \overline{A}B$。② $Y_2 = \overline{AB} + C$。

8.3　已知逻辑函数的真值表如表 8-9 所示,请写出这个逻辑函数的表达式。

表 8-9　逻辑函数的真值表

A	B	C	Y
0	0	0	0
0	0	1	1
0	1	0	1
0	1	1	0
1	0	0	1
1	0	1	0
1	1	0	0
1	1	1	1

8.4　请用公式化简法化简下列表达式。

(1) $Y = A\overline{B} + D + DCE + D\overline{A}$

(2) $Y = ABC + A\overline{B}C + AB\overline{C}$

(3) $Y = A + \overline{A}B$

(4) $Y = \overline{AC} + \overline{AB} + BC + \overline{ACD}$

(5) $Y = AB + BCD + \overline{A}C + \overline{B}C$

(6) $Y = \overline{A} + \overline{B} + \overline{C} + \overline{D} + ABCD$

8.5 试将下列逻辑函数展开成最小项表达式。

(1) $F(A,B,C) = \overline{A} + BC$

(2) $F(A,B,C,D) = A\overline{C} + \overline{B}CD + \overline{\overline{A}BD}$

8.6 请用卡诺图化简法将下列逻辑函数化简为最简与或式。

(1) $Y=F(A, B, C)=\sum_m (2, 3, 4, 6)$

(2) $Y=F(A, B, C)=\sum_m (3, 5, 6, 7)$

(3) $Y=F(A, B, C, D)=\sum_m (2, 4, 5, 6, 10, 12, 13, 14, 15)$

(4) $Y=F(A, B, C, D)=\sum_m (0, 1, 2, 3, 4, 6, 7, 8, 9, 11, 15)$

(5) $Y=F(A, B, C, D)=\sum_m (0, 1, 4, 7, 10, 13, 14, 15)$

(6) $Y=F(A, B, C, D)=\sum_m (0, 1, 5, 7, 8, 11, 14)+\sum_d (3, 9, 15)$

(7) $Y=F(A, B, C, D)=\sum_m (1, 2, 12, 14)+\sum_d (5, 6, 7, 8, 9, 10)$

(8) $Y=F(A, B, C, D)=\sum_m (0, 2, 7, 8, 13, 15)+\sum_d (1, 5, 6, 9, 10, 11, 12)$

项目 9

集成门电路的认知及应用电路的制作

学习目标

1. 知识目标
(1) 掌握常见的几种组合逻辑运算的表示与法则。
(2) 掌握集成 TTL 门电路的特点及应用。
(3) 掌握集成 CMOS 门电路的特点及应用。
(4) 掌握数显电容计控制电路及超量程指示电路的结构及原理。

2. 技能目标
(1) 掌握几种常见的复合门电路的功能测试方法。
(2) 掌握基本 TTL 门电路、CMOS 门电路逻辑功能测试方法。
(3) 掌握 TTL 器件、CMOS 器件的使用规则。
(4) 制作数显电容计控制电路及超量程指示电路。

生活提点

计算机、手机、平板电脑等这些功能强大的电子设备内部都有非常多的数字集成电路,而构成这些数字集成电路的单元电路是各种门电路。虽然门电路逻辑功能简单,但却可以利用这些门电路制作一些实用电器,例如简单防盗报警器、电热水器、车门报警器、火警报警装置等。

项目 9 集成门电路的认知及应用电路的制作

 项目任务

项目目标：认识常见的集成门电路，利用 CD4001 制作数显电容计控制电路及超量程指示电路。

项目要求：数显电容计控制电路在输出波形的下降沿触发单稳态 C-T 转换电路，上升沿清零计数器和复位超量程指示电路。

项目提示：数显电容计控制电路及超量程指示电路如图 9.1 所示。

图 9.1 数显电容计控制电路及超量程指示电路

 项目实施

9.1 集成复合门电路的认知及测试

集成复合门电路的实物如图 9.2 所示。

(a) 74LS154

(b) 74LS00

(c) 74LS164

(d) 74LS02

(e) CG2260

(f) SD8272

(g) CG2272

(h) LX4A01

图 9.2 集成复合门电路的实物

9.1.1 集成与非门、或非门电路的认知及测试

先来测试一下集成复合门电路 74LS00 及 CD4001，测试电路如图 9.3 所示。

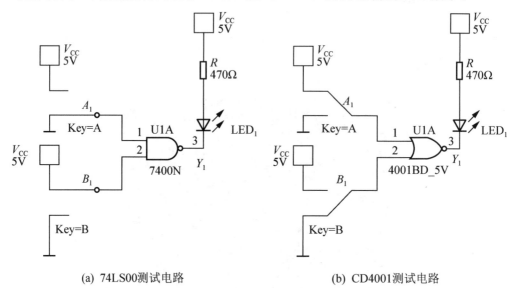

(a) 74LS00测试电路   (b) CD4001测试电路

图 9.3   74LS00、CD4001 测试电路

测试器件见表 9-1。

表 9-1   测试器件

序 号	名 称	规 格	数 量
1	74LS00	DIP14	1
2	CD4001	DIP14	1
3	金属膜电阻器	470Ω	1
4	晶体管直流稳压电源	—	1
5	发光二极管	红色($\phi 3$)	1
6	开关	单刀双掷	2
7	面包板	—	1
8	导线	—	若干

1. 74LS00 及 CD4001 的逻辑功能测试

根据 74LS00 及 CD4001 的外部引脚分布图，选择 A_1、B_1、Y_1 引脚，分别按图 9.3(a) 和(b)所示在面包板上正确接线，依次在 A_1 和 B_1 引脚输入逻辑电平(0 和 1)，观察 Y_1 引脚的输出电平并记录。

2. 测试结果分析

① 74LS00 的测试结果表明，只有当两个输入端均为高电平时，Y_1 输出为低电平，其他三种情况输出均为高电平，其测试记录表见表 9-2。

表 9-2　74LS00 测试记录表

A_1	B_1	Y_1
0	0	1
0	1	1
1	0	1
1	1	0

② CD4001 的测试结果表明，只有当两个输入端均为低电平时，Y_1 输出为高电平，其他三种情况输出均为低电平，其测试记录表见表 9-3。

表 9-3　CD4001 测试记录表

A_1	B_1	Y_1
0	0	1
0	1	0
1	0	0
1	1	0

由此可知 74LS00 为四二输入与非门，特性表达式为 $Y=\overline{AB}$。

其逻辑符号及外部引脚如图 9.4 所示。

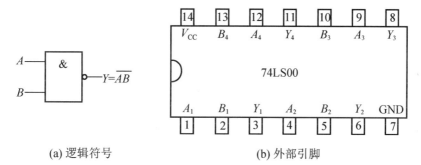

(a) 逻辑符号　　　　　　　(b) 外部引脚

图 9.4　与非门 74LS00 逻辑符号及外部引脚

CD4001 为四二输入或非门，特性表达式为 $Y=\overline{A+B}$。

其逻辑符号及外部引脚如图 9.5 所示。

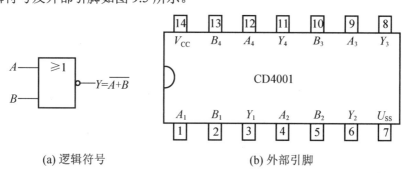

(a) 逻辑符号　　　　　　　(b) 外部引脚

图 9.5　或非门 CD4001 逻辑符号及外部引脚

9.1.2 集成异或门电路的认知及测试

再来测试一下集成复合门电路 74LS86，测试电路如图 9.6 所示。

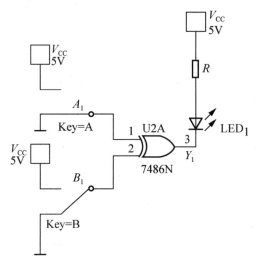

图 9.6　74LS86 测试电路

测试器件清单见表 9-4。

表 9-4　测试器件清单

序　号	名　　称	规　　格	数　　量
1	74LS86	DIP14	1
2	金属膜电阻器	470Ω	1
3	晶体管直流稳压电源	—	1
4	发光二极管	红色($\phi3$)	1
5	开关	单刀双掷	2
6	面包板	—	1
7	导线	—	若干

1. 74LS86 的逻辑功能测试

根据 74LS86 的外部引脚分布图，选择 A_1、B_1、Y_1 引脚，按图 9.6 所示在面包板上正确接线，依次在 A_1 和 B_1 引脚输入逻辑电平(0 和 1)，观察 Y_1 引脚的输出电平并记录。

2. 测试结果分析

74LS86 的测试结果表明，当两个输入端输入相同时，Y_1 输出为低电平，发光二极管灭；当两个输入端输入不同时，Y_1 输出为高电平，发光二极管亮。其测试记录表见表 9-5。

表 9-5 74LS86 测试记录表

A_1	B_1	Y_1
0	0	0
0	1	1
1	0	1
1	1	0

由此可知 74LS86 为四二输入异或门，特性表达式为 $Y=A\overline{B}+\overline{A}B=A\oplus B$。其逻辑符号及外部引脚如图 9.7 所示，其他集成异或门还包括 CD4030 等。

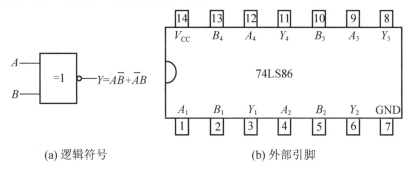

(a) 逻辑符号　　　　　　(b) 外部引脚

图 9.7　异或门 74LS86 逻辑符号及外部引脚

其他同或门、与或非门读者可根据前面所用的集成门电路自行搭建。

在上述的集成门电路中，可观察到有两个类别，一个是 74 系列，另一个是 CD 系列，这两个类别有何不同，接下来了解一下这两个系列所属 TTL 门电路和 CMOS 门电路的特性。

9.2　常用集成 TTL 及 CMOS 门电路的认知

数字电路中，目前广泛使用的门电路有 TTL 门电路和 CMOS 门电路，其中上述测试中所用的 74LS00、74LS86 等均为 TTL 门电路，而 CD4001 及后续项目中所用的 CD4511、MC14553 等均为 CMOS 门电路。

【集成逻辑门电路】

9.2.1　集成 TTL 与 CMOS 门电路的组成及特性

1. 集成 TTL 与 CMOS 门电路的组成

集成 TTL 门电路是晶体管-晶体管逻辑门电路的简称，它主要由双极性晶体管组成。

集成 CMOS 门电路是互补-半导体场效应管门电路的简称，它是由增强型 PMOS 管和 NMOS 管组成的互补对称 MOS 管门电路。

2. TTL 与 CMOS 电平

(1) TTL 电平

TTL 门电路输出高电平 $U_{OH}\geqslant 2.4\mathrm{V}$，输出低电平 $U_{OL}\leqslant 0.4\mathrm{V}$。在室温下，一般输出高

电平是 U_{OH}=3.5V，输出低电平是 U_{OL}=0.2V。其最小输入高电平 U_{IH}≥2.0V，最大输入低电平 U_{IL}≤0.8V。

(2) CMOS 电平

CMOS 门电路的逻辑电平接近于电源电压。若 V_{CC}=5V，则 U_{OH}≥4.45V，U_{OL}≤0.5V，U_{IH}≥3.5V，U_{IL}≤1.5V。

在计算机系统中，为标准接口的 RS232 电平，采用负逻辑，其中-15～-3V 代表 1，+3～+15V 代表 0。而同样为计算机标准接口的 RS485 和 RS422 电平，采用正逻辑，即-6～-2V 代表 0，+2～+6V 代表 1。

3. CMOS 门电路与 TTL 门电路比较结果

① CMOS 门电路的工作速度比 TTL 门电路慢。

② CMOS 门电路带负载的能力比 TTL 门电路强。

③ CMOS 门电路的电源电压允许范围较大，为 3～18V，抗干扰能力比 TTL 门电路强。

④ CMOS 门电路的功耗比 TTL 门电路小得多，但会随着信号频率的增加而增加。CMOS 门电路的功耗只有几个微瓦，中规模集成电路的功耗也不会超过 100μW。

9.2.2 集成 TTL 与 CMOS 门电路的分类及特点

1. 集成 TTL 门电路的分类及特点

集成 TTL 门电路一般以 74 系列作为典型代表，74 系列集成 TTL 门电路类型见表 9-6。

表 9-6 74 系列集成 TTL 门电路类型

系列分类	特性及应用现状
74 系列	早期的产品，现仍在使用，但正逐渐被淘汰
74H 系列	74 系列的改进型，属于高速 TTL 门电路的产品。其与非门的平均传输时间达 10ns，但电路的静态功耗较大，目前该系列产品使用越来越少，逐渐被淘汰
74S 系列	TTL 门电路的高速型肖特基系列。在该系列中，采用了抗饱和肖特基二极管，速度较高，但品种较少
74LS 系列	当前 TTL 门电路中的主要系列产品。品种和生产厂家都非常多。性能价格比比较高，目前在中小规模集成电路中应用非常普遍
74ALS 系列	"先进的低功耗肖特基"系列。其属于 74LS 系列的后继产品，速度(典型值为 4ns)、功耗(典型值为 1mW)等方面都有较大的改进，但价格比较高
74AS 系列	74S 系列的后继产品，尤其速度(典型值为 1.5ns)有显著的提高，又称"先进超高速肖特基"系列

2. 集成 CMOS 门电路的分类及特点

集成 CMOS 门电路一般以 CD、MC、CG、74HC 等系列作为典型代表，CD 系列集成 CMOS 门电路类型见表 9-7。

表 9-7　CD 系列集成 CMOS 门电路类型

系列分类	特性及应用现状
基本 CMOS 4000 系列	早期的集成 CMOS 门电路产品，工作电源电压范围为 3～18V，由于具有功耗低、噪声容限大、扇出系数大等优点，故已得到普遍使用。缺点是工作速度较低、平均传输延迟时间为几十纳秒、最高工作频率小于 5MHz
高速 CMOS HC(HCT)系列	在制造工艺上作了改进，使工作速度大大提高，平均传输延迟时间小于 10ns，最高工作频率可达 50MHz。HC 系列的主要特点是与 TTL 器件电压兼容，HC 系列的电源电压范围为 2～6V。它的输入电压参数为 $U_{\text{IH(min)}}$=2.0V，$U_{\text{IL(max)}}$=0.8V，与 TTL 门电路完全相同。另外，HC 系列与 74LS 系列的产品，只要最后三位数字相同，则这两种器件的逻辑功能、外形尺寸、引脚排列顺序也完全相同，这样就为 CMOS 产品代替 TTL 产品提供了方便
先进 CMOS AC(ACT)系列	工作频率得到了进一步的提高，同时保持了 CMOS 超低功耗的特点。AC 系列与 TTL 器件电压兼容，电源电压范围为 4.5～5.5V。AC 系列的逻辑功能、引脚排列顺序等与同型号的 HC 系列完全相同
74HC 系列	高速 CMOS 标准逻辑电路系列，具有与 74LS 系列同等的工作度和集成 CMOS 门电路固有的低功耗及电源电压范围宽等特点。74HCxxx 是 74LSxxx 同序号的翻版，型号最后几位数字相同，表示电路的逻辑功能、引脚排列完全兼容，为 74HC 代替 74LS 提供了方便

9.2.3　集成 TTL 与 CMOS 门电路多余输入端的处理及保护

1. 集成 TTL 门电路多余输入端的处理及保护措施

① 将多余输入端接入高电平，即通过限流电阻与电源相连接。

② 根据 TTL 门电路的输入特性可知，当外接电阻为大电阻时，其输入电压为高电平。这样可以把多余的输入端悬空，此时，输入端相当于外接高电平"1"。

③ 当 TTL 门电路的工作速度不高，但信号源驱动能力较强时，多余输入端也可与使用端并联，各类 TTL 逻辑门多余输入端的处理如图 9.8、图 9.9 和图 9.10 所示。

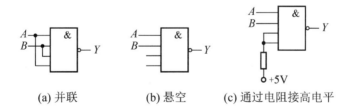

(a) 并联　　　　(b) 悬空　　　　(c) 通过电阻接高电平

图 9.8　TTL 与非门多余输入端的处理

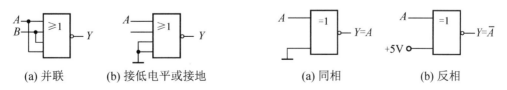

(a) 并联　　(b) 接低电平或接地　　　　(a) 同相　　　　(b) 反相

图 9.9　TTL 或非门多余输入端的处理　　　图 9.10　TTL 异或门多余输入端的处理

2. 集成 CMOS 门电路多余输入端的处理及保护措施

① CMOS 门电路的输入端不允许悬空,由于外部干扰的原因,输入端悬空容易导致电位不定,从而破坏正常的逻辑关系,使电路产生误动作,而且也极易造成栅极感应静电而被击穿。所以与门、与非门的多余输入端要接高电平,或门、或非门的多余输入端要接低电平。若电路的工作速度不高,功耗也不需特别考虑时,则可以将多余输入端与使用端并联,各类 CMOS 逻辑门多余输入端的处理如图 9.11 和 9.12 所示。

图 9.11 CMOS 与非门多余输入端的处理   图 9.12 CMOS 或非门多余输入端的处理

② 输入端接长导线时的保护。在应用中有时输入端需要接长的导线,而长输入导线必然有较大的分布电容和分布电感,易形成 LC 振荡,特别当输入端输入负电压时,极易破坏 CMOS 门电路中的保护二极管。其保护办法是在输入端处接一个电阻。

③ 输入端的静电防护。虽然各种 CMOS 门电路输入端有抗静电的保护措施,但仍需小心对待,在存储和运输中最好用金属容器或者导电材料包装,不要放在易产生静电高压的化工材料或化纤织物中。组装、调试时,工具、仪表、工作台等均应良好接地。要防止操作人员静电干扰造成的损坏,如不宜穿尼龙、化纤衣服,手或工具在接触集成块前最好先接一下地。对器件引线矫直弯曲或人工焊接时,使用的设备必须良好接地。

④ 输入信号的上升和下降时间不宜过长,否则一方面容易造成虚假触发而导致器件失去正常功能,另一方面还会造成大的损耗。

⑤ CMOS 门电路具有很高的输入阻抗,致使器件易受外界干扰、冲击和静电击穿,所以为了保护 MOS 管的氧化层不被击穿,一般在其内部输入端接有二极管保护电路。

9.2.4 特殊集成 TTL 与 CMOS 门电路及应用

1. 集成 TTL 三态门 74LS125 认知及应用

(1) 三态门特性

三态门的输出有 0、1 和高阻这三种状态,图 9.13 所示为三态与非门的逻辑符号,其中 74LS125 为四一输入三态门。

其特性为当使能端的值 $\overline{EN}=0$ 时,三态门相当于一个正常的传输门,输出 $Y=A$,有 0、1 两种状态,称为正常工作状态。当 $\overline{EN}=1$ 时,这时从输出端观察,电路对地和对电源都相当于开路,呈现高阻,所以称这种状态为高阻态,也称禁止态。三态门输出逻辑函数表达式为 $Y=A(\overline{EN}=0)$,$Y=$高阻$(\overline{EN}=1)$。其仿真电路如图 9.14 所示。

(2) 三态门的应用

三态门在计算机总线结构中有着广泛的应用。

图 9.15(a)所示为三态与非门组成的单向总线,可实现信号的分时单向传送。

图 9.15(b)所示为三态与非门组成的双向总线。当 $EN=1$ 时,G_1 正常工作,G_2 为高阻态,输入数据 D_1 经 G_1 反相后送到总线上。当 $EN=0$ 时,G_2 正常工作,G_1 为高阻态,总线上的

数据 D_0 经 G_2 反相后输出 $\overline{D_0}$，这样就实现了信号的分时双向传送。

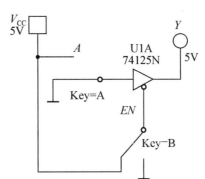

图 9.13 三态与非门的逻辑符号　　　　　图 9.14 三态门仿真电路

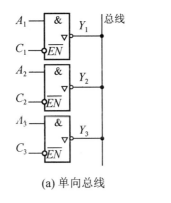

(a) 单向总线

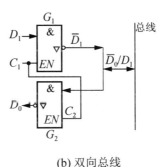

(b) 双向总线

图 9.15 三态与非门组成的总线

2. 集电极开路(OC)与非门

在工程设计及应用中，有时需要将几个门的输出端直接并联使用，以实现"与"逻辑，称为"线与"。但是普通 TTL 门电路的输出结构决定了它不能进行"线与"，而集电极开路与非门可实现该功能，故在工程中多选用集电极开路与非门，其逻辑符号如图 9.16 所示。

(1) 集电极开路与非门实现线与

以集成 OC 与非门 74LS01 为例，两个 OC 与非门实现线与时的电路如图 9.17 所示。

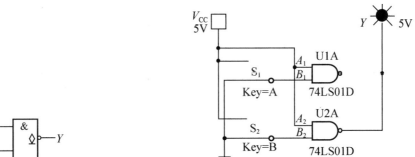

图 9.16 集电极开路与非门逻辑符号　　　　　图 9.17 两个 OC 与非门实现线与时的电路

此时的逻辑关系为

$$Y = Y_1 Y_2 = \overline{A_1 B_1}\ \overline{A_2 B_2}$$

(2) 电平转换

数字系统的接口部分(与外部设备相连接的地方)需要用电平转换时，常用 OC 与非门来完成。转换图如图 9.18 所示，把上拉电阻接到 10V 电源上，这样当 OC 与非门输入普通的 TTL 电平时，其输出高电平可以为 10V。

(3) 驱动器

可用 OC 与非门驱动发光二极管、指示灯、继电器和脉冲变压器等。图 9.19 所示为用 OC 与非门驱动发光二极管的电路。

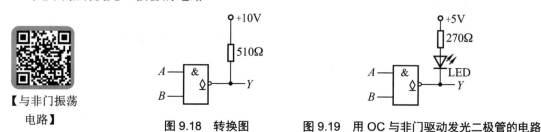

图 9.18　转换图　　　　图 9.19　用 OC 与非门驱动发光二极管的电路

9.3　数显电容计控制电路及超量程指示电路的制作

9.3.1　数显电容计控制电路

根据数显电容计的工作原理可知，控制电路实质上是一个两级反相式阻容振荡器，如图 9.20 所示，要求振荡周期为 4s，对于精度和稳定度要求不高。

该振荡电路振荡周期的计算公式为 $T \approx 2.2 R_7 C_7$，即 $2.2 R_7 C_7 \approx 4\text{s}$。取 $C_7=0.1\text{uF}$，则 $R_7 \approx 18\text{M}\Omega$。由于集成计数器 MC14553 在高电平清零时，位选择输出端 $\overline{DS_1} \sim \overline{DS_3}$ 都为 1，将会使显示器消隐，如果清零信号的高电平持续时间较长，会看到消隐现象。为避免出现这种现象，可以将控制电路中由 C_2 和 R_3 组成的微分电路的清零信号加到计数器清零端。这样，计数器只是靠清零信号的上升沿清零，即清零信号的高电平持续时间很短，靠人眼的视觉残留效应，也不会觉察到有消隐现象。

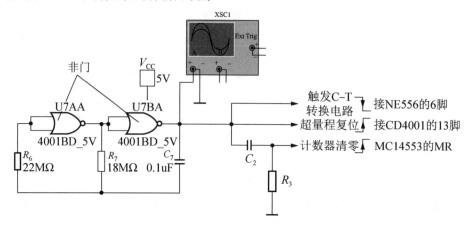

图 9.20　数显电容计控制电路

9.3.2 数显电容计超量程指示电路

超量程指示电路是由 CD4001、电阻器、晶体管及 LED 组成的，其中 CD4001 的 8 脚连接至 MC14553 的溢出端。数显电容计超量程指示电路如图 9.21 所示。

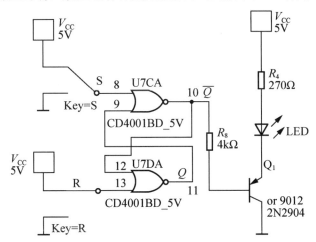

图 9.21 数显电容计超量程指示电路

由 CD4001 所构成的超量程指示电路实质上是一个 RS 触发器，将在项目 11 中作详细介绍。

由图 9.21 可知，当 MC14553 计数到第 1000 个脉冲时，其溢出端将会输出一个正脉冲，使 CD4001 的 10 脚($\overline{Q}$)输出 0，晶体管随之饱和，同时 LED 发光，表示被测电容器的容量已超过 999nF，但此时显示器读数已不再是被测电容器的容量。然后在复位信号的作用下，CD4001 的 10 脚($\overline{Q}$)将恢复为 1，LED 熄灭，等待下一次测量。

9.3.3 实施步骤

数显电容计控制电路与超量程指示电路器件清单见表 9-8。

表 9-8 数显电容计控制电路与超量程指示电路器件清单

序 号	名 称	规 格	数 量
1	集成或非门	CD4001	1
2	晶体管直流稳压电源	输出 5V	1
3	发光二极管	红色($\phi 3$)	1
4	开关	单刀双掷	1
5	金属膜电阻器	270Ω	1
6	金属膜电阻器	3kΩ	1
7	金属膜电阻器	18MΩ	2
8	电容器	0.1μF	1
9	晶体管	9012	1
10	信号发生器	—	1

续表

序 号	名 称	规 格	数 量
11	数显电容计 PCB	—	1
12	导线	—	若干
13	示波器	—	1

制作步骤如下。

1. 安装

① 安装前应认真理解电路原理，弄清印制电路板上元器件与原理图的对应关系，并对所装元器件预先进行检查，确保元器件处于良好状态。

② 将电阻器、电容器、CD4001、三端集成稳压器等元器件参考图 9.20 和图 9.21 在 PCB 上焊接好。

2. 控制电路调试

① 检查 PCB 元器件安装、焊接，将电路电压准确无误调至 5V 输出，给数显电容计供电。

② 检查无误后在控制电路输出端(CD4001 的 4 脚)接示波器，观察信号输出波形及周期，并与理论值比较是否一致。

3. 超量程指示电路调试

① 将外接开关 S、R 分别连接在 CD4001 的 8 脚和 13 脚(参照图 9.21)，并拨至接地端，确认无误后通电并观察 LED 的工作情况。

② 将开关 S 拨至电源端持续几秒后接地，使 CD4001 的 8 脚输入正脉冲，再次观察 LED 的工作情况。

③ 将开关 R 拨至电源端可靠复位，重复①和②的过程。

项 目 小 结

1. 最基本的逻辑运算有与、或、非运算，由此三种最基本的运算可以组成与非、或非、与或非、同或、异或等运算，各种运算都有其所对应的运算法则。

2. 目前普遍使用的数字集成电路主要有两大类，即集成 TTL 门电路和集成 CMOS 门电路。

3. 在 TTL 门电路中，除了有能实现各种基本逻辑功能的门电路以外，还有集电极开路(OC)与非门和三态门。OC 与非门能够实现"线与"，还可用来驱动需要一定功率的负载。三态门可用来实现总线结构。

4. 集成 CMOS 门电路与集成 TTL 门电路相比，具有功耗低、扇出系数大(指带同类负载)、噪声容限大、两者开关速度相接近的特点，其已成为数字集成电路的发展方向。

5. 为了更好地使用数字集成芯片，应熟悉 TTL 和 CMOS 各个系列产品的外部电气特性及主要参数，还应能正确处理多余输入端，能正确解决不同类型门电路间的接口问题及抗干扰问题。

6. 在逻辑体制中有正、负逻辑两种规定，一般情况下，人们习惯于采用正逻辑。同样一个逻辑门电路，利用正、负逻辑等效变换原则，可以使逻辑关系更明确。

习　题

一、选择题

9.1 对 TTL 与非门多余输入端的处理，不能将它们(　　)。
 A．与使用端并联　　　　　　B．接地
 C．接高电平　　　　　　　　D．悬空

9.2 可以与输出端直接连在一起实现"线与"逻辑功能的门电路是(　　)。
 A．与或门　　B．或非门　　C．三态门　　D．OC 门

9.3 为实现数据传输的总线结构，要选用(　　)门电路。
 A．或非　　B．OC　　C．三态　　D．与或非

9.4 图 9.22 所示电路为集成 TTL 门电路，其输出 Y 为(　　)。
 A．$\overline{AB\overline{C}} + BC$　　　　　　B．$AB\overline{C} + \overline{BC}$
 C．$\overline{ABC} + \overline{BC}$　　　　　　D．$\overline{ABC} + B\overline{C}$

9.5 图 9.23 所示电路为集成 TTL 门电路，其输出 Y 为(　　)。
 A．$\overline{AB}\,\overline{AC}$　　B．$\overline{AB} + \overline{AC}$　　C．$\overline{AB + BC}$　　D．$\overline{AB + AC}$

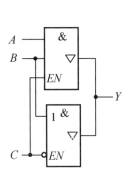

图 9.22　题 9.4 图

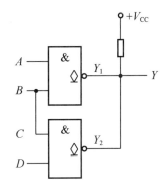

图 9.23　题 9.5 图

9.6 图 9.24 所示电路为集成 TTL 门电路，其输出 Y 为(　　)。
 A．$\overline{AB}$　　　　　　　　　　B．AB
 C．$\overline{AB} + AB$　　　　　　　D．$\overline{AB} + A\overline{B}$

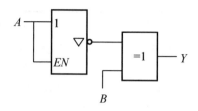

图 9.24　题 9.6 图

二、判断题

9.7　TTL 与非门的多余输入端可以接固定高电平。　　　　　　　　　　　　（　）
9.8　当 TTL 与非门的多余输入端悬空时相当于输入信号为逻辑"1"。　　　（　）
9.9　四二输入与非门 74LS00 与 7400 的逻辑功能完全相同。　　　　　　　（　）
9.10　CMOS 或非门与 TTL 或非门的逻辑功能完全相同。　　　　　　　　（　）
9.11　三态门的三种状态分别为高电平、低电平和不高不低的电平。　　　（　）
9.12　一般集成 TTL 门电路的几个输出端可以直接相连，实现"线与"。　（　）
9.13　集成 CMOS 门电路中 OD 门(漏极开路门)的输出端可以直接相连，实现"线与"。　　　　　　　　　　　　　　　　　　　　　　　　　　　　　　　（　）
9.14　集成 TTL 门电路中 OC 门(集电极开路门)的输出端可以直接相连，实现"线与"。
　　　　　　　　　　　　　　　　　　　　　　　　　　　　　　　　（　）

三、填空题

9.15　一般集成 TTL 门电路的平均传输延迟时间比集成 CMOS 门电路_____，功耗比集成 CMOS 门电路_____。

9.16　对集成 CMOS 门电路，未使用的输入端应当按逻辑要求接_____或接_____，而不允许_____。

9.17　集成 CMOS 门电路的功耗随着输入信号频率的增加而_____。

9.18　可用作多路数据分时传输的逻辑门是_____门。

9.19　三态门的输出可以出现_____、_____、_____三种状态。

9.20　在集成 TTL 门电路中，多余输入端悬空在逻辑上等效于输入_____电平。

9.21　标准 TTL 门电路输出高电平典型值是_____V，低电平典型值是_____V。

9.22　正逻辑系统规定，高电平表示逻辑_____态，低电平表示逻辑_____态。

9.23　集成 TTL、CMOS 门电路的抗干扰能力是_____强于_____。

四、作图题

9.24　集成 TTL 门电路如图 9.25(a)所示，加在输入端的波形 A、B、C 如图 9.25(b)所示，试画出输出 Y 的波形。

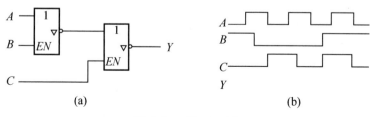

图 9.25　题 9.24 图

9.25 已知加在输入端的波形 A、B、C 如图 9.26 所示，试画出经过与门、或门、与非门、或非门后的输出波形 Y。

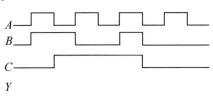

图 9.26 题 9.25 图

项目 10

组合逻辑电路的认知及数显电容计显示电路的制作

学习目标

1. 知识目标
(1) 掌握组合逻辑电路的分析和设计方法。
(2) 掌握常用组合逻辑电路的使用方法。
2. 技能目标
(1) 利用简单的元器件实现表决器的制作。
(2) 实现对常用集成组合逻辑电路(74LS138)等的测试。
(3) 制作数显电容计显示电路。

生活提点

生活中经常用到的数码产品,其电路必须按一定的数字逻辑进行工作,同时又不具备时效性,即无记忆功能,这样的一类电路被称为组合逻辑电路,而本项目中将运用集成组合逻辑电路完成数显电容计显示电路的制作。

项目 10　组合逻辑电路的认知及数显电容计显示电路的制作

项目任务

项目目标：制作数显电容计显示电路。

项目要求：采用译码器实现所测电容大小的显示。

项目提示：数显电容计显示电路如图 10.1 所示。

图 10.1　数显电容计显示电路

项目实施

10.1　三人表决电路的制作

【三人表决器】

利用集成与非门 74LS00 设计三人表决电路，要求当输入端有两个或者两个以上为高电平时，输出端二极管亮，表明表决通过。

三人表决电路如图 10.2 所示。

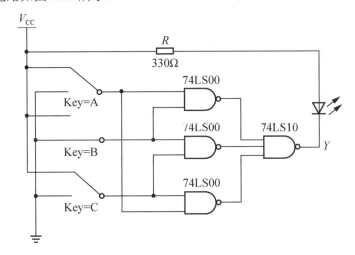

图 10.2　三人表决电路

199

三人表决电路器件清单见表 10-1。

表 10-1 三人表决电路器件清单

序 号	名 称	规 格	数 量
1	面包板	—	1
2	电阻器	330Ω	1
3	发光二极管	红色($\phi 3$)	1
4	74LS00	四二输入与非门	3
5	74LS10	三三输入与非门	1
6	晶体管直流稳压电源	—	1
7	万用表	—	1

测试步骤如下。

① 按照图 10.2 所示的电路在面包板上将元器件进行连线。

② 在三个输入端上输入记录表 10-2 中的信号 A、B、C，观察二极管是否亮，并记录在表中。

表 10-2 记录表

A	B	C	Y(填亮或灭)
0	0	0	
0	0	1	
0	1	0	
0	1	1	
1	0	0	
1	0	1	
1	1	0	
1	1	1	

测试结果表明，当三个输入端有两个或者两个以上为高电平时，二极管亮，表明表决通过。

上述测试，通过 74LS00 的组合实现了三人表决，同时也可观察到，电路在测试时，其输出状态是"0"还是"1"关键取决于当前输入的状态，这是将要学习的数字电路的一种组态——组合逻辑电路。

数字电路根据逻辑功能的不同可分为组合逻辑电路(简称组合电路)和时序逻辑电路(简称时序电路)两大类。任一时刻电路的输出状态仅仅取决于该时刻的输入状态，而与电路原来的状态无关，这种电路称为组合逻辑电路。组合逻辑电路是由门电路组合而成的，可以有一个或多个输入端，也可以有一个或多个输出端。组合逻辑电路如图 10.3 所示。

图 10.3 组合逻辑电路(一)

10.1.1 组合逻辑电路的分析方法

所谓组合逻辑电路的分析，就是根据给定的逻辑电路，确定其逻辑功能。分析组合逻辑电路的目的是确定已知电路的逻辑功能或者检查电路设计是否合理。

组合逻辑电路通常采用的分析步骤如下。

① 根据给定的逻辑电路，写出逻辑函数表达式。

② 化简逻辑函数表达式。

③ 根据最简逻辑函数表达式列逻辑真值表。

④ 观察逻辑真值表中输出与输入的关系，描述电路逻辑功能。

例1 分析图 10.4 所示组合逻辑电路的逻辑功能。

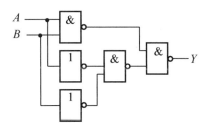

图 10.4 组合逻辑电路(二)

解：(1) 写出逻辑函数表达式并化简。

$$Y = \overline{\overline{\overline{AB}} \cdot \overline{\overline{A} \cdot \overline{B}}} = \overline{\overline{AB}} + \overline{\overline{A} \cdot \overline{B}} = AB + \overline{A}\,\overline{B}$$

(2) 列逻辑真值表见表 10-3。

表 10-3 例 1 逻辑真值表

A	B	Y
0	0	1
0	1	0
1	0	0
1	1	1

(3) 分析逻辑功能。

输入相同输出为"1"，输入相异输出为"0"，称为"判一致"（"同或门"）电路，可用于判断各输入端的状态是否相同。

10.1.2 组合逻辑电路的设计方法

与分析过程相反，组合逻辑电路的设计是根据给定的实际逻辑问题，设计出实现其逻辑功能的最简逻辑电路。工程上的最佳设计，通常需要用多个指标去衡量，主要考虑的问题有以下几个方面。

① 所用的逻辑器件数目、种类最少，且器件之间的连线最简单。

② 逻辑电路满足速度要求，应使级数尽量少，以减少门电路的延迟。

③ 逻辑电路功耗小，工作稳定可靠。

组合逻辑电路的设计步骤如下。

① 分析设计要求，设置输入变量和输出变量并逻辑赋值。

② 列逻辑真值表，根据上述分析和赋值情况，将输入变量的所有取值组合和与之相对应的输出变量值列表，即得逻辑真值表。

③ 写出逻辑函数表达式并化简。

④ 画逻辑电路。

例2 试设计三人表决电路。

解：(1) 根据题意，设输入为 A，B，C，输出为 Y，同意用"1"表示，反对用"0"，决议通过用"1"表示，不通过用"0"表示，可列出逻辑真值表如表10-4所示。

表10-4　例2逻辑真值表

A	B	C	Y
0	0	0	0
0	0	1	0
0	1	0	0
0	1	1	1
1	0	0	0
1	0	1	1
1	1	0	1
1	1	1	1

(2) 写出输出端的逻辑函数表达式。

$$Y = \overline{A}BC + A\overline{B}C + AB\overline{C} + ABC$$

(3) 利用卡诺图化简逻辑函数表达式并转换成最简与非表达式。

$$Y = AB + BC + AC = \overline{\overline{AB}\cdot\overline{BC}\cdot\overline{AC}}$$

(4) 绘制组合逻辑电路，如图10.5所示。

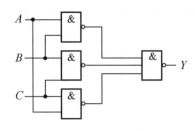

图10.5　三人表决组合逻辑电路

虽然可以利用分立元件门电路搭接具有一定逻辑功能的组合逻辑电路，但是该种电路所需的器件多、连线多、电路复杂，存在功耗增加、质量及体积增大的缺点，所以可利用现有的集成组合逻辑电路来搭接相应的功能电路，接下来介绍常见的集成组合逻辑电路。

10.2 常见集成组合逻辑电路的认知及测试

常见集成组合逻辑电路的实物如图 10.6 所示。

(a) 集成译码器74LS138

(b) 集成编码器74LS148

(c) 集成多路电子开关CD4067

图 10.6 常见集成组合逻辑电路的实物

10.2.1 编码器

在数字系统中,把二进制数按一定的规律编排,使每组代码具有特定的含义,称为编码。具有编码功能的逻辑电路称为编码器,编码器是一个多输入多输出的组合逻辑电路。

1. 编码器分类

(1) 普通编码器

普通编码器分为二进制编码器和非二进制编码器。若输入信号的个数 N 与输出变量的位数 n 满足 $N=2^n$,则此电路称为二进制编码器。若输入信号的个数 N 与输出变量的位数 n 不满足 $N=2^n$,则此电路称为非二进制编码器。普通编码器在任何时刻都只能对其中的一个输入信号进行编码,即输入的 N 个信号是互相排斥的。输入信号为四个,输出代码为两位的编码器称为 4 线-2 线编码器(4/2 线编码器)。

(2) 优先编码器

优先编码器是指当多个输入端同时有信号时,电路只对其中优先级别最高的信号进行编码的编码器。10 线-4 线集成优先编码器常见型号为 54/74147、54/74LS147,8 线-3 线集成优先编码器常见型号为 54/74148、54/74LS148。

2. 编码器应用举例

(1) 集成二进制优先编码器 74LS148

74LS148 是一种常用的 8 线-3 线集成优先编码器。其外形和引脚分布如图 10.7 所示。

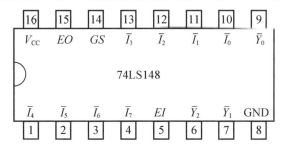

图 10.7 集成二进制优先编码器 74LS148 外形和引脚分布

其测试电路如图 10.8 所示。

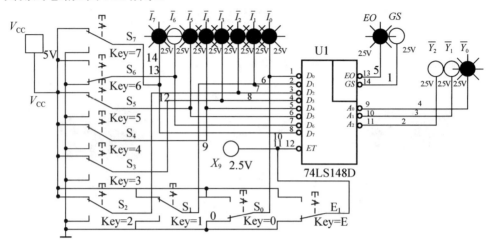

图 10.8 集成二进制优先编码器 74LS148 测试电路

其真值表见表 10-5,其中 $\overline{I_0} \sim \overline{I_7}$ 为输入编码,有效输入编码为 0, $\overline{Y_2}$、$\overline{Y_1}$、$\overline{Y_0}$ 为输出编码。通过图 10.8 测试电路,可得到如下内容。

① $\overline{EI}$ 为使能输入端,低电平有效,若为高电平,则禁止编码。
② 优先顺序为 $\overline{I_7} \to \overline{I_0}$,即 $\overline{I_7}$ 的优先级最高,然后是 $\overline{I_6}$、$\overline{I_5}$、…、$\overline{I_0}$。
③ EO 为使能输出端,它只在允许编码(即 $\overline{EI}=0$)且无输入编码时输出为 0,其他情况均为 1。
④ GS 为片优先编码输出端,它在允许编码(即 $\overline{EI}=0$)且有输入编码时输出为 0,在允许编码但无输入编码时输出为 1,在不允许编码(即 $\overline{EI}=1$)时输出也为 1。

表 10-5 集成二进制优先编码器 74LS148 真值表

	输入编码								输出编码				
$\overline{EI}$	$\overline{I_0}$	$\overline{I_1}$	$\overline{I_2}$	$\overline{I_3}$	$\overline{I_4}$	$\overline{I_5}$	$\overline{I_6}$	$\overline{I_7}$	$\overline{Y_2}$	$\overline{Y_1}$	$\overline{Y_0}$	GS	EO
1	×	×	×	×	×	×	×	×	1	1	1	1	1
0	1	1	1	1	1	1	1	1	1	1	1	1	0
0	×	×	×	×	×	×	×	0	0	0	0	0	1
0	×	×	×	×	×	×	0	1	0	0	1	0	1
0	×	×	×	×	×	0	1	1	0	1	0	0	1
0	×	×	×	×	0	1	1	1	0	1	1	0	1
0	×	×	×	0	1	1	1	1	1	0	0	0	1
0	×	×	0	1	1	1	1	1	1	0	1	0	1
0	×	0	1	1	1	1	1	1	1	1	0	0	1
0	0	1	1	1	1	1	1	1	1	1	1	0	1

(2) 集成二进制优先编码器 74LS147

集成二进制优先编码器 74LS147 的引脚分布如图 10.9 所示,其中第 15 脚 NC 为空。集成二进制优先编码器 74LS147 有 9 个输入编码 $\overline{I_1} \sim \overline{I_9}$ 和 4 个输出编码 $\overline{Y_0} \sim \overline{Y_3}$。若某个输入编码为 0,则代表输入的是一个十进制数。当 9 个输入编码全为 1 时,输出编码 $\overline{Y_3 Y_2 Y_1 Y_0}=1111$,

与 $\overline{I_0}=0$ 时的输出编码相同，故不需单设引脚 $\overline{I_0}$。4 个输出编码反映输入十进制数时的 BCD 码输出。其测试电路如图 10.10 所示。

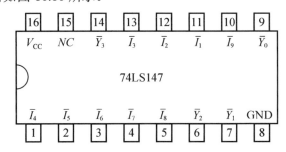

图 10.9 集成二进制优先编码器 74LS147 的引脚分布

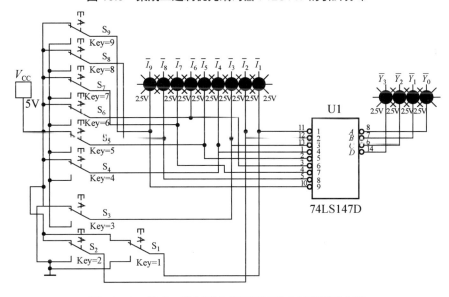

图 10.10 集成二进制优先编码器 74LS147 测试电路

通过测试，可得其真值表如表 10-6 所示。

表 10-6 集成二进制优先编码器 74LS147 真值表

输入编码									输出编码			
$\overline{I_1}$	$\overline{I_2}$	$\overline{I_3}$	$\overline{I_4}$	$\overline{I_5}$	$\overline{I_6}$	$\overline{I_7}$	$\overline{I_8}$	$\overline{I_9}$	$\overline{Y_3}$	$\overline{Y_2}$	$\overline{Y_1}$	$\overline{Y_0}$
×	×	×	×	×	×	×	×	0	0	1	1	0
×	×	×	×	×	×	×	0	1	0	1	1	1
×	×	×	×	×	×	0	1	1	1	0	0	0
×	×	×	×	×	0	1	1	1	1	0	0	1
×	×	×	×	0	1	1	1	1	1	0	1	0
×	×	×	0	1	1	1	1	1	1	0	1	1
×	×	0	1	1	1	1	1	1	1	1	0	0
×	0	1	1	1	1	1	1	1	1	1	0	1
0	1	1	1	1	1	1	1	1	1	1	1	0
1	1	1	1	1	1	1	1	1	1	1	1	1

10.2.2 译码器

译码是编码的逆过程,即将每一组输入的二进制代码"翻译"成一个特定的输出信号,实现译码功能的数字电路称为译码器。集成译码器分为二进制译码器和非二进制译码器两种。

1. 译码器分类

(1) 二进制译码器

将几位二进制代码转换为 2^n 个信号输出的电路称为二进制译码器,分为双2线-4线译码器、3线-8线译码器、4线-16线译码器等。如74LS138为3线-8线译码器,其引脚排列如图10.11所示。

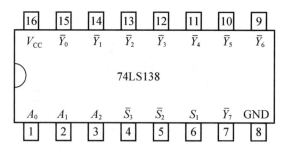

图 10.11 74LS138 引脚排列

(2) 非二进制译码器

非二进制译码器种类很多,其中二-十进制译码器应用较广泛。二-十进制译码器又称4线-10线译码器,属不完全译码器。二-十进制译码器常用的型号有TTL门电路的54/7442、54/74LS42和CMOS门电路的54/74HC42、54/74HCT42等。

2. 译码器应用举例

译码器是集成组合逻辑电路的一种典型电路,下面通过对3线-8线译码器74LS138的测试来了解集成组合逻辑电路的逻辑功能及特性,测试电路如图10.12所示。

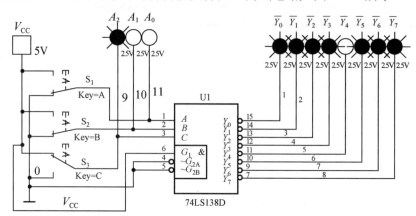

图 10.12 74LS138 测试电路

其测试项目器件清单见表10-7。

表10-7 74LS138测试项目器件清单

序号	名称	规格	数量
1	晶体管直流稳压电源	—	1
2	面包板	—	1
3	发光二极管	红色($\phi 3$)	11
4	集成译码器	74LS138	1
5	导线	—	若干

测试步骤如下。

① 按图10.12所示的测试电路将元器件装在面包板上,并正确连线。

② 将晶体管直流稳压电源电压调至+5V,74LS138的八个输出端通过限流电阻R_0~R_7和发光二极管LED_0~LED_7的负极相连,V_{CC}接电源电压+5V。74LS138的三个输入端接双联开关S_1、S_2、S_3,其他输入端可分别接地和通过限流电阻接电源,即每个输入端可分别接高电平或低电平,通过拨动开关改变输入状态,同时观察74LS138的输出状态。

③ 观察并记录发光二极管是否发光,若发光二极管发光,则相应端口输出为高电平,反之为低电平。

测试结果分析如下。

① 将三个开关S_1、S_2、S_3同时拨至下方接地,即三个输入端输入编码为000,可观察到LED_0熄灭,相应输出端输出低电平,而其他发光二极管LED_1~LED_7均发光,即其他输出端输出均为高电平。

② 将开关S_1接高电平,S_2、S_3均接低电平,即三个输入端输入编码为001,可观察到LED_1熄灭,相应输出端输出低电平,而其他发光二极管均发光,即其他输出端输出均为高电平。

③ 将输入编码依次从010调至111,重复测试过程,可分别观察到LED_2~LED_7依次熄灭,即相应输出端依次输出低电平,同时将测试结果记录在表10-8中。

表10-8 74LS138逻辑真值表

输入编码			输出编码								使能输出		
A_2	A_1	A_0	$\overline{Y_7}$	$\overline{Y_6}$	$\overline{Y_5}$	$\overline{Y_4}$	$\overline{Y_3}$	$\overline{Y_2}$	$\overline{Y_1}$	$\overline{Y_0}$	$\overline{S_3}$	$\overline{S_2}$	S_1
×	×	×	1	1	1	1	1	1	1	1	×	×	0
0	0	0	1	1	1	1	1	1	1	0	0	0	1
0	0	1	1	1	1	1	1	1	0	1	0	0	1
0	1	0	1	1	1	1	1	0	1	1	0	0	1
0	1	1	1	1	1	1	0	1	1	1	0	0	1
1	0	0	1	1	1	0	1	1	1	1	0	0	1

续表

输入编码			输出编码								使能输出		
A_2	A_1	A_0	$\overline{Y_7}$	$\overline{Y_6}$	$\overline{Y_5}$	$\overline{Y_4}$	$\overline{Y_3}$	$\overline{Y_2}$	$\overline{Y_1}$	$\overline{Y_0}$	$\overline{S_3}$	$\overline{S_2}$	S_1
1	0	1	1	1	0	1	1	1	1	1	0	0	1
1	1	0	1	0	1	1	1	1	1	1	0	0	1
1	1	1	0	1	1	1	1	1	1	1	0	0	1

由逻辑真值表可得出如下结论。

① 当 S_1=1、$\overline{S_2}+\overline{S_3}=0$(即 $S_1=1$，$\overline{S_2}=\overline{S_3}=0$)时，译码器处于工作状态进行译码。否则，译码器禁止工作，所有输出端封锁为高电平。

② 译码器处于工作状态时，输入端每输入一个二进制代码，对应的输出端就表现为低电平(即输出为低电平有效)，也就是有一个对应的输出端被"译中"。

74LS138 是应用广泛的译码集成电路，在微型单片机计算机系统中为扩展 RAM、I/O、定时器/计算器、串行接口芯片电路提供片选控制信号，三根输入线可提供八个片选控制信号，从而有效节省片内资源。其在微型单片机计算机系统中接口电路如图 10.13 所示。

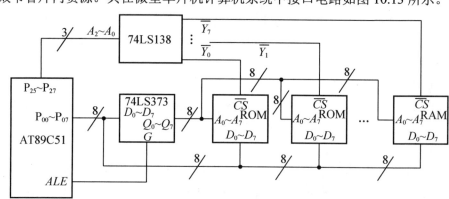

【编码器和译码器】

图 10.13 74LS138 在微型单片机计算机系统中接口电路

其中，电路中各存储器的 $\overline{CS}$ 为低电平有效，$A_0 \sim A_7$ 为各存储器低 8 位地址，$D_0 \sim D_7$ 为 8 位并行数据。单片机 AT89C51 的 8 位 P_0 并行口采用分时操作的方式，依次传送低 8 位地址和 8 位并行数据，通过地址锁存允许端 *ALE* 给 74LS373 提供地址锁存信号，锁存低 8 位地址，下降沿有效。

10.2.3 数据选择器和数据分配器

假如有多路信息需要通过一条线路传输或多路信息需要逐个处理，这时就需要有一个电路，它能选择某个信息而排斥其他信息，这就称作数据选择。反之，把一路信息逐个安排到各输出端去，叫做数据分配。

1. 数据选择器

在多路数据传送过程中，能够根据需要将其中任意一路挑选出来的组合逻辑电路，叫做数据选择器，也称多路选择器。常见的数据选择器有 4 选 1、8 选 1 等。

图 10.14 所示为 8 选 1 数据选择器 74LS151 的引脚和逻辑符号。它有三个地址输入端，八个数据输入端，两个互补的输出端，一个使能输入端，使能输入端 $\overline{S}$ 为低电平有效。当 $\overline{S}=1$ 时，无论地址输入编码 A_2、A_1、A_0 的状态如何，电路都不工作，输出编码 Y 为 0。当 $\overline{S}=0$ 时，电路根据地址输入编码 A_2、A_1、A_0 的状态，在数据输入端中选出对应的信号，并从输出端输出。其测试电路如图 10.15 所示，逻辑真值表见表 10-9。

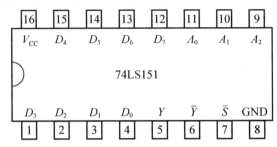

图 10.14 8 选 1 数据选择器 74LS151 的引脚和逻辑符号

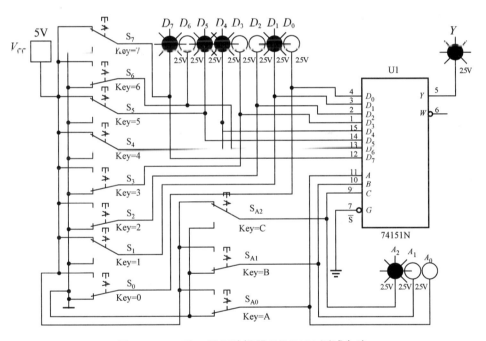

图 10.15 8 选 1 数据选择器 74LS151 测试电路

表 10-9 8 选 1 数据选择器 74LS151 逻辑真值表

使能输入编码	地址输入编码			输出编码	
$\overline{S}$	A_2	A_1	A_0	Y	$\overline{Y}$
1	×	×	×	0	1
0	0	0	0	D_0	$\overline{D_0}$
0	0	0	1	D_1	$\overline{D_1}$
0	0	1	0	D_2	$\overline{D_2}$

续表

使能输入编码	地址输入编码			输出编码	
$\overline{S}$	A_2	A_1	A_0	Y	$\overline{Y}$
0	0	1	1	D_3	$\overline{D_3}$
0	1	0	0	D_4	$\overline{D_4}$
0	1	0	1	D_5	$\overline{D_5}$
0	1	1	0	D_6	$\overline{D_6}$
0	1	1	1	D_7	$\overline{D_7}$

2. 数据分配器

在数据传输过程中，有时需要将某一路数据分配到多路装置中去，能够完成这种功能的电路称为数据分配器。根据输出的个数不同，数据分配器可分为 4 路分配器、8 路分配器等，数据分配器实际上是译码器的特殊应用。带有使能端的译码器都具有数据分配器的功能，一般双 2 线-4 线译码器可作为 4 路分配器，3 线-8 线译码器可作为 8 路分配器，4 线-16 线译码器可作为 16 路分配器。以 74LS138 为例，选择低电平有效的两个使能端中的 $\overline{S_2}$（即 G_{2B}）作数据输入端，令其他使能端 $\overline{S_3}=0$、$S_1=1$，同时 A_2、A_1、A_0 作地址分配端，即可实现 8 路分配器的功能，其测试电路如图 10.16 所示。

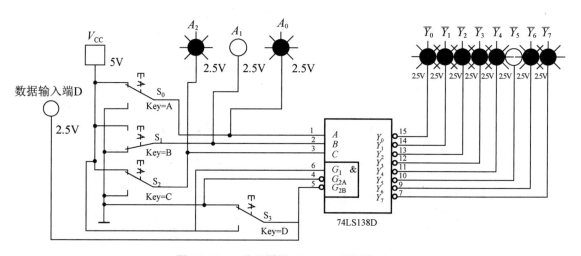

图 10.16　8 路分配器 74LS138 测试电路

10.2.4　加法器

前面数字系统中都是采用二进制数，而两个二进制数之间的加减乘除运算都是化作若干步加法运算进行的。因此，加法器是构成算术运算器的基本单元。

1. 半加器

不考虑来自低位的进位数，只将两个 1 位二进制数 A 和 B 相加，称为二进制算术半加。实现半加运算的电路叫做半加器，半加器 74LS86 测试电路如图 10.17 所示。

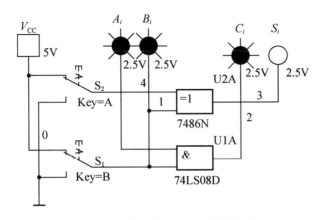

图 10.17　半加器 74LS86 测试电路

其逻辑真值表见表 10-10。

表 10-10　半加器 74LS86 逻辑真值表

输	入	输	出
A_i	B_i	S_i	C_i
0	0	0	0
0	1	1	0
1	0	1	0
1	1	0	1

2. 全加器

考虑低位来的进位数的二进制算术加法称为全加，完成全加功能的电路称为全加器。此处以 74LS183 为例，介绍全加器的逻辑功能。其测试电路如图 10.18 所示。

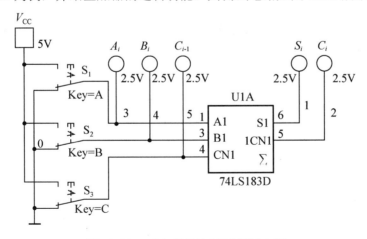

图 10.18　全加器 74LS183 测试电路

其逻辑真值表见表 10-11。

表 10-11　全加器 74LS183 逻辑真值表

输入			输出	
A_i	B_i	C_{i-1}	S_i	C_i
0	0	0	0	0
0	0	1	1	0
0	1	0	1	0
0	1	1	0	1
1	0	0	1	0
1	0	1	0	1
1	1	0	0	1
1	1	1	1	1

3. 集成多位超前进位加法器 74LS283

多位数相加时，要考虑进位，进位的方式有串行进位和超前进位两种。中规模集成加法器常做成 4 位，由四个全加器构成。常用的集成多位超前进位加法器 74LS283 引脚分布如图 10.19 所示，测试电路如图 10.20 所示。

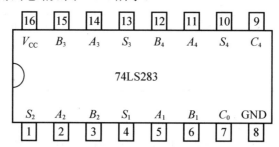

图 10.19　集成多位超前进位加法器 74LS283 引脚分布

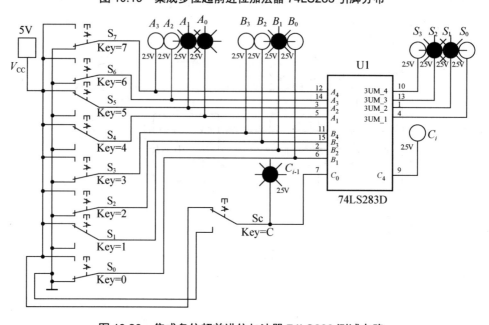

图 10.20　集成多位超前进位加法器 74LS283 测试电路

若要进行两个 8 位二进制数的加法运算,可用两片 74LS283,其电路如图 10.21 所示。电路连接时,将低 4 位集成芯片的 C_I 接地,低 4 位的 C_O 进位接到高 4 位的 C_I。两个二进制数 A、B 分别从低位和高位依次接到相应的输入端,最后的运算结果为 $C_7 S_7 S_6 S_5 S_4 S_3 S_2 S_1 S_0$。

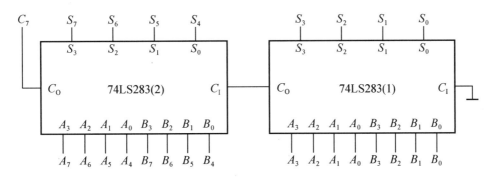

图 10.21 两片 74LS283 组成的 8 位二进制数加法电路

10.2.5 数值比较器

在一些数字系统中,经常要求比较两个数的大小。能对两个位数相同的二进制数进行比较,并判断其大小关系的逻辑电路称为数值比较器。

数值比较器对两个位数相同的二进制数 A、B 进行比较,其结果有 $A>B$、$A<B$ 和 $A=B$ 三种可能性。典型的数值比较器有 74LS85,其引脚分布如图 10.22 所示。

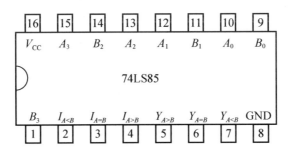

图 10.22 数值比较器 74LS85 引脚分布

数值比较器 74LS85 能进行二进制码和 8421 码大小的比较。它可以对两个 4 位字 ($A_3 A_2 A_1 A_0$、$B_3 B_2 B_1 B_0$)进行译码后作出三种判断,并将结果 $Y_{A>B}$、$Y_{A=B}$、$Y_{A<B}$ 从三个输出端输出,输出有效值为 1。其测试电路如图 10.23 所示。

对较长字的比较可以把数值比较器串联起来使用,如用两片 74LS85 组成的 8 位数值比较器,其电路如图 10.24 所示。而 $I_{A>B}$、$I_{A=B}$、$I_{A<B}$ 是连接来自低位的比较结果,故不需外加门,就可以完全扩展到任何位。

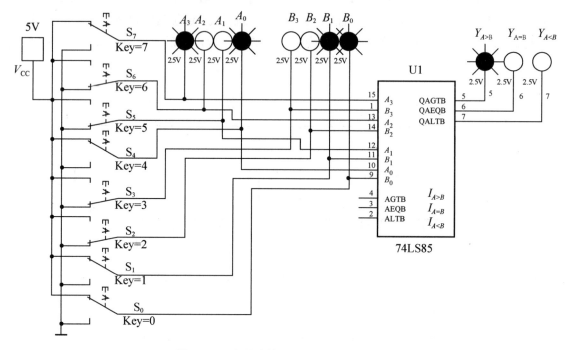

图 10.23 数值比较器 74LS85 测试电路

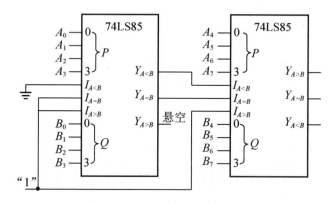

图 10.24 两片 74LS85 组成的 8 位数值比较器电路

10.3 数显电容计显示电路的制作

显示电路如图 10.25 所示。

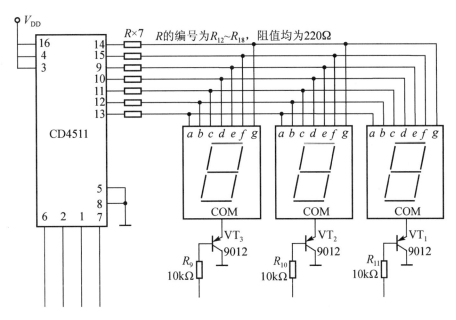

图 10.25　显示电路

其器件清单见表 10-12。

表 10-12　显示电路器件清单

序　号	名　称	规　格	数　量
1	CD4511	—	1
2	晶体管	9012	3
3	电阻器	—	10
4	电容器	—	1
5	导线	—	若干
6	晶体管直流稳压电源	—	1
7	共阴极数码管	—	3
8	开关	—	7

在器件清单中，用到了一种集成器件 CD4511，它是译码器的一种，称为七段显示译码器。

10.3.1　显示译码器

在数字系统中，经常需要将数字、文字和符号的二进制代码翻译成人们习惯的形式，以便直观地显示出来，方便查看或读取，这就需要显示电路来完成。显示电路通常由译码器、驱动器和显示器等部分组成。

1. 七段数字显示器

七段数字显示器就是将七个发光二极管按一定的方式排列起来，a、b、c、d、e、f、g

各对应一个发光二极管,利用不同的发光段组合,显示不同的阿拉伯数字,如图 10.26 所示。

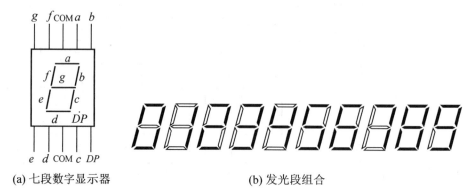

(a) 七段数字显示器　　　　　　　　(b) 发光段组合

图 10.26　七段数字显示器及发光段组合

按内部连接方式不同,七段数字显示器分为共阳极和共阴极两种接法,如图 10.27 所示。

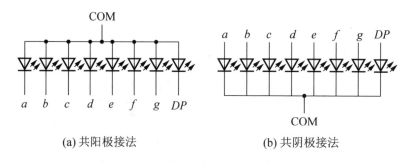

(a) 共阳极接法　　　　　　　　(b) 共阴极接法

图 10.27　七段数字显示器的内部接法

2. 七段显示译码器 CD4511

七段显示译码器 CD4511 为双列直插 16 脚封装,它将 BCD 码变换为驱动共阴极数码管所需的信号。CD4511 的引脚分布如图 10.28 所示,测试电路如图 10.29 所示。

其中 $A \sim D$ 为 BCD 码输入编码,A 为低位输入编码,D 为高位输入编码。七段 $a \sim g$ 输出高电平用于驱动共阴极数码管发光并显示特定的符号,如阿拉伯数字 $0 \sim 9$。七段显示译码器的输出,通过测试由表 10-13 可知,也是一种多位二进制代码,但该种代码除了用于显示之外,与显示字符的数值大小、特性等无任何关联,称之为字段码。其他引脚功能如下。

BI:4 脚是消隐输入控制端。当 $BI=0$ 时,不管其他输入端状态如何,共阴极数码管都会处于消隐也就是不显示的状态。

LE:5 脚是锁定控制端。当 $LE=0$ 时,允许译码输出。当 $LE=1$ 时,译码器是锁定保持状态,译码器的输出被保持在 $LE=0$ 时的数值。

LT:3 脚是测试信号的输入端。当 $BI=1$,$LT=0$ 时,译码输出全为 1,不管输入 $DCBA$ 的状态如何,共阴极数码管均显示,它主要用来检测共阴极数码管是否有物理损坏。

项目 10 组合逻辑电路的认知及数显电容计显示电路的制作

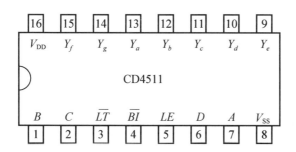

图 10.28 CD4511 的引脚分布

【CD4511】

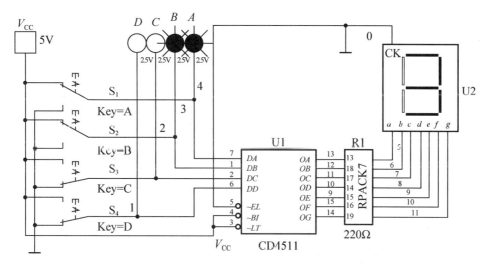

图 10.29 CD4511 测试电路

表 10-13 七段显示译码器 CD4511 逻辑真值表

			输入编码						输出编码					字形
BI	LT	LE	D	C	B	A	a	b	c	d	e	f	g	
1	1	0	0	0	0	0	1	1	1	1	1	1	0	0
1	1	0	0	0	0	1	0	1	1	0	0	0	0	1
1	1	0	0	0	1	0	1	1	0	1	1	0	1	2
1	1	0	0	0	1	1	1	1	1	1	0	0	1	3
1	1	0	0	1	0	0	0	1	1	0	0	1	1	4
1	1	0	0	1	0	1	1	0	1	1	0	1	1	5
1	1	0	0	1	1	0	0	0	1	1	1	1	1	6
1	1	0	0	1	1	1	1	1	1	0	0	0	0	7
1	×	0	1	0	0	0	1	1	1	1	1	1	1	8
1	1	0	1	0	0	1	1	1	1	0	0	1	1	9
1	1	0	1	0	1	0	0	0	0	1	1	0	1	c
1	1	0	1	0	1	1	0	0	1	1	0	0	1	⊐
1	1	0	1	1	0	0	0	1	0	0	0	1	1	U

续表

BI	LT	LE	D	C	B	A	a	b	c	d	e	f	g	字形
1	1	0	1	1	0	1	1	0	0	1	0	1	1	ᶜ
1	1	0	1	1	1	0	0	0	0	1	1	1	1	ᵗ
1	1	0	1	1	1	1	0	0	0	0	0	0	0	暗
0	×	×	×	×	×	×	0	0	0	0	0	0	0	暗

10.3.2 数显电容计显示电路工作原理

数显电容计显示部分的显示器件采用了 3 位共阴极数码管,可以显示 000~999 的数值。

数显电容计显示部分的七段显示译码器选用 CD4511,其内部具有抑制非 BCD 码输入的电路,当输入为非 BCD 码时,译码器的七个输出均为低电平,使数码管显示器变暗。CD4511 每段输出驱动电流可达 25mA,因此在驱动共阴极数码管时要加限流电阻 R_{12}~R_{18}。

若要使数码管显示,除了 CD4511 要输出相应电平之外,数码管的共阴极点还必须接低电平。

10.3.3 实施步骤

① 按照图 10.25 所示的电路将 CD4511、电阻器、数码管、晶体管安装在面包板上,并正确接线,在确认无误后,将晶体管直流稳压电源输出电压调至 5V 并通电。

② 在 CD4511 的 6、2、1、7 脚上依次输入 0000~1001 这 10 个 BCD 码数据,同时晶体管 VT_1~VT_3 基极通过限流电阻全部接地,使所有数码管均能显示,依次观察数码管的显示数值。

③ 在测试完毕后,将元器件从面包板上拆除,按工艺要求安装在数显电容计 PCB 上。

测试结果分析:在依次输入 0000~1001 的情况下,3 位数码管依次显示数字 0~9,说明 CD4511 可实现译码功能。

拓展讨论

组合逻辑电路类型多、功能多,在学习过程中,说明一下你所碰到的困难。同时利用已经学过的集成组合逻辑电路知识,在后续时序逻辑电路、集成 555 定时器、单片机及 PLC 的学习中如何做到举一反三?

【我国集成电路的发展】

项 目 小 结

1. 组合逻辑电路的特点是,电路的输出状态只取决于该时刻的输入状态,而与原状态无关。

2. 门电路是组合逻辑电路的单元电路,在门电路组合成组合逻辑电路时,电路中无记忆单元,没有反馈通路。

3. 组合逻辑电路的分析步骤:写出各输出端的逻辑函数表达式→化简和变换逻辑函数表达式→列出逻辑真值表→确定逻辑功能。

4. 组合逻辑电路的设计步骤：根据设计要求列出逻辑真值表→写出逻辑函数表达式(或填写卡诺图)→逻辑化简和变换→画出逻辑电路。

5. 本项目介绍了常用的中规模组合逻辑电路，包括编码器、译码器等。在集成组合逻辑电路中除了输入端和输出端之外，还增加了使能端，既可控制器件的工作状态，又便于构成较复杂的逻辑系统。

习　　题

一、选择题

10.1　若在编码器中有 50 个编码对象，则要求输出二进制代码位数为(　　)位。
　　A．5　　　　　　B．6　　　　　　C．10　　　　　　D．50

10.2　8 选 1 数据选择器应有(　　)个选择控制端。
　　A．2　　　　　　B．3　　　　　　C．6　　　　　　D．8

10.3　译码器属于一种(　　)。
　　A．记忆性数字电路　　　　　　B．逻辑组合电路
　　C．运算电路　　　　　　　　　D．编程电路

10.4　组合逻辑电路的输出状态取决于(　　)。
　　A．当时的输入变量的组合
　　B．当时的输入变量和原来的输出状态的组合
　　C．当时的输入变量和原来的输出状态的与
　　D．当时的输入变量和原来的输出状态的或

二、填空题

10.5　组合逻辑电路的输出状态仅与_____有关。组合逻辑电路没有____功能，其在电路中没有____回路。

10.6　组合逻辑电路设计过程中最重要的一步是_____，它是目前计算机辅助设计工具无法实现的。

10.7　8 个输入编码的编码器，按二进制编码，其输出的编码有____位。

10.8　3 个输入编码的译码器，最多可译码出____路的输出。

10.9　4 选 1 数据选择器输出的函数表达式是：_____。

10.10　全加器有____、____和____三个输入信号，以及____和____两个输出信号。

三、分析计算题

10.11　试分析图 10.30 所示电路的逻辑功能。

(1) 写出函数 Y 的逻辑函数表达式。

(2) 将函数 Y 化为最简与或式。

(3) 列出逻辑真值表。

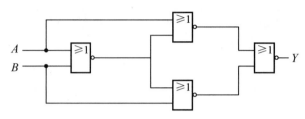

图 10.30　题 10.11 图

10.12　试分析图 10.31 所示电路的逻辑功能。
(1) 写出函数 Y 的逻辑函数表达式，并变换成与或式。
(2) 列出逻辑真值表。

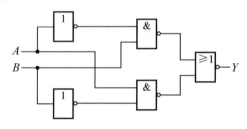

图 10.31　题 10.12 图

10.13　试分析图 10.32 所示电路的逻辑功能。
(1) 写出函数 Y 的逻辑函数表达式并将函数 Y 化为最简式。
(2) 列出逻辑真值表。
(3) 现有的逻辑关系能否用一个门来代替，如果能请画出这个门的逻辑符号。

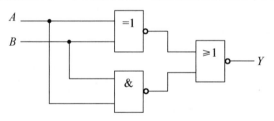

图 10.32　题 10.13 图

10.14　试分析图 10.33 所示电路的逻辑功能。图中 74LS138 为 3 线-8 线译码器。要求写出其输出逻辑函数表达式、列出逻辑真值表并说明逻辑功能。

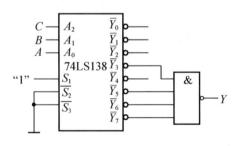

图 10.33　题 10.14 图

10.15　试设计一个多人表决电路。要求 A、B、C 三人中只要有半数以上同意，则表决就能通过。但 A 还具有否决权，即只要 A 不同意，即使多数人同意也不能通过(要求用最少的与非门实现)。

10.16 试用与非门设计一个举重裁判表决电路。设举重比赛有三名裁判，一名主裁判和两名副裁判。杠铃完全举上的裁决由每一名裁判按下自己面前的按钮来确定。只有当两名或两名以上裁判判定成功，并且其中有一名为主裁判时，表明成功的灯才亮。

10.17 某医院有一号、二号、三号、四号病室四间，每室设有呼叫按钮，同时在护士值班室内对应地装有一号、二号、三号、四号四个指示灯。现要求当一号病室的按钮按下时，无论其他病室内的按钮是否按下，只有一号灯亮。当一号病室的按钮没有按下，而二号病室的按钮按下时，无论三号、四号病室的按钮是否按下，只有二号灯亮。当一号、二号病室的按钮都未按下，而三号病室的按钮按下时，无论四号病室的按钮是否按下，只有三号灯亮。当一号、二号、三号病室的按钮均未按下，而四号病室的按钮按下时，四号灯才亮。试分别用门电路和优先编码器 74LS148 设计满足上述控制要求的逻辑电路。

10.18 某工厂有 A、B、C 三个车间和一个自备电站，站内有两台发电机 G_1 和 G_2。G_1 的容量是 G_2 的两倍。如果一个车间开工，只需 G_2 运行。如果两个车间开工，只需 G_1 运行。如果三个车间同时开工，则 G_1 和 G_2 均需运行。试画出控制 G_1 和 G_2 运行的逻辑电路。

10.19 某组合逻辑电路的逻辑真值表见表 10-14，试用与非门实现该逻辑电路。

(1) 写出函数 Y 的最简与非式。
(2) 画出逻辑电路。

表 10-14 题 10.19

A	B	C	Y
0	0	0	1
0	0	1	0
0	1	0	0
0	1	1	×
1	0	0	×
1	0	1	1
1	1	0	1
1	1	1	0

10.20 在显示电路的制作中，当给图 10.25 所示电路中的 3 个数码管共阴极点全部加低电平，为何数码管显示内容相同，试分析原因。若只要右侧第一个数码管显示"4"，应该怎么做？

项目 11

时序逻辑电路的认知及应用电路的制作

学习目标

1. 知识目标
(1) 掌握触发器及时序逻辑电路的特性。
(2) 掌握常用集成触发器、寄存器及计数器的引脚分配及逻辑功能。
(3) 掌握数显电容计计数电路的组成、工作原理。
2. 技能目标
(1) 掌握常用集成触发器、寄存器、计数器的测试方法。
(2) 制作数显电容计计数电路,对电路出现的故障进行原因分析及排除。

生活提点

早期(微处理器芯片问世前),交通信号灯、闪烁的霓虹灯、发光二极管点阵列等这些需要延时控制的产品都需要用时序逻辑电路来进行控制,包括微处理器的时钟信号、读写信号,其实际上也都是一种时序逻辑电路,而触发器是构成时序逻辑电路的单元电路,具备时序逻辑电路的基本特性。在本项目中,通过数显电容计计数电路的制作,来了解时序逻辑电路的相关特性及逻辑功能。

项目 11　时序逻辑电路的认知及应用电路的制作

项目任务

项目目标：制作数显电容计计数电路。

项目要求：要求该电路选用 3 位 BCD 码集成计数器 MC14553，计数范围为 0～999。

项目提示：该电路如图 11.1 所示。

图 11.1　数显电容计计数电路

项目实施

11.1　常见集成触发器的认知及测试

集成触发器的实物如图 11.2 所示。

(a) 集成双D触发器74LS74　　　(b) 集成JK触发器74LS112　　　(c) 四D触发器74LS175

图 11.2　集成触发器的实物

利用四二输入与非门 74LS00 在面包板上搭接成如图 11.3 所示的电路来测试其逻辑功能特性。

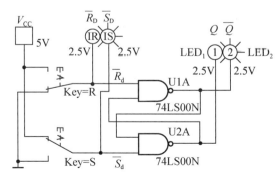

图 11.3　74LS00 实验电路

测试步骤如下。

将晶体管直流稳压电源输出电压调至+5V，四二输入与非门 74LS00 的两个输出信号为 Q 和 $\overline{Q}$，两个输入端分别接高电平和低电平，输入信号为 $\overline{S_D}$ 和 $\overline{R_D}$。按下述测试情况观察 LED 是否发光并记录，依据发光二极管单向导电性的特征，若 LED 发光，则相应端口输出为高电平，反之为低电平。

测试结果分析如下。

① 第一种情况：将 $\overline{R_D}$ 加 5V 高电平，$\overline{S_D}$ 接地，可观察到 LED_1 发光，LED_2 熄灭，即 Q 输出高电平，$\overline{Q}$ 输出低电平。

② 第二种情况：将 $\overline{R_D}$ 和 $\overline{S_D}$ 均加 5V 高电平，可观察到 LED_1 发光，LED_2 保持熄灭状态，即 Q 输出高电平，$\overline{Q}$ 输出低电平。

③ 第三种情况：将 $\overline{R_D}$ 接地，$\overline{S_D}$ 加 5V 高电平，可观察到 LED_1 熄灭，LED_2 发光，即 Q 输出低电平，$\overline{Q}$ 输出高电平。

重复第二种情况，即 $\overline{R_D}$ 和 $\overline{S_D}$ 均加 5V 高电平，可观察到 LED_1 仍熄灭，LED_2 仍发光，即 Q 仍输出低电平，$\overline{Q}$ 仍输出高电平。通过前面几个测试步骤，表明当 $\overline{R_D}$ 和 $\overline{S_D}$ 均加高电平时，该电路的输出保持原来的状态不变。

【时序和组合的区别】

④ 第四种情况：将 $\overline{R_D}$ 和 $\overline{S_D}$ 均接地，可观察到 LED_1 和 LED_2 均发光，即 Q 和 $\overline{Q}$ 均输出高电平。

将上述四种情况下的输出电平用数字 0 和 1 表示，可列出反映该电路输入输出特性的逻辑真值表，见表 11-1。

表 11-1　74LS00 逻辑真值表

输	入	输	出
$\overline{S_D}$	$\overline{R_D}$	Q	$\overline{Q}$
0	0	1	1
0	1	1	0
1	0	0	1
1	1	保持状态	

前面所学的组合逻辑电路的输出状态只与当前的输入状态有关，但从图 11.3 所示电路的测试中，可观察到，74LS00 实验电路的输出状态不仅与当前输入 $\overline{R_D}$ 和 $\overline{S_D}$ 的状态有关，而且也与电路原来的状态有关。即电路具有记忆功能，满足该种特性的电路称为时序逻辑电路。

图 11.3 所示的实验电路除满足时序逻辑电路的相关特性之外，还能存储 1 位二进制信息，也称之为触发器。它是时序逻辑电路的一个单元电路，为了实现记忆 1 位二进制信息，触发器必须具备以下两个基本条件。

① 具有两个能自行保持的稳定状态，用来表示逻辑状态的 0（$Q=0$ 时，$\overline{Q}=1$，称复位状态）和 1（$Q=1$ 时，$\overline{Q}=0$，称置位状态）。

② 根据不同的输入信号可以置成 1 或 0 状态。

同时，按照时间进度，电路的状态分为现态和次态两种。

触发器接收输入信号之前的状态,叫做现态,用 Q^n 表示。触发器接收输入信号之后的状态,叫做次态,用 Q^{n+1} 表示。

触发器次态 Q^{n+1} 与现态 Q^n 和输入信号之间的逻辑关系,是贯穿本项目始终的基本问题。如何获得、描述和理解这种逻辑关系,是本项目学习的中心任务。

图 11.4 所示为基本 RS 触发器,电气符号如图中标注所示。在项目 9 的超量程指示电路中,其实质也是一个由或非门组成的基本 RS 触发器,电路两个输入信号分别为 R 和 S,高电平有效,与图 11.4 的有效输入电平信号刚好相反。

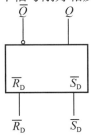

图 11.4 基本 RS 触发器

其逻辑真值表见表 11-2。

表 11-2 RS 触发器逻辑真值表

输	入	输	出
S	R	Q	$\overline{Q}$
0	0	1	1
0	1	1	0
1	0	0	1
1	1	保持状态	

如果要用表达式来描述该电路的功能,则可用触发器次态和现态的特性方程表示。基本 RS 触发器的特性方程为 $Q^{n+1} = S + \overline{R}Q^n$。

11.1.1 同步 RS 触发器

在基本 RS 触发器 G_1、G_2 的基础上增加 G_3、G_4 两个作导引门,就构成了同步 RS 触发器,如图 11.5(a)所示。R、S 为输入信号(数据),CP 为时钟脉冲。

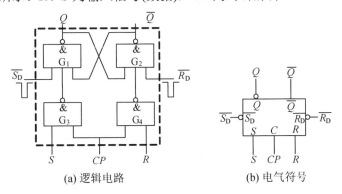

(a) 逻辑电路 　　(b) 电气符号

图 11.5 同步 RS 触发器

在时钟脉冲 $CP=0$ 时，G_3、G_4 门被关闭，输入信号被封锁，同步 RS 触发器 $\overline{S_D}=\overline{R_D}=1$，触发器状态保持不变。在时钟脉冲 $CP=1$ 时，G_3、G_4 门被打开，输入信号经反相后被引导到同步 RS 触发器的信号输入端，由信号输入端控制触发器的状态。

表 11-3 是同步 RS 触发器逻辑功能表，表中 Q^n 表示 CP 作用前触发器的状态，称初态。Q^{n+1} 表示 CP 作用后触发器的新状态，称次态。CP 脉冲从 0 跳到 1(上升沿)的时刻是初、次态的时间分界点。

表 11-3　同步 RS 触发器逻辑功能表

输 入		输 出	功能说明
R	S	Q^{n+1}	
0	1	1	置 1
1	0	0	置 0
0	0	Q^n	保持
1	1	×	禁止

由表 11-3 可见，R、S 全是 1 的输入组合是应当禁止的。因为当 $CP=1$ 时，若 $R=S=1$，则 G_3、G_4 均输出 0，致使 $Q=\overline{Q}=1$，当时钟脉冲过去之后，触发器恢复成何种稳态是随机的，出现不确定的状态。

同步 RS 触发器的电气符号如图 11.5(b)所示。通常电路中仍设有直接置 0 端 $\overline{R_D}$ 和直接置 1 端 $\overline{S_D}$，它们只允许在时钟脉冲 $CP=0$ 的间歇内使用，使用时采用低电平置 "1" 或置 "0"，以实现清零或置数，使之具有指定的初始状态。不用时"悬空"，即高电平。R、S 端称同步输入端，在 $CP=1$ 时，由同步输入端的状态和触发器初态来决定触发器次态。其特性方程与基本 RS 触发器相同，但触发条件不一样。

图 11.6 所示为同步 RS 触发器的工作波形。由图 11.6 可见，同步 RS 触发器结构简单，但存在两个严重缺点。一是输出会出现不确定状态，二是触发器在时钟脉冲持续期间，当 R、S 的输入状态发生变化时，会造成触发器翻转，产生误动作，导致触发器最后的状态发生改变。

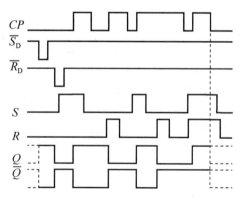

图 11.6　同步 RS 触发器的工作波形

为解决上述问题，一般采用边沿触发的主从型、维持阻塞型等 JK、D、T 触发器。

11.1.2 集成主从型 JK 触发器 74LS112 的逻辑功能测试

1. 常见集成 JK 触发器及电气符号

常见集成 JK 触发器有以下两种。

① TTL 型。上升沿触发的 JK 触发器有 74LS73、74LS76，下降沿触发的 JK 触发器有 74LS112、74LS109 等，其中 74LS112 是双 JK 触发器。

② CMOS 型。常见的 JK 触发器有 CD4027 等。

集成 JK 触发器的电气符号如图 11.7 所示。

2. 74LS112 的引脚配置

74LS112 的引脚配置如图 11.8 所示，触发条件为下降沿触发。

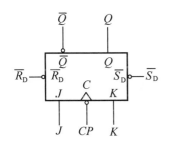

图 11.7 集成 JK 触发器的电气符号

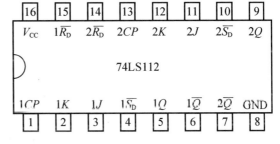

图 11.8 74LS112 的引脚配置

3. 74LS112 的逻辑功能测试

其逻辑功能测试电路如图 11.9 所示。

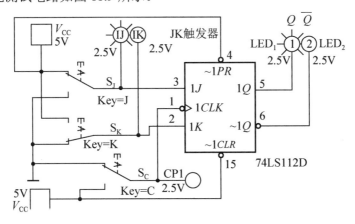

图 11.9 74LS112 逻辑功能测试电路

测试步骤为，将 74LS112 中一组触发器的 $\overline{R_D}$ 和 $\overline{S_D}$ 通过限流电阻接电源，即 $\overline{R_D} = \overline{S_D} = 1$ 无效，通过 CP 端输入单次脉冲，开关 S_C 控制其高低电平输入，触发器的输入端信号 J、K 接逻辑电平控制开关 S_J 和 S_K，输出端信号 $\overline{Q}$ 接 LED 显示器，按图 11.9 的要求测试输出 Q^{n+1} 的逻辑电平，注意观察触发器输出 Q^{n+1} 的状态在脉冲的什么沿翻转，并将测试结果填入表 11-4 中。

表 11-4 JK 触发器逻辑功能测试表

J	0		0		0		0		1		1		1		1	
K	0		0		1		1		0		0		1		1	
Q^n	0		1		0		1		0		1		0		1	
CP	0→1	1→0	0→1	1→0	0→1	1→0	0→1	1→0	0→1	1→0	0→1	1→0	0→1	1→0	0→1	1→0
Q^{n+1}																

4. 74LS112 动态测试

其动态仿真测试电路及输出波形如图 11.10 所示，使触发器的 $\overline{R_D}=\overline{S_D}=1$，$J=K=1$，$CP$ 端接频率为 50Hz 的矩形波，用示波器观察 74LS112 的输出波形 Q 与时钟脉冲 CP。通过测试波形可看出输出波形为周期性的方波信号，输出状态始终处在不断翻转的过程中，且周期为时钟脉冲 CP 周期的两倍，说明电路具有分频作用。

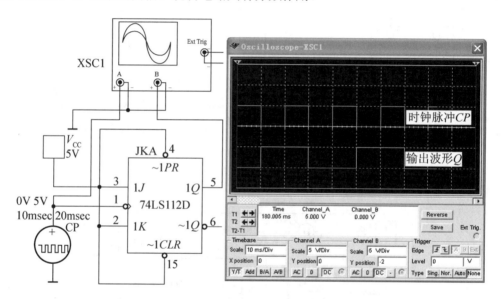

图 11.10 74LS112 动态仿真测试电路及输出波形

通过对 74LS112 的测试，可得到 JK 触发器的逻辑功能表见表 11-5。

表 11-5 JK 触发器的逻辑功能表

输	入	输 出	功能说明
J	K	Q^{n+1}	
0	1	0	置 0
1	0	1	置 1
0	0	Q^n	保持
1	1	$\overline{Q^n}$	翻转

同时也可得到反映触发器输入输出关系的特性方程 $Q^{n+1}=J\overline{Q^n}+\overline{K}Q^n$，在特性方程中，若将 J 和 K 全部接高电平 1，则可得到另一种 T 触发器，其特性方程为 $Q^{n+1}=\overline{Q^n}$，该种触发器是构成时序逻辑电路的应用电路——计数器的单元电路。

11.1.3 集成 D 触发器 74LS74 的认知及测试

1. 常见集成 D 触发器及电气符号

集成 D 触发器的电气符号如图 11.11 所示。

2. 74LS74 引脚分布

74LS74 引脚分布如图 11.12 所示，该触发器是双 D 触发器，采用+5V 电源供电，触发条件为上升沿触发。

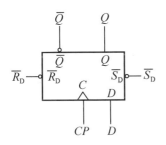

图 11.11 集成 D 触发器的电气符号

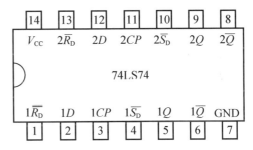

图 11.12 74LS74 引脚分布

接下来通过对 TTL 门电路 74LS74 的功能测试，来了解集成 D 触发器的逻辑功能。

3. 74LS74 的逻辑功能测试

其逻辑功能测试电路及输出波形如图 11.13 所示。

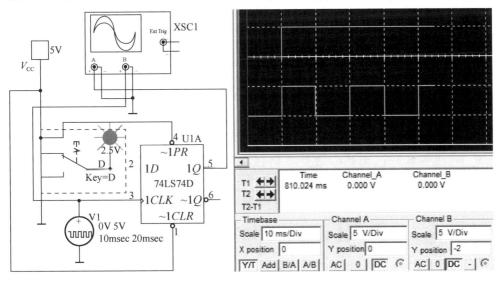

图 11.13 74LS74 逻辑功能测试电路及输出波形

测试步骤为，将 74LS74 中一组触发器的异步复位端($\overline{R_D}$)、置位端($\overline{S_D}$)和触发器输入端(D)分别接逻辑高电平控制开关，CP 端接 50Hz 方波脉冲信号，当切换控制开关 S，使输入信号在 0 和 1 变化时，输出信号在 CP 上升沿时刻随输入信号同步变化，并将输出 Q^{n+1} 结果记录在表 11-6 中。

表 11-6 74LS74 逻辑功能表

输入				输出	
$\overline{R_D}$	$\overline{S_D}$	D	Q^n	CP	Q^{n+1}
0	1	×	×	×	
1	0	×	×	×	
1	1	0	0	0→1	
1	1	0	0	1→0	
1	1	0	1	0→1	
1	1	0	1	1→0	
1	1	1	0	0→1	
1	1	1	0	1→0	
1	1	1	1	0→1	
1	1	1	1	1→0	

注：×表示任意状态。

通过对 74LS74 的测试，可得到集成 D 触发器的逻辑功能表见表 11-7。

表 11-7 集成 D 触发器的逻辑功能表

输入	输出	功能说明
D	Q^{n+1}	
0	0	保持
1	1	保持

【触发器】

由此归纳出集成 D 触发器的特性方程 $Q^{n+1}=D$。通过刚才的测试可看出，集成 D 触发器并不改变输入输出信号的特性，仅仅起到传递数据的功能，故在数字电路和计算机电路中进行数据传送和存储时得到应用，也是后续时序逻辑电路——寄存器的单元电路。

【计数器】

11.2 集成计数器的认知及数显电容计计数电路的制作

数显电容计计数电路如图 11.14 所示。计数电路器件清单见表 11-8。电路中用到了集成时序逻辑电路——集成计数器 MC14553，先来了解一下计数器的相关知识。

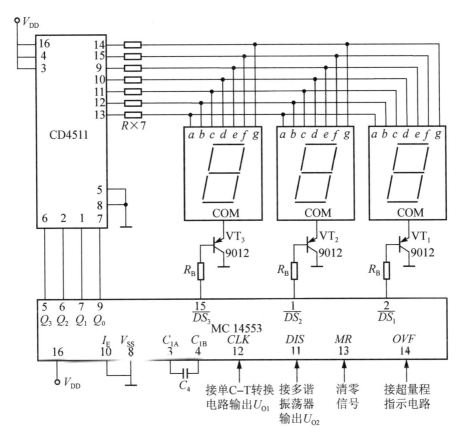

图 11.14 数显电容计计数电路

表 11-8 计数电路器件清单

序 号	名 称	规 格	数 量
1	晶体管直流稳压电源	—	1
2	面包板	—	1
3	电容器	10^3 pF	1
4	电容器	5900 pF	1
5	电容器	0.047 μF	1
6	电容器	0.22 μF	1
7	电容器	1 μF	1
8	集成计数器	MC14553	1
9	导线	—	若干
10	信号发生器	—	1
11	示波器	—	1

11.2.1 计数器的功能及应用

在电子计算机和数字系统中,计数器是重要的基本部件,它能累计和寄存输入脉冲的数目。计数器应用十分广泛，不仅可用来计数和执行数字运算，还可用作数字系统中的定时电路。因此，各种数字设备几乎都要用到计数器。集成计数器 MC14553 的实物如图 11.15 所示。

图 11.15　集成计数器 MC14553 的实物

11.2.2　计数器类型及逻辑功能

计数器的种类很多，按计数增减分为加法计数器、减法计数器和可逆计数器，按计数进制分为二进制计数器、二-十进制计数器和 N 进制计数器，按触发器翻转是否同步分为同步计数器和异步计数器。

利用触发器和门电路可以构成 N 进制计数器。目前，无论是集成 TTL 还是 CMOS 门电路，市场上都有品种较齐全的中规模集成计数器。在实际使用中，主要利用中规模集成计数器来构成 N 进制计数器。

① 二进制计数器：采用 N 个 T 触发器构成，计数个数为 2^N 个。

② 二-十进制计数器：计数个数为 10 个，也称为 BCD 码计数器。

③ N 进制计数器：计数个数为 N 个。

常用的有 4 位二进制计数器 74LS161、74HC163A 和十进制计数器 74LS160 等，接下来了解一下集成计数器的功能。

11.2.3　二进制同步加法计数器 74LS161 及其应用

1. 74LS161 引脚功能

74LS161 引脚分布如图 11.16 所示。

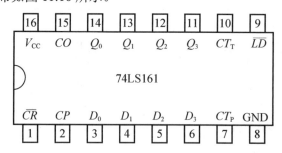

图 11.16　74LS161 引脚分布

图 11.16 中 CO 是向高位进位的输出端的输出信号，$\overline{CR}$ 是异步清零端的输入信号，$\overline{LD}$ 是同步置数端的输入信号，CT_P、CT_T 是使能端的输入信号，CP 是上升沿触发时钟脉冲端的输入信号，$D_0 \sim D_3$ 是预置数输入端的输入信号。其测试电路如图 11.17 所示。

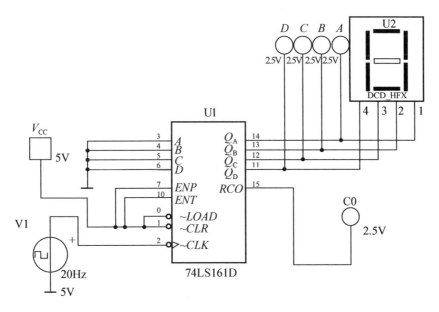

图 11.17　74LS161 测试电路

74LS161 的逻辑功能表见表 11-9。

表 11-9　74LS161 的逻辑功能表

序号	输入								输出				功能说明
	$\overline{CR}$	$\overline{LD}$	CT_P	CT_T	CP	D_3	D_2	D_1	D_0	Q_3^{n+1}	Q_2^{n+1}	Q_1^{n+1}	Q_0^{n+1}	
1	0	×	×	×	×	×	×	×	×	0	0	0	0	异步清零
2	1	0	×	×	↑	D_3	D_2	D_1	D_0	D_3	D_2	D_1	D_0	同步置数
3	1	1	0	1	×	×	×	×	×	Q_3	Q_2	Q_1	Q_0^n	保持
4	1	1	×	0	×	×	×	×	×	Q_3	Q_2	Q_1	Q_0^n	保持
5	1	1	1	1	↑	×	×	×	×	加 1 计数				加 1 计数

2. 74LS161 逻辑功能

从逻辑功能表可以看出该计数器有如下功能。

(1) 异步清零

当 $\overline{CR}$=0 时，无论有没有时钟脉冲 CP 和其他信号输入，计数器都被清零。

(2) 同步置数

当 $\overline{CR}$=1、$\overline{LD}$=0 时，在输入时钟脉冲 CP 上升沿的作用下，并行输入的数据 $D_3D_2D_1D_0$ 被置入计数器。

(3) 保持

当 $\overline{CR}=\overline{LD}=1$ 时，只要 CT_P、CT_T 中有一个为 "0" 电平，各触发器的输出状态就保持不变。而当 CT_T=0 时，输出端输出 CO=0。

(4) 计数

当 $\overline{CR}=\overline{LD}=CT_T=CT_P=1$ 时，在时钟脉冲 CP 上升沿到来时，电路做十进制加法计数，

从 0000 计数到 1111。当计数器累加到 1111 时，输出端输出 CO 为高电平。

3. 将 74LS161 改为 N 进制计数器

将 74LS161 改为 N 进制计数器通常采用置数法，置数法是利用计数器中的置数端在计数到某一状态后产生一个置数信号，使计数的状态回到输入数据时的状态。

例 1 试用置数法将 74LS161 改成六进制计数器(0000→0001→0010→0011→0100→0101)。

解：计数器从 0000 开始计数，当计至 5(0101)时，与非门输出低电平，使同步置数端的 $\overline{LD}$=0。由于 74LS161 的同步置数功能，当下一个时钟脉冲到来后各触发器置零，完成一个六进制计数循环。仿真电路如图 11.18 所示，其中 74LS20 为双四输入与非门。

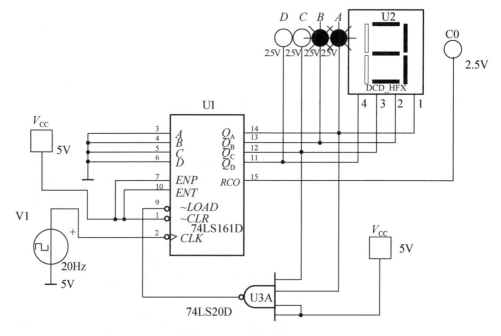

图 11.18　仿真电路(一)

11.2.4　十进制同步加法计数器 74LS160 及其应用

1. 74LS160 引脚及逻辑功能

74LS160 引脚分布如图 11.19 所示。

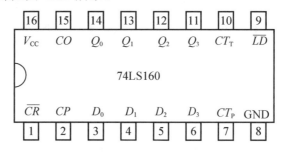

图 11.19　74LS160 引脚分布

图 11.19 中 CO 是向高位进位的输出端的输出信号,$\overline{CR}$ 是异步清零端的输入信号,$\overline{LD}$ 是同步置数端的输入信号,CT_P、CT_T 是使能端的输入信号,CP 是上升沿触发时钟脉冲端的输入信号,$D_0 \sim D_3$ 是预置数输入端的输入信号。其测试电路如图 11.20 所示。

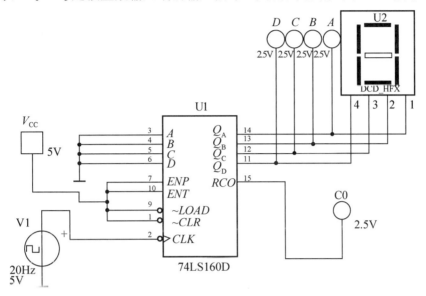

图 11.20 74LS160 测试电路

74LS160 的逻辑功能表见表 11-10。

表 11-10 74LS160 的逻辑功能表

序号	输入									输出				功能说明
	$\overline{CR}$	$\overline{LD}$	CT_P	CT_T	CP	D_3	D_2	D_1	D_0	Q_3^{n+1}	Q_2^{n+1}	Q_1^{n+1}	Q_0^{n+1}	
1	0	×	×	×	×	×	×	×	×	0	0	0	0	异步清零
2	1	0	×	×	↑	D_3	D_2	D_1	D_0	D_3	D_2	D_1	D_0	同步置数
3	1	1	0	1	×	×	×	×	×	Q_3	Q_2	Q_1	Q_0^n	保持
4	1	1	×	0	×	×	×	×	×	Q_3	Q_2	Q_1	Q_0^n	保持
5	1	1	1	1	↑	×	×	×	×	加 1 计数				加 1 计数

从逻辑功能表可以看出该计数器有如下功能。

(1) 异步清零

当 $\overline{CR}=0$ 时,无论有没有时钟脉冲 CP 和其他信号输入,计数器都被清零。

(2) 同步置数

当 $\overline{CR}=1$、$\overline{LD}=0$ 时,在输入时钟脉冲 CP 上升沿的作用下,并行输入的数据 $D_3D_2D_1D_0$ 被置入计数器。

(3) 保持

当 $\overline{CR}=\overline{LD}=1$ 时,只要 CT_P、CT_T 中有一个为"0"电平,各触发器的输出状态就保持不变。而当 $CT_T=0$ 时,输出端输出 $CO=0$。

(4) 计数

当 $\overline{CR} = \overline{LD} = CT_T = CT_P = 1$ 时,在时钟脉冲 CP 上升沿到来时,电路做二进制加法计数,从 0000 计数到 1111。当计数器累加到 1111 时,输出端输出 CO 为高电平。

2. 将 74LS160 改为 N 进制计数器

将 74LS160 改为 N 进制计数器通常用置零法,置零法是利用计数器的置数端在计数到某一状态后产生一个复位信号 0,使计数的状态回到输入数据时的状态。

例 2 试用置零法将 74LS160 改为六进制计数器(0000→0001→0010→0011→0100→0101→0000)。

解: 计数器从 0000 开始计数,当计至 5(0101)时,与非门输出低电平,使异步清零端的 $\overline{CR}$ =0。由于 74LS160 的异步清零功能,计数器立即清零(不需要等到下一个时钟脉冲到来),以致没看到 6 就已经返回至 0,即 6 是一个极短暂的过渡状态。仿真电路如图 11.21 所示。

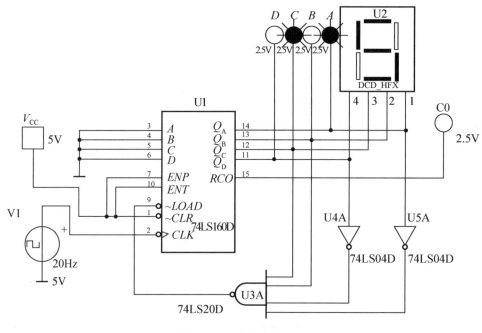

图 11.21 仿真电路(二)

3. 构成大容量计数器

构成大容量计数器的步骤如下。

① 先用级联法。计数器的级联是将多个集成计数器(如 $M1$ 进制、$M2$ 进制)串接起来,以获得计数容量更大的 $N(=M1×M2)$ 进制计数器。级联的基本方法有异步级联和同步级联两种,异步级联就是用低位计数器的进位信号控制高位计数器的计数脉冲输入端,同步级联就是用低位计数器的进位信号控制高位计数器的使能端。

② 再用置零法或置数法。

例 3 试用 74LS160 构成三十进制计数器(N=30)。

解: 先将两片十进制计数器 74LS160 采用同步级联组成一百(10×10=100)进制计数器。

再将 $N(29)$ 对应的 8421 码 "00101001" 通过与非门输出至异步清零端,从而实现三十进制的计数,电路如图 11.22 所示。

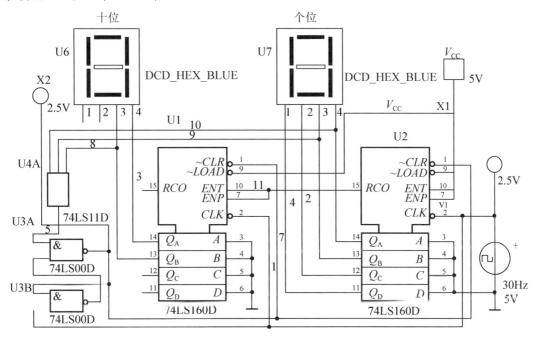

图 11.22 用两片十进制计数器 74LS160 级联组成三十进制计数器的电路

接下来用 MC14553 制作数显电容计计数电路。

11.2.5 集成计数器 MC14553

MC14553 引脚分布如图 11.23 所示。

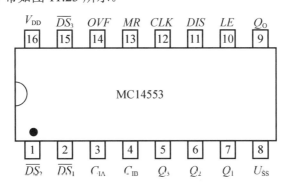

图 11.23 MC14553 引脚分布

引脚功能如下。

① $\overline{DS_2}$、$\overline{DS_1}$、$\overline{DS_3}$:1、2、15 脚的输出用于控制 3 位数码管显示选择的数据,低电平有效。

② Q_0、Q_1、Q_2、Q_3:9、7、6、5 脚的输出用于控制数码管显示 4 位 BCD 码。

③ CLK:12 脚为计数脉冲输入端,与 C-T 转换电路的 5 脚相连。

④ MR：13 脚为计数器清零端，上升沿有效，与 CD4001 组成的控制电路的输出端相连。

⑤ DIS：11 脚为时钟脉冲输入端，与 NE556 组成的多谐振荡器相连。

⑥ LE：10 脚为计数器锁存允许端，当该端为"0"时有效，三组计数器的内容分别进入三组锁存器，当该端为高电平时，锁存器锁定，使计数器的值不能进入。

⑦ OVF：14 脚为计数器溢出端，与超量程指示电路相连，当 MC14553 计数到"999"后，将在该端发出正脉冲信号，激发超量程指示电路。

⑧ C_{IA}、C_{IB}：3 脚和 4 脚为内部振荡器的外接电容端子。

11.2.6 数显电容计计数电路工作原理

数显电容计计数电路用于产生待测电容器容量的 4 位 BCD 码，并通过和前面所做项目——数显电容计显示电路相连，将待测电容器容量在 3 位数码管上显示出来。其中的显示译码电路称为扫描显示电路，扫描显示电路的基本原理是利用了人眼的视觉残留效应实现多位数码管的"同时"显示。

在 MC14553 输出个位 BCD 码时，$\overline{DS_1}=0$，$\overline{DS_2}=\overline{DS_3}=1$，个位数码管在 VT_1 的驱动下，显示个位数字，而十位和百位数码管没有显示。

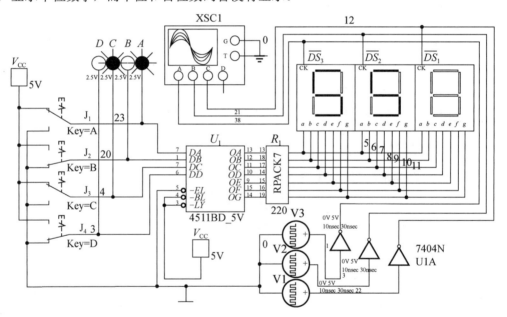

图 11.24 多位数码管动态显示电路

同理在 MC14553 输出十位 BCD 码时，$\overline{DS_2}=0$，$\overline{DS_1}=\overline{DS_3}=1$，显示十位数字。输入百位 BCD 码时，$\overline{DS_3}=0$，$\overline{DS_1}=\overline{DS_2}=1$，显示百位数字。在完成一轮显示之后，重新执行循环，让 3 位数码管进行周期性的扫描显示，但每个瞬间只有 1 位数码管显示，如果扫描显示频率比较慢，则可以很清楚地看到每一时刻只有 1 位数码管在显示，但是当提高扫描显示频率并达到一定值时，利用人眼的视觉残留效应，就可以看到 3 位稳定的显示数字。在该电路中，由连接 3 脚(C_{IA})和 4 脚(C_{IB})之间的电容 C_4 来决定扫描显示频率，C_4 越小，扫描显示频率越高，画面显示越稳定。反之，扫描显示频率越低，数码管的显示就会出现闪烁现象，故 C_4 不能取得太大，在本项目中，C_4 选择为 10^3pF。多位数码管动态显示电路如

图 11.24 所示,当不断减小脉冲顺序发生电路的周期时,电路中的显示数字"5"从一个个循环显示过去到最后"同时"显示。

11.2.7 实施步骤

1. 安装

① 安装前应认真理解电路原理,并对所装元器件预先进行检查,确保元器件处于良好状态。

② 将电容器(1 μF)、MC14553 等元器件参考图 11.14 正确连接在面包板上,同时确保 MC14553 的 5、6、7、9 脚与已安装在 PCB 上的显示电路正确连接。

2. 调试

① 检查无误后通电,调节信号发生器输出方波信号至 3V/1Hz,观察数码管的显示数字的变化情况,以及 3 位数码管的显示顺序。

② 将电容依次从 0 调至 10^3 pF,可观察到数码管的扫描显示频率逐渐加快,最后达到 3 位同时稳定显示。

拓展阅读

集成寄存器的认知

集成寄存器的实物如图 11.25 所示。

(a) 集成数码寄存器74LS373   (b) 集成双向移位寄存器74LS194

图 11.25 集成寄存器的实物

1. 寄存器的应用

寄存器是数字电路中的一个重要部件,具有存储二进制代码或信息的功能。寄存器是由具有存储功能的触发器构成的,一个触发器可以存储 1 位二进制代码。存放 n 位二进制代码的寄存器,需用 n 个触发器来构成。同样寄存器也适用于电子计算机、单片机等系统中重要的信息存储电路,在这些系统中,寄存器是中央处理器的组成部分。寄存器是有限存储容量的高速存储部件,可用来暂存指令、数据和地址。在中央处理器的控制部件中,包含的寄存器有指令寄存器(IR)和程序计数器(PC)。在中央处理器的算术及逻辑部件中,包含的寄存器有累加器(ACC),在后续的单片机课程中将涉及此类器件。

2. 常用集成寄存器及其功能

(1) 集成数码寄存器 74LS373

数码寄存器具有接收、存放、输出和清除数码的功能。电路在接收指令(在计算机中称为写指令)的控制下,将数据送入寄存器存放,需要时可在输出指令(在计算机中称为读指令)的控制下,将数据从寄存器输出。它的输入与输出均采用并行方式。

图 11.26 所示为 8 位集成数码寄存器 74LS373 的引脚分布。此芯片集成了八个独立且完全相同的集成 D 触发器(下降沿触发),这八个集成 D 触发器的时钟控制端连接在一起,形成锁存允许端,使得输入数据在同一个时钟脉冲控制下并行输出。

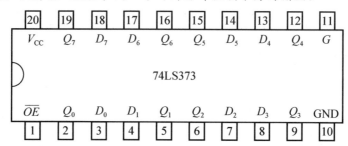

图 11.26 8 位集成数码寄存器 74LS373 的引脚分布

另外 74LS373 的 $D_0 \sim D_7$ 是并行输入端的输入数据,$Q_0 \sim Q_7$ 是并行输出端的输出数据,可直接与单片机的总线相连。

$\overline{OE}$ 是三态允许控制端(低电平有效)的输入数据,其工作原理如下。

当 $\overline{OE}$ 为低电平时,$Q_0 \sim Q_7$ 是正常逻辑状态,可用来驱动负载或总线。当 $\overline{OE}$ 为高电平时,$Q_0 \sim Q_7$ 呈高阻态,既不驱动总线,也不为总线的负载,此时锁存器内部的逻辑操作不受影响。

当锁存允许端 G 输入一下降沿触发信号时,8 位并行输入数据 $D_0 \sim D_7$ 将传送至输出端,同时当 G 变为低电平时,并行输入数据被锁存于输出端的 $Q_0 \sim Q_7$ 中。

(2) 集成双向移位寄存器 74LS194

移位寄存器不仅能存储数据,而且还具有移位功能。所谓移位功能,就是指寄存器中所存的数据能在移位脉冲作用下依次左移或右移。因此,移位寄存器采用串行输入数据,可用于存储数据、数据的串入—并出转换、数据的运用及处理等。

根据数据在移位寄存器中移动情况的不同,可把移位寄存器分为单向移位(左移、右移)寄存器和双向移位寄存器。

图 11.27 所示为集成双向移位寄存器 74LS194 的引脚图。其中 S_1、S_0 为工作方式控制端,S_L/S_R 为左移/右移数据输入端的输入数据,$D_0 \sim D_3$ 为并行输入端的输入数据,$Q_0 \sim Q_3$ 依次为从低位到高位的 4 位输出端的输出数据。

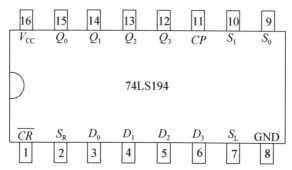

图 11.27 集成双向移位寄存器 74LS194 的引脚图

其测试电路如图 11.28 所示。

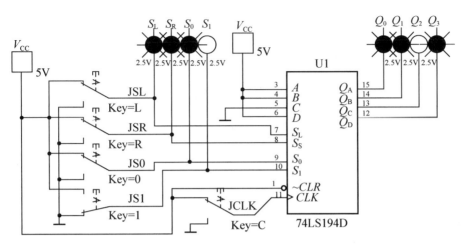

图 11.28 集成双向移位寄存器 74LS194 测试电路

74LS194 的逻辑功能表见表 11-11，由功能表可知 74LS194 具有如下功能。

① 当 $\overline{CR}=0$ 时，无论其他输入信号如何，寄存器清零。

② 当 $\overline{CR}=1$ 时，有以下四种工作方式。

a. $S_1 = S_0 = 0$ 或 CP 为低电平，输出 $Q_0 \sim Q_3$ 保持不变，且与 S_R、S_L 信号无关。

b. $S_1 = 0$，$S_0 = 1(CP\uparrow)$，输出右移。从 S_R 先串入数据给 Q_0，然后按 $Q_0 \to Q_1 \to Q_2 \to Q_3$ 依次右移。

c. $S_1 = 1$，$S_0 = 0(CP\uparrow)$，输出左移。从 S_L 先串入数据给 Q_3，然后按 Q_3、Q_2、Q_1、Q_0 依次左移。

d. $S_1 = S_0 = 1(CP\uparrow)$，并行输入功能。

表 11-11 74LS194 的逻辑功能表

输入									输出				说明
$\overline{CR}$	S_1	S_0	CP	S_L	S_R	D_0	D_1	D_2	D_3	Q_0	Q_1	Q_2	Q_3	
0	×	×	×	×	×	×	×	×	×	0	0	0	0	清零
1	×	×	0	×	×	×	×	×	×	保持				—
1	1	1	↑	×	×	d_0	d_1	d_2	d_3	d_0	d_1	d_2	d_3	并行置数
1	0	1	↑	×	1	×	×	×	×	1	Q_1	Q_2	Q_3	右移输入 1
1	0	1	↑	×	0	×	×	×	×	0	Q_1	Q_2	Q_3	右移输入 0
1	1	0	↑	1	×	×	×	×	×	Q_0	Q_1	Q_2	1	左移输入 1
1	1	0	↑	0	×	×	×	×	×	Q_0	Q_1	Q_2	0	左移输入 0
1	0	0	×	×	×	×	×	×	×	保持				—

【我国 DSP 技术发展】

 拓展讨论

DSP 可以用来快速地实现各种数字信号处理算法，DSP 芯片在传统的自动化系统中有哪些应用？同时在我国电子计算机、自动控制等领域有哪些最新的发展？

项 目 小 结

1. 时序逻辑电路由触发器和组合逻辑电路组成，其中触发器是必不可少的。时序逻辑电路的输出状态不仅与输入状态有关，而且还与电路原来的状态有关。

2. 计数器和寄存器是时序逻辑电路中最常用的部件，计数器是快速记录输入脉冲个数的部件。计数器按计数进制分为二进制计数器、十进制计数器和 N 进制计数器，按计数增减分为加法计数器、减法计数器和可逆计数器，按触发器翻转是否同步分为同步计数器和异步计数器。

3. 寄存器是用来暂时存放数码的部件。其从功能上分为数码寄存器和移位寄存器，移位寄存器又分为单向移位(左移、右移)寄存器和双向移位寄存器。

4. 集成计数器可很方便地构成 N 进制计数器。方法主要有置数法和置零法，但要注意的是：①同步置零用第 $N-1$ 个状态产生置零信号；②异步置零用第 N 个状态产生置零信号。当需要扩大计数器的容量时，可将多片集成计数器进行级联。

习 题

一、填空题

11.1 常见触发器的种类有_____、_____、_____和_____四种。

11.2 基本 RS 触发器的 $\overline{S_D}$ 称为置____端或____端，$\overline{R_D}$ 称为置____端或____端。

11.3 时序逻辑电路的显著特点是具有_____，其输出状态不仅与_____有关，而且还与_____有关。

11.4 寄存器由触发器组成，是一个具有暂时_____数码功能的部件。

11.5 多位数据同时进入寄存器的各触发器，又同时从各触发器输出端输出，这种输入输出方式称为_____，相应的数据称为_____。

11.6 数据逐位输入和输出寄存器的输入输出方式称为____和_____，相应的数据称为_____。

11.7 计数器是用来对_____的电路，它是利用_____来实现计数功能的。

11.8 按触发器翻转是否同步可将计数器分为_____和_____。

11.9 触发器具有两个稳定状态,是_____态和_____态。

11.10 如图 11.29 所示电路,已知 $Q^n=0$,若要使 $Q^{n+1}=1$,则输入 $J=$_____,$K=$_____,触发条件 CP 为_____。

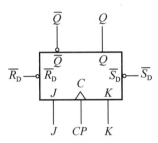

图 11.29　题 11.10 图

二、选择题

11.11 具有记忆功能的逻辑电路称为(　　)。
　　A．组合逻辑电路　　　　　　B．时序逻辑电路
　　C．基本门电路　　　　　　　D．数字集成电路

11.12 下列说法完全错误的是(　　)。
　　A．触发器是构成时序逻辑电路的最基本的单元电路
　　B．组合逻辑电路无记忆功能
　　C．4 位数码寄存器可由两个触发器组成
　　D．8 位数码寄存器可由两个触发器组成

11.13 3 位串入—并出的移位寄存器,要用(　　)个 CP 脉冲信号,才能完成存储工作。
　　A．2　　　　　B．3　　　　　C．6　　　　　D．8

11.14 具有置 0、置 1、保持和翻转功能,被称为全功能触发器的是(　　)。
　　A．JK 触发器　　　　　　　　B．基本 RS 触发器
　　C．触发器　　　　　　　　　D．T 触发器

11.15 能实现将串行数据变换成并行数据的电路是(　　)。
　　A．编码器　　　　B．译码器　　　C．移位寄存器　　　D．数码寄存器

11.16 由 4 个 D 触发器组成的寄存器可以寄存(　　)。
　　A．4 位十进制代码　　　　　　B．4 位二进制代码
　　C．两位十进制代码　　　　　　D．8 位二进制代码

11.17 同步计数器和异步计数器的区别在于(　　)。
　　A．前者为加法计数器,后者为减法计数器
　　B．前者为二进制计数器,后者为十进制计数器
　　C．前者各触发器是由相同脉冲控制,后者各触发器不是由相同脉冲控制
　　D．后者各触发器是由相同脉冲控制,前者各触发器不是由相同脉冲控制

11.18 JK 触发器要求状态由 0→1,其输入信号应为(　　)。
　　A．$JK=0\times$　　　B．$JK=1\times$　　　C．$JK=\times 0$　　　D．$JK=\times 1$

11.19 对于由 3 个 D 触发器组成的单向移位寄存器，3 位串行输入数据全部输入寄存器并全部串行输出，所需要的移位脉冲的数量为(   )。

  A．三   B．四   C．八   D．十六

11.20 计数器具有分频功能，所以八进制计数器就是一个(   )分频器。

  A．三   B．八   C．十六   D．二

三、分析题

11.21 同步 RS 触发器的逻辑图和输入波形如图 11.30 所示，设初态 $Q=0$，试画出输出 $\bar{Q}$ 的波形。

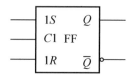
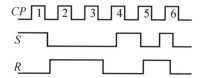

图 11.30 题 11.21 图

11.22 上升沿触发的 D 触发器的逻辑图及 CP、D 波形如图 11.31 所示，试画出输出 $\bar{Q}$ 的波形，设触发器初态为 $Q = 0$。

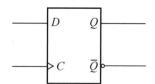
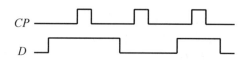

图 11.31 题 11.22 图

11.23 下降沿触发的 JK 触发器的逻辑图及 CP、J、K 波形如图 11.32 所示，试画出输出 $\bar{Q}$ 的波形，设触发器初态 $Q = 0$。

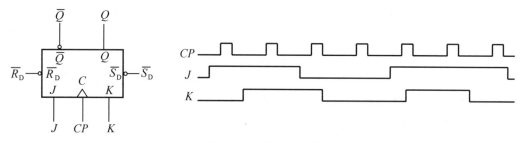

图 11.32 题 11.23 图

11.24 图 11.33 所示的逻辑图中，CP 及 A、B 的波形已给出，试画出输出 $\bar{Q}$ 的波形。

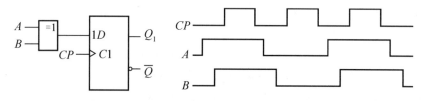

图 11.33 题 11.24 图

11.25 JK 触发器的逻辑图及 CP、J、K、$\overline{S}_D$、$\overline{R}_D$ 波形如图 11.34 所示，试画出输出 $\overline{Q}$ 的波形，设触发器初态 $Q = 0$。

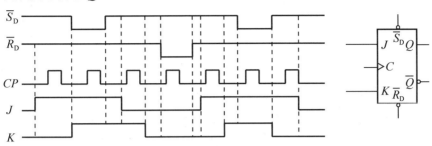

图 11.34　题 11.25 图

项目 12

集成 555 定时器的认知及应用电路的制作

▶ 学习目标

1. 知识目标
(1) 熟悉集成 555 定时器的电路组成、功能、封装及引脚排列。
(2) 掌握集成 555 定时器的工作原理。
(3) 掌握由集成 555 定时器构成的单稳态触发器的工作原理。
(4) 掌握多谐振荡器的组成及工作原理。
2. 技能目标
(1) 学会判别集成 555 定时器的引脚及懂得如何测试其功能。
(2) 利用集成 NE555 定时器制作单稳态触发器,完成电路功能检测。
(3) 制作救护车变音警笛电路,完成电路功能检测和故障排除。
(4) 制作数显电容计 C-T 转换电路及多谐振荡器,完成数显电容计电路功能检测和故障排除。

▶ 生活提点

在低压电器控制电路及一些家用电器中,为了实现定时控制,往往都采用机械式定时器,但传统机械式定时器存在使用寿命短、故障较多、定时精度低且价格较高等缺点。由于集成 555 定时器具有体积小、定时精度高、价格低廉等优点,因此现已运用于工业控制及家用电器等领域,下面通过对集成 555 定时器的测试及项目制作,学习集成 555 定时器的功能及应用。

项目 12　集成 555 定时器的认知及应用电路的制作

项目任务

项目目标：制作数显电容计的 C-T 转换电路及多谐振荡器。

项目要求：完成数显电容计的整体调试，要求在测量范围内其电容测试误差低于 10%。

项目提示：数显电容计 C-T 转换电路及多谐振荡器如图 12.1 所示。

图 12.1　数显电容计 C-T 转换电路及多谐振荡器

项目实施

12.1　集成 555 定时器的认知及测试

集成 555 定时器的实物如图 12.2 所示。

(a) 单极型NE555

(b) 双极型NE556

图 12.2　集成 555 定时器的实物

先来测试一下集成 NE555 定时器的功能，其功能测试电路如图 12.3 所示。

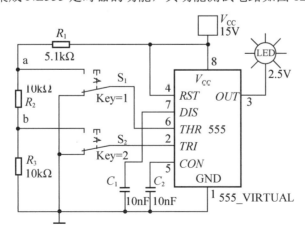

图 12.3　集成 NE555 定时器功能测试电路

集成 NE555 定时器功能测试器件清单见表 12-1。

表 12-1 集成 NE555 定时器功能测试器件清单

序 号	名 称	规 格	数 量
1	晶体管直流稳压电源	—	1
2	面包板	—	1
3	电容器	0.01μF	2
4	金属膜电阻器	5.1kΩ	1
5	金属膜电阻器	10kΩ	2
6	集成 555 定时器	NE555	1
7	发光二极管	$\phi 3$	1
8	开关	单刀双掷	2
9	导线	—	若干

测试步骤如下。

① 按图 12.3 所示的测试电路将元器件装在面包板上，并正确连线。

② 将晶体管直流稳压电源电压调至+5V，分别接在 NE555 的 4 脚和 8 脚，按下述测试情况观察发光二极管是否发光并记录。若发光二极管发光，则相应端口输出为高电平，反之为低电平。

测试结果分析如下。

① 第一种情况：将单刀双掷开关 S_1、S_2 分别接至 a 和 b 端，由于集成 NE555 定时器的 2 脚和 6 脚的对地等效电阻接近于无穷大，利用分压公式，因此 a、b 两点的电压分别大于 $\frac{2V_{CC}}{3}$ 和 $\frac{V_{CC}}{3}$，可观察到发光二极管熄灭，即 3 脚输出低电平。

② 第二种情况：在第一种情况下 3 脚输出为低电平，此时将开关 S_1 接地，可观察到发光二极管仍然保持熄灭状态，即 3 脚仍输出低电平。

③ 第三种情况：将开关 S_2 接至 b 端(接地)，可观察到不管开关 S_1 接至哪端，即 6 脚不管接什么电压，发光二极管均发光，即 3 脚均输出高电平。

④ 第四种情况：在第三种情况下 3 脚输出为高电平，此时将开关 S_1 接地，S_2 接至 b 端，可观察到发光二极管仍然保持发光状态，即 3 脚仍输出高电平。

将上述四种情况下的输出电平用数字 0 和 1 表示，可列出反映集成 NE555 定时器的特性表，见表 12-2。

表 12-2 集成 NE555 定时器的特性表

输 入		输 出	
U_{TH}	U_{TR}	OUT	LED
×	×	0	导通
$> \frac{2}{3}V_{CC}$	$> \frac{V_{CC}}{3}$	0	截止

续表

输	入	输	出
U_{TH}	U_{TR}	OUT	LED
$<\dfrac{2}{3}V_{CC}$	$>\dfrac{V_{CC}}{3}$	不变	不变
×	$<\dfrac{V_{CC}}{3}$	1	导通

从上述测试中，可看出集成 NE555 定时器一方面具有与触发器类似的特征，另一方面其输入输出特性又与 2 脚和 6 脚的输入电压大小有关。

12.1.1 集成 555 定时器介绍

集成 555 定时器于 1971 年由西格尼蒂克公司推出，用于取代机械式定时器的中规模集成电路，因输入端设计有三个 5kΩ 的电阻器而得名。目前，流行的产品主要有四个：BJT 两个，555 和 556(含有两个 555)；CMOS 两个，7555 和 7556(含有两个 7555)。集成 555 定时器是一种模拟和数字功能相结合的中规模集成器件，分单极型和双极型两种，一般双极型的称为 555，单极型的称为 7555，除单定时器外，还有对应的双定时器 556/7556。集成 555 定时器可在 4.5～16V 工作，集成 7555 定时器可在 3～18V 工作，输出驱动电流约为 200mA，因此其输出可与 TTL、CMOS 门电路或者模拟电路电平兼容。集成 555 定时器成本低、性能可靠，只需要外接几个电阻器、电容器就可以实现与多谐振荡器、单稳态触发器及施密特触发器的脉冲产生变换电路。它也广泛应用于仪器仪表、家用电器、电子测量及自动控制等方面。

集成 555 定时器的双极型和单极型产品区别见表 12-3，虽然工作电压和输出电流不同，但各公司生产的集成 555 定时器的逻辑功能与外引线排列都完全相同。

表 12-3 双极型和单极型产品区别

集成 555 定时器	双极型产品	单极型产品
单 555 型号的最后几位数码	555	7555
双 555 型号的最后几位数码	556	7556
优点	驱动能力较大	低功耗、高输入阻抗
电源电压工作范围	4.5～16V	3～18V
负载电流	可达 200mA	可达 200 mA

12.1.2 集成 555 定时器的结构和工作原理

集成 555 定时器是把模拟电路和数字电路结合在一起的器件。集成 555 定时器的内部结构如图 12.4 所示。它由两个电压比较器 A_1 和 A_2、一个与非门组成的基本 RS 触发器、一个集电极开路的晶体管及三个 5kΩ 电阻器串联组成的分压器构成。比较器 A_1 的参考电压为 $\dfrac{2V_{CC}}{3}$，加在同相输入端，比较器 A_2 的参考电压为 $\dfrac{V_{CC}}{3}$，加在反相输入端，两者电压均由分压器取得。

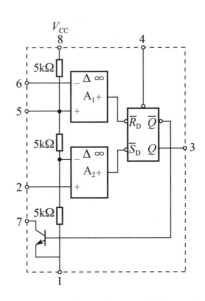

图 12.4 集成 555 定时器的内部结构

集成 555 定时器的功能主要由两个比较器决定。通过刚才的测试可知两个比较器的输出电压控制基本 RS 触发器和晶体管的状态。在电源与大地之间加上电压,当 5 脚悬空时,A_1 的同相输入端的电压为 $\dfrac{2V_{CC}}{3}$,A_2 的反相输入端的电压为 $\dfrac{V_{CC}}{3}$。若触发输入端 $\overline{TR}$ 的电压小于 $\dfrac{V_{CC}}{3}$,则 A_2 的输出为 0,可使基本 RS 触发器置 1,3 脚输出为 1。若阈值输入端 TH 的电压大于 $\dfrac{2V_{CC}}{3}$,同时 $\overline{TR}$ 的电压大于 $\dfrac{V_{CC}}{3}$,则 A_1 的输出为 0,A_2 的输出为 1,可使基本 RS 触发器置 0,3 脚输出为 0。

集成 555 定时器的引脚排列如图 12.5 所示。

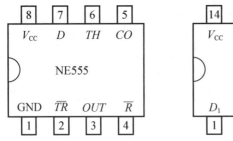 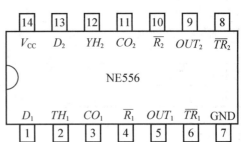

图 12.5 集成 555 定时器的引脚排列

集成 NE555 定时器各引脚的功能如下。

① GND:1 脚为接地端。

② $\overline{TR}$:2 脚为低电平触发端,也称为触发输入端,由此输入触发脉冲。

③ OUT:3 脚为输出端,输出电流可达 200mA,因此可直接驱动继电器、发光二极管、

扬声器、指示灯等。其最高输出电压约低于电源电压 1～3V。

④ $\overline{R}$：4 脚为复位端，当 $\overline{R}=0$ 时，基本 RS 触发器直接置 0，使 $Q=0$，$\overline{Q}=1$。

⑤ CO：5 脚为电压控制端，如果在此端另加控制电压，则可改变 A_1 和 A_2 的参考电压。工作中不使用此端时，一般都通过一个 0.01μF 的电容器将其接地，以防旁路高频干扰。在电压控制端 5 脚悬空，外接 0.01μF 电容器到 1 脚时，高电平触发端的参考电压为 $U_{TH}=\dfrac{2V_{CC}}{3}$，低电平触发端的参考电压为 $U_{TR}=\dfrac{V_{CC}}{3}$，回差电压 $\Delta U=U_{TH}-U_{TR}=\dfrac{2V_{CC}}{3}-\dfrac{V_{CC}}{3}=\dfrac{V_{CC}}{3}$。如果电压控制端 5 脚外接固定电压 U_{CO}，则 $U_{TH}=U_{CO}$，$U_{TR}=\dfrac{U_{CO}}{2}$，回差电压 $\Delta U=U_{TH}-U_{TR}=U_{CO}-\dfrac{U_{CO}}{2}=\dfrac{U_{CO}}{2}$。

⑥ TH：6 脚为高电平触发端，又叫做阈值输入端，由此输入触发脉冲。当 6 脚电压高于 U_{TH}，2 脚电压高于 U_{TR} 时，A_1 输出为 0、A_2 输出为 1，基本 RS 触发器被置 0，$Q=0$，于是 3 脚输出为 0。当 6 脚电压低于 U_{TH}，2 脚电压低于 U_{TR} 时，A_1 输出为 1，A_2 输出为 0，基本 RS 触发器置 1，$Q=1$，于是 3 脚输出为 1。当 6 脚电压低于 U_{TH}，2 脚电压高于 U_{TR} 时，A_1 输出为 1，A_2 输出为 1，基本 RS 触发器保持原状态，3 脚输出不变。

⑦ D：7 脚为放电端。基本 RS 触发器的 $Q=1$ 时，晶体管导通，外接电容器放电。集成 555 定时器在使用中大多数与电容器的充放电有关，为了使充放电能够反复进行，电路特别设计了一个放电端。

⑧ V_{CC}：8 脚为电源端，可以在 4.5～16V 范围内使用，若为 CMOS 门电路，则 V_{CC} 为 3～18V。

利用集成 555 定时器可以组成各种实用的电子电路，如施密特触发器、单稳态触发器、多谐振荡器等。

12.2 利用集成 555 定时器制作应用电路

12.2.1 施密特触发器的应用及测试

1. 施密特触发器应用

一般施密特触发器可用于如下场合。

① 波形变换：可将三角波、正弦波、周期性波等变成矩形波。

② 脉冲波的整形：在数字系统中，矩形脉冲在传输中经常发生波形畸变，出现上升沿和下降沿不理想的情况，用施密特触发器整形后，可获得较理想的矩形脉冲。

【施密特触发器】

2. 电路组成及工作原理

将集成 NE555 定时器的 2 脚、6 脚连接起来作为信号输入端，便构成了施密特触发器，电路如图 12.6(a)所示。其工作原理分析如下。

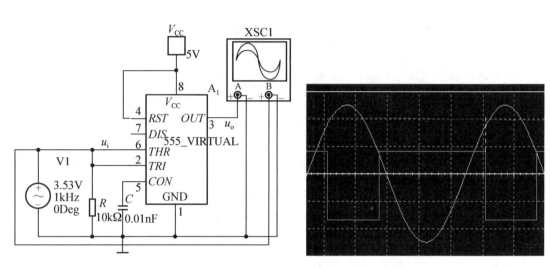

(a) 电路　　　　　　　　　　　　　　　(b) 输出波形

图 12.6　集成 NE555 定时器组成的施密特触发器电路及输出波形

当输入正弦波 $u_i=U_m\sin\omega t$ 时，有以下几种情况。

① 当 $u_i=0$ 时，A_1 输出为 1、$\overline{S_D}=0$、$\overline{R_D}=1$，基本 RS 触发器置 1，即 $Q=1$、$\overline{Q}=0$，$u_{o1}=u_o=1$。u_i 升高时，在未到达 $\dfrac{2V_{CC}}{3}$ 以前，$u_{o1}=u_o=1$ 的状态不变。

② u_i 升高到 $\dfrac{2V_{CC}}{3}$ 时，A_1 输出为 0、A_2 输出为 1，基本 RS 触发器置 0，即 $Q=0$、$\overline{Q}=1$，$u_{o1}=u_o=0$。此后，u_i 上升到 U_m 后降低到 $\dfrac{V_{CC}}{3}$ 之前，$u_{o1}=u_o=0$ 的状态不变。

③ u_i 下降到 $\dfrac{V_{CC}}{3}$ 后，A_1 输出为 1、A_2 输出为 0，基本 RS 触发器置 1，即 $Q=1$、$\overline{Q}=0$，$u_{o1}=u_o=1$。此后，u_i 继续下降到 0，$u_{o1}=u_o=1$ 的状态不变。

其输出波形如图 12.6(b)所示。

【单稳态触发器】

12.2.2　单稳态触发器的应用及测试

1. 单稳态触发器应用

单稳态触发器在数字电路中一般用于定时(产生一定宽度的矩形波)、整形(把不规则的波形转换为宽度、幅度都相等的波形)及延时(把输入信号延迟一定时间后输出)等方面。

单稳态触发器具有下列特点。

① 电路有稳态和暂稳态两种状态。

② 在外来触发脉冲的作用下，电路由稳态翻转到暂稳态。

③ 暂稳态是一个不能长久保持的状态，经过一段时间后，电路会自动返回到稳态。暂稳态的持续时间与触发脉冲无关，仅取决于电路本身的参数。

2. 电路组成及工作原理

用集成 NE555 定时器组成的单稳态触发器电路如图 12.7 所示。集成 NE555 定时器的

6 脚、7 脚相连后，一路通过外接电阻 R_1 接电源，另一路通过电容 C_1 接地，此时 2 脚电压低于 $\dfrac{V_{CC}}{3}$ 可作为信号输入端，这样就组成了单稳态触发器。

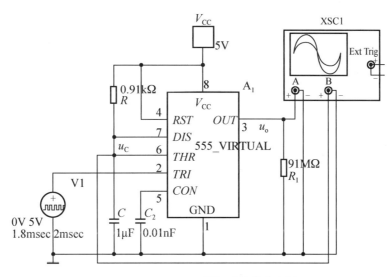

图 12.7　用集成 NE555 定时器组成的单稳态触发器电路

集成 NE555 定时器的电压控制端 5 脚悬空，接入电源后，电容 C_1 无电压，6 脚电压低于 $\dfrac{2V_{CC}}{3}$，A_1 输出为 1，无触发脉冲输入时，2 脚电压高于 $\dfrac{V_{CC}}{3}$，A_2 输出为 1，此时基本 RS 触发器保持原状态，但输出究竟为 1 还是 0，无法确定。当输出为 0 时，晶体管导通，电容 C_1 被短接，输出保持为 0。当输出为 1 时，晶体管截止，电源经电阻 R_1 对电容 C_1 充电，电容电压 u_C 上升，当升到稍大于 $\dfrac{2V_{CC}}{3}$ 时，A_1 输出为 0，使电路输出端输出 0，此时晶体管导通，电容 C_1 通过晶体管迅速放电，又使 A_1 输出为 1，基本 RS 触发器输出保持原状态 0。因此在未输入触发脉冲时，3 脚输出为 $Q=0$ 的稳态。

当 2 脚外加小于 $\dfrac{V_{CC}}{3}$ 的负跳变触发脉冲 u_i 时，基本 RS 触发器翻转为 $Q=1$，同时晶体管截止。电源 V_{CC} 通过电阻 R_1 向电容 C_1 充电，当 u_C 上升到 $\dfrac{2V_{CC}}{3}$ 时，基本 RS 触发器复位，$Q=0$，晶体管导通，同时电容 C_1 通过晶体管迅速放电。由于 A_2 的低电平触发端 2 脚未接在电容 C_1 上，因此电容 C_1 的放电不影响基本 RS 触发器输出 Q 的状态，输出仍保持原状态，即 $Q=0$，可见在输入触发脉冲后，电路输出为 1 的状态为一个暂态。

当 A_2 的低电平触发端 2 脚再加一负跳变的触发脉冲时，电路又重复上述过程，其波形如图 12.8 所示。

单稳态触发器输出 Q 从 1 变到 0 的时间由电容 C_1 的电压从 0 上升到 $\dfrac{2V_{CC}}{3}$ 的时间来决定。从理论分析可得这段时间为 $t_p=1.1RC$。

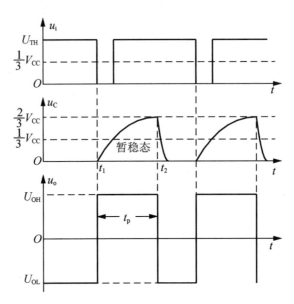

图 12.8　用集成 NE555 定时器组成的单稳态触发器电路波形

12.2.3　多谐振荡器的应用及测试

【多谐振荡器】

1. 多谐振荡器应用

多谐振荡器是一种无稳态触发器，接通电源后，不需外加触发脉冲，就能产生矩形波输出。由于矩形波中含有丰富的谐波，故称为多谐振荡器。

多谐振荡器是一种常用的脉冲波形发生器，触发器和时序逻辑电路中的时钟脉冲一般都是由多谐振荡器产生的。

2. 电路组成及工作原理

用集成 NE555 定时器组成的多谐振荡器电路如图 12.9(a)所示。电路中把 6 脚与 2 脚相连后，一路通过电容 C 接地，另一路经电阻 R_1、R_2 串联后接电源 V_{CC}，7 脚接到电阻 R_1 和 R_2 的分压处，4 脚与 8 脚接电源 V_{CC}。

当电源接通时，两个比较器的基准电压 $U_{REF1}=\dfrac{2V_{CC}}{3}$，$U_{REF2}=\dfrac{V_{CC}}{3}$，此时电容 C 两端的电压 $u_C=0$，集成 NE555 定时器 2 脚、6 脚电压为 0，即 $U_{TR}=U_{TH}=0$，集成 NE555 定时器输出为 1，晶体管截止。由于晶体管截止，7 脚相当于断开，故电容 C 通过电阻 R_1 和 R_2 充电。随着电容电压 u_C 的升高，当其升至 $\dfrac{2V_{CC}}{3}$ 以前，A_1、A_2 输出为 1，即 $\overline{R_D}=\overline{S_D}=1$，所以触发器输出状态保持不变，集成 NE555 定时器输出依旧为 1。

电容 C 继续充电，当 u_C 大于 $\dfrac{2V_{CC}}{3}$ 后，A_1 输出为 0，A_2 输出为 1，即 $\overline{R_D}=0$、$\overline{S_D}=1$，此时触发器的输出状态变成 $Q=0$，集成 NE555 定时器输出为 0，晶体管饱和导通。于是电

容 C 通过电阻 R_2 和晶体管放电,使电容电压 u_C 下降,当 $\dfrac{V_{CC}}{3} < u_C < \dfrac{2V_{CC}}{3}$ 时,触发器输出状态保持不变,集成 NE555 定时器输出仍然为 0。

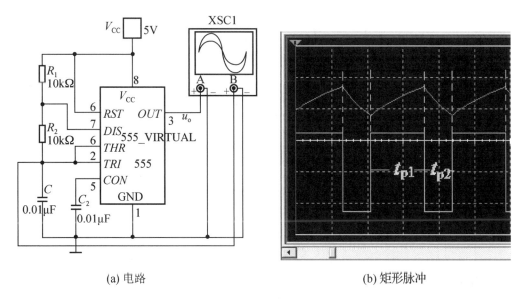

(a) 电路　　　　　　　　　　　(b) 矩形脉冲

图 12.9　用集成 NE555 定时器组成的多谐振荡器电路

当电容电压 u_C 继续下降到小于 $\dfrac{V_{CC}}{3}$ 时,A_1 输出为 1,A_2 输出为 0,即 $\overline{R_D}=1$、$\overline{S_D}=0$,触发器输出状态再次变成 $Q=1$,集成 NE555 定时器输出又变为 1,晶体管截止,于是电容 C 再次充电,然后不断重复上述过程,便在集成 NE555 定时器的输出端得到如图 12.9(b) 所示的矩形脉冲。

该电路输出波形的周期取决于电容器的充电、放电时间常数,其充电时间常数为 $t_{p1}=0.7(R_1+R_2)C$,放电时间常数为 $t_{p2}=0.7R_2C$,输出的矩形波振荡周期 T 在工程上常用下式计算。

$$T = t_{p1}+t_{p2} = 0.7(R_1+2R_2)C \tag{12-1}$$

振荡频率为

$$f = \dfrac{1.43}{(R_1+2R_2)C} \tag{12-2}$$

图 12.9(a) 所示电路的振荡周期为 $T=T_1+T_2=0.7(R_1+2R_2)C=0.21\text{ms}$,频率为 $f\approx 5\text{kHz}$。

由集成 NE555 定时器组成的多谐振荡器,最高工作频率可达 300kHz。

可见,改变电容器的充电、放电时间常数就可以改变矩形波的周期 T 和脉冲宽度 t_x。

例 1　多谐振荡器构成的水位监控报警电路如图 12.10 所示,试分析电路。

解: 由图 12.10 可知,在水位正常情况下,电容 C 被短接,扬声器不发音。水位下降到探测器以下时,多谐振荡器开始工作,扬声器发出警报。

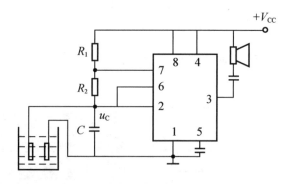

图 12.10 水位监控报警电路

12.3 数显电容计 C-T 转换电路及多谐振荡器的制作

数显电容计 C-T 转换电路和多谐振荡器如图 12.11 和图 12.12 所示。

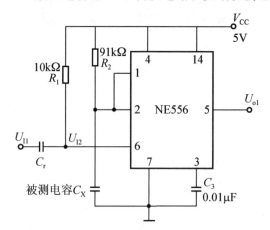

图 12.11 数显电容计 C-T 转换电路

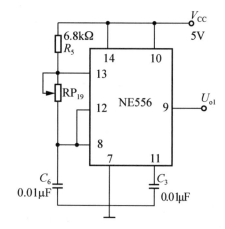

图 12.12 多谐振荡器

数显电容计 C-T 转换电路及多谐振荡器的器件清单见表 12-4。

表 12-4 数显电容计 C-T 转换电路及多谐振荡器的器件清单

序 号	名 称	规 格	数 量
1	金属膜电阻器	10 kΩ	3
2	金属膜电阻器	91 kΩ	1
3	金属膜电阻器	6.8 kΩ	1
4	电位器	4.7 kΩ	1
5	电容器	0.01 μF	4
6	集成 555 定时器	NE556	1
7	晶体管直流稳压电源	—	1
8	导线	—	若干
9	数显电容计 PCB	—	1

接下来分析这两种电路的组成及工作原理。

12.3.1　C-T 转换电路

C-T 转换电路的作用是把被测电容器的电容量 C_X 转换成脉冲信号,使脉冲信号的宽度 t_X 正比于 C_X,其实质为单稳态触发器。因为单稳态触发器的定时时间正比于定时电容,即 $t_X = 1.1 R_2 C_X$,所以可以用单稳态触发器实现此功能。

在数显电容计 C-T 转换电路中,R_2 和 C_X 为定时电阻、电容,C-T 转换电路波形如图 12.13 所示。这样单稳态电路只能靠输入 U_{I1} 的下降沿触发,定时时间与 U_{I1} 的低电平宽度无关。由于电路能测电容的范围为 1~999nF,考虑到定时精度和测量速度,因此设定测量范围内 t_X 的时间为 0.1ms~0.1s,即每 1nF 对应的高电平控制时间为 0.1ms,可通过计算测得 $R_2 \approx 91\text{k}\Omega$。

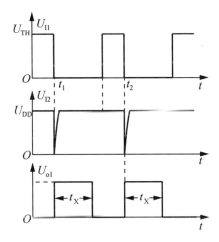

图 12.13　C-T 转换电路波形

12.3.2　多谐振荡器

多谐振荡器的振荡周期 $T = 0.7(R_5 + 2R_{19})C$,在 T_X 内计数器计到的脉冲数 $N = t_X/T_X$,即 $N = 1.1 R C_X / T_X$。根据设计要求,N 就是被测电容器的电容量数,且 C-T 转换电路每 1nF 对应的高电平控制时间为 0.1ms,故多谐振荡器的振荡周期为 0.1ms,振荡频率为 10kHz。

根据振荡周期的计算公式 $T = t_{p1} + t_{p2} = 0.7(R_5 + 2R_{19})C_6 = 0.1\text{ms}$,先取 $C_6 = 0.01\mu\text{F}$,那么 $R_5 + 2R_{19} \approx 14.3\text{k}\Omega$,取 $R_5 = 6.8\text{k}\Omega$,则 R_{19} 应为 3.75kΩ,可以选用 4.7kΩ 的电位器来调整数显电容计的测量精度。

12.3.3　实施步骤

1. 安装

① 安装前应认真理解电路原理,弄清印制电路板上元器件与原理图的对应关系,并对所装元器件预先进行检查,确保元器件处于良好状态。

② 将电阻器、电容器、集成 555 定时器、三端集成稳压器等元器件参考原理图 12.11 和图 12.12 在印制电路板上焊接好。

2. 调试

① 检查印制电路板上元器件的安装、焊接，将电压调至 5V 输出，给数显电容计供电。

② 检查无误后进行如下测试。

a. 在 C_X 处接入 nF(如 100nF)级校准电容，调节电位器 RP_{19}，使数码管显示的读数与校准电容的容量一致。

b. 接入若干标称容量在量程范围内的电容器进行测量，并将结果记录于表 12-5 中。

c. 再接入若干标称容量不在量程范围内的电容器，注意观察超量程指示电路的工作状态。

表 12-5 数显电容计测试记录表

标称容量	100pF	1nF	10nF	22nF	100nF	470nF	10μF
测试值							
超量程指示电路 LED 发光情况							

项 目 小 结

1. 集成 555 定时器是常用电子器件，它只需外接少量的电阻器、电容器，有时还需要外接少量的二极管和晶体管，就可以组成施密特触发器、单稳态触发器和多谐振荡器等单元电路。

2. 集成 555 定时器构成的施密特触发器，可用作波形变换和整形。

3. 集成 555 定时器构成的单稳态触发器，可用作整形、定时和延时。

4. 集成 555 定时器构成的多谐振荡器，可以产生矩形脉冲。其振荡周期为 $T=0.7(R_1+2R_2)C$。

习　题

一、填空题

12.1　用集成 555 定时器构成的单稳态触发器，R、C 为外接定时电阻、电容，控制端通过旁路电容接地，则输出脉冲宽度 t_p=_____。

12.2　若施密特触发器的电源电压 V_{CC}=6V，则回差电压 ΔU=_____V。

12.3　用集成 555 定时器构成的多谐振荡器，电源电压为 12V，控制端电压为 10V，则定时电容 C 上的最高电压为_____V。

二、选择题

12.4 用集成 555 定时器构成的多谐振荡器,当定时电容 C 减小时,输出信号的变化是( )。

    A. 幅度增大   B. 幅度减小
    C. 频率增大   D. 频率减小

12.5 关于用集成 555 定时器构成的施密特触发器,下列说法错误的是( )。

    A. 有两个稳定状态   B. 可产生一定宽度的定时脉冲
    C. 电压传输特性具有回差特性   D. 可用于波形的整形

12.6 不需外加输入信号就能产生周期性矩形波的电路称为( )。

    A. 多谐振荡器   B. 单稳态触发器
    C. 施密特触发器   D. 顺序脉冲发生器

三、分析计算题

12.7 图 12.14 所示为集成 555 定时器构成的多谐振荡器。已知 $R_1=R_2=4.7\text{k}\Omega$,$C=0.01\mu\text{F}$,试估算该电路的振荡频率。

12.8 图 12.15 所示为集成 555 定时器构成的施密特触发器,当 $V_{CC}=9\text{V}$,电压控制端 5 脚电压为 5V 时,请问高电平触发端 6 脚电压和低电平触发端 2 脚电压各为多少?

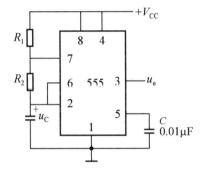
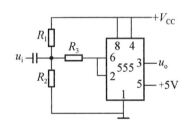

图 12.14 题 12.7 图   图 12.15 题 12.8 图

12.9 图 12.16 所示为防盗报警电路,a、b 两端被一细铜丝接通,此铜丝置于盗窃者必经之处。当盗窃者闯入室内将铜丝碰断后,扬声器发出报警声。试问集成 555 定时器应接成何种电路?并说明本报警器的工作原理。

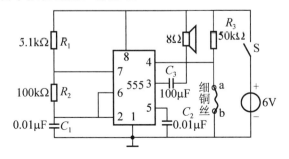

图 12.16 题 12.9 图

12.10 图 12.17 所示为简易触摸开关电路,当手摸金属片时,发光二极管亮,经过一定时间,发光二极管熄灭。试说明其工作原理,并估算发光二极管能亮多长时间。

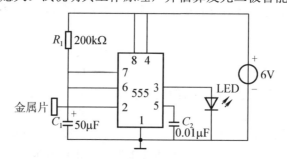

图 12.17 题 12.10 图

12.11 图 12.18 所示为两块集成 555 定时器构成的门铃电路,已知 C_1=100μF,C_2=0.1μF,R_1=47kΩ,R_2=R_3=4.7kΩ,RP=47kΩ。试求以下内容。

(1) IC_1、IC_2 两个定时器分别构成什么电路?

(2) 按下开关 S 扬声器能持续鸣叫一段时间,试说明其工作原理。

(3) 调节 RP 可改变鸣叫的持续时间,则该电路鸣叫时间调节范围是什么?

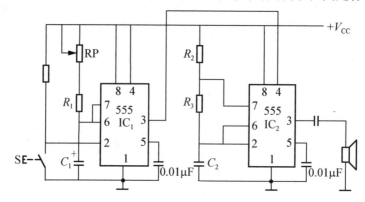

图 12.18 题 12.11 图

项目 13

集成 A/D 及 D/A 转换器的认知及应用电路的制作

学习目标

1. 知识目标

(1) 了解 A/D 转换的工作原理，熟悉常见集成 A/D 转换器的电路组成、功能、封装及引脚排列。

(2) 了解 D/A 转换的工作原理，熟悉常见集成 D/A 转换器的电路组成、功能、封装及引脚排列。

(3) 掌握运用集成 A/D 转换器 ADC0809 搭建的应用电路的结构及工作原理。

2. 技能目标

(1) 学会判别集成 A/D 转换器 ADC0809 及集成 D/A 转换器 DAC0832 的引脚。

(2) 运用 ADC0809 制作简易型数字电压表，掌握该电路的制作，完成电路功能检测和故障排除。

生活提点

在生活中，人们从外界获取信息必须借助于感觉器官，但在生产活动中及研究自然现象和规律时仅凭感觉器官就远远不够了。为适应这种情况，就需要使用传感器。传感器是一种物理装置，能够探测、感受外界的信号、物理信息(如光、热、湿度)或化学信息(如烟雾)，并将探知的信息传递给其他装置或器官。因为传感器测出的信号为随时间作连续变化的模拟量，所以经常要用数字型器件(包括单片机、PLC、计算机等)去处理这些模拟信号，同时处理完后还须将模拟信号转换成数字信号输出，以控制电动机、电磁阀等这些执行机构，这就需要用相应的器件来实现模拟量和数字量之间的转换，就是接下来所要学习的 A/D 转换器和 D/A 转换器。

典型数字控制系统框图如图 13.1 所示。

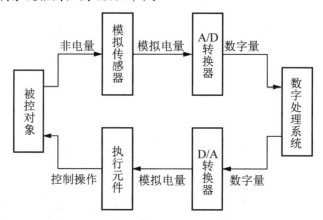

图 13.1　典型数字控制系统框图

项目任务

项目目标：利用 ADC0809 和 DAC0832 制作简易型数字电压表及波形发生电路。

项目要求：简易型数字电压表测量范围为 0～5V，4 位数码管显示，测量精度约为 0.02V。波形发生电路可产生三角波、方波、正弦波及锯齿波等波形。

项目提示：在该项目中将测试常用的 8 位 A/D 转换器 ADC0809 和 8 位 D/A 转换器 DAC0832。

项目实施

【A/D 转换器】

13.1　集成 A/D 转换器的认知及测试

集成 A/D 转换器的实物如图 13.2 所示。

图 13.2　集成 A/D 转换器的实物

A/D 转换器用于工业控制系统、多媒体音视频信息系统的转换，其中 AD570、ADC0809 是控制系统中常用的 8 位 A/D 转换器。在学习集成 A/D 转换器的相关知识之前，先通过一个小实验来测试一下其性能，测试电路如图 13.3 所示。

在电路中，先将电位器 RP 的每一步调整幅度改为 0.392%，然后将电位器调整到 0，随后不断增加电位器的值，一直到 100%，使其输出一个连续变化的物理量，输出状态用 8 位 LED 显示，当前数字量用两位数码管同步显示，注意两位数码管分别连接高 4 位和低 4 位，显示的是十六进制数，而非十进制数，记录每一步所对应的输出，并记录在表 13-1 中。

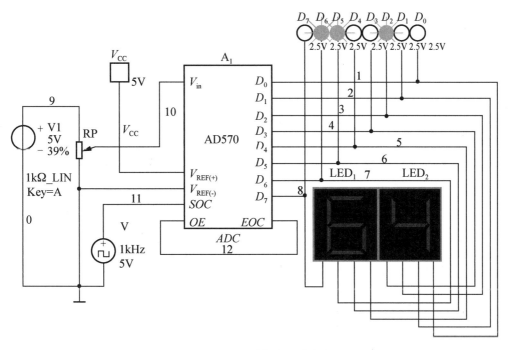

图 13.3 A/D 转换器测试电路

表 13-1 A/D 转换器测试结果对照表

调节电压值占比(%)	LED 输出状态								对应十六进制数
	D_7	D_6	D_5	D_4	D_3	D_2	D_1	D_0	
0	0	0	0	0	0	0	0	0	0
0.392	0	0	0	0	0	0	0	1	1
0.784	0	0	0	0	0	0	1	0	2
1.176	0	0	0	0	0	0	1	1	3
1.568	0	0	0	0	0	1	0	0	4
1.96	0	0	0	0	0	1	0	1	5
2.352	0	0	0	0	0	1	1	0	6
2.744	0	0	0	0	0	1	1	1	7
3.17	0	0	0	0	1	0	0	0	8
3.53	0	0	0	0	1	0	0	1	9
3.92	0	0	0	0	1	0	1	0	10
…				……					…
39.2(如上图)	0	1	1	0	0	1	0	0	100
…				……					…
99.6	1	1	1	1	1	1	1	0	254
100	1	1	1	1	1	1	1	1	255

从表 13-1 中可看出，当输入模拟量每变化 0.392%，输出数字量就比之前增加 1，即该电路模拟量与数字量存在一一对应关系，由此实现了两者之间的转换。但为什么要将电位器步幅调整为 0.392% 呢？接下来通过学习 A/D 转换器了解一下相关知识。

13.1.1 A/D 转换的基本知识

A/D 转换器的功能是将模拟信号转换为数字信号。一个完整的 A/D 转换过程，必须包括采样、保持、量化、编码四部分。

1. 采样与保持

所谓采样，就是采集模拟信号的样本。采样是将时间上、幅值上都连续的模拟信号，在采样脉冲的作用下，转换成时间上离散(时间上有固定间隔)、幅值上仍连续的离散模拟信号，所以采样又称为波形的离散化过程，图 13.4 所示为某一输入模拟信号经采样后得出的波形。为了保证能从采样信号中将原信号恢复，必须满足条件 $f_s \geq 2f_{i(max)}$，其中 f_s 为采样频率，$f_{i(max)}$ 为模拟信号 u_i 中最高次谐波分量的频率，这一关系称为采样定理。

由于 A/D 转换需要一定的时间，因此在每次采样后，都需要把采样电压保持一段时间。

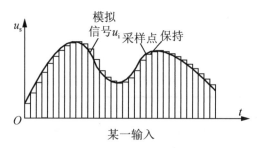

图 13.4 某一输入模拟信号经采样后得出的波形

2. 量化与编码

数字量最小单位所对应的最小量值叫做量化单位△。将采样-保持电路的输出电压归化为量化单位△整数倍的过程叫做量化。

$$量化单位 \triangle = \frac{1}{2^n - 1} \times 100\% \times V_{CC} \approx \frac{V_{CC}}{2^n}$$

用 n 位二进制代码表示各个量化电平的过程，叫做编码。

一个 n 位二进制代码只能表示 2^n 个量化电平，量化过程中不可避免会产生误差，这种误差称为量化误差。量化级分得越多(n 越大)，量化误差越小。

量化后的值再按数制要求进行编码以作为转换完成后输出的数字代码。量化和编码是所有 A/D 转换器不可缺少的核心部分之一。

13.1.2 A/D 转换的技术指标

1. 分辨率(resolution)

分辨率指数字量变化一个最小量时模拟信号的变化量，定义为满刻度与 2^n 的比值。分辨率又称精度，通常以数字信号的位数来表示。

A/D 转换器的分辨率实际上反映了它对输入模拟量微小变化的分辨能力。显然，它与输出的二进制数的位数有关，输出二进制数的位数越多，分辨率越小，分辨能力越高。

如何计算分辨率呢？先看一下下面的例子。

例1 在总长度为 5m 的范围内，平均分布 6 棵树(或说 6 个元素)，试算出每棵树的间隔？

解：每棵树应该这样分布，在开头 0 处种第 1 棵(记为 0 号树)，一直到 5m (即终点)处种第 6 棵(记为 5 号树)。

所以，每棵树的间隔的算法是

$$间隔 = \frac{总长度}{长度内总元素-1} = \frac{5}{6-1} \text{m} = 1\text{m}$$

A/D 转换器分辨率计算方式与其算法完全相同，若某 A/D 转换器的位数为 n 位，参考电压为 V_{CC}(单极性)，则分辨率用 $\frac{1}{2^n-1} \times 100\%$ 表示。若 n 较大($n>8$)，也可用 $\frac{1}{2^n} \times 100\%$ 表示。

例2 ADC0809 为 8 位 A/D 转换器，供电电压 V_{CC} 为 5V，模拟量最大时可实现满偏输出，求分辨率和量化单位 $\triangle$ ？

解：分辨率 $= \frac{1}{2^n} \times 100\% = \frac{1}{2^8} \times 100\% \approx 4\%$

量化单位 $\triangle = \frac{1}{2^n-1} \times 100\% \times V_{CC} \approx \frac{5}{2^8} \text{V} \approx 0.02\text{V}$

2. 转换速率(conversion rate)

转换速率是指完成一次从模拟到数字的 A/D 转换所需时间的倒数。该指标也是 A/D 转换器分类的指标，按转换速率的不同可将 A/D 转换器分为以下几种。

① 积分型 A/D 转换器。转换速率极低，转换时间是毫秒级，属低速 A/D，如 TLC7135。

② 逐次比较型 A/D 转换器。电路规模属于中等，其优点是速度较高、功耗低，在低分辨率(小于 12 位)时价格便宜，但在高分辨率(大于 12 位)时价格很高。转换时间是微秒级，属中速 A/D，如 AD570、ADC0809 等。

③ 全并行/串并行比较型 A/D 转换器。全并行比较型 A/D 转换器采用多个比较器，仅作一次比较而实行转换，又称 Flash(快速)型。由于转换速率极高，电路规模极大，价格也高，因此只适用于视频 A/D 转换等要求速度特别高的领域。串并行比较型 A/D 转换器结构上介于全并行比较型和逐次比较型之间，所以称为 Half Flash(半快速)型，这类 A/D 转换器转换速率比逐次比较型高，电路规模比全并行比较型小。串并行比较型 A/D 转换器转换时间可达到纳秒级，如 TLC5510。

与转换速率有关的是采样速率，但采样速率确是另外一个概念，是指两次转换的间隔。为了保证转换的正确完成，采样速率必须小于或等于转换速率。因此习惯上将转换速率在数值上等同于采样速率也是可以接受的。转换速率常用单位是 ksps 和 Msps，表示每秒采样千/百万次。

3. 量化误差 ε (quantization error)

量化误差是由 A/D 转换器的分辨率引起的误差，即有限分辨率 A/D 的阶梯状转移特性曲线与无限分辨率 A/D(理想 A/D)的转移特性曲线(直线)之间的最大偏差，通常是 1 个或半个最小量值的模拟变化量，表示为 1△、$\frac{1}{2}$△。

A/D 转换器的量化误差反映了实际输出的数字量与理想输出的数字量之间的差别。

4. 偏移误差(offset error)

输入信号为零，输出信号不为零的值称为偏移误差。

5. 满刻度误差(full scale error)

满度输出时对应的输入信号值与理想输入信号值之差称为满刻度误差。

6. 线性度(degree of linearity)

实际工程中 A/D 转换器的转移函数与理想直线的最大偏移程度称为线性度，不包括以上三种误差。

其他指标还有：绝对精度、相对精度、微分非线性、单调性和无错码、总谐波失真和积分非线性。

13.1.3 常用集成 A/D 转换器的型号及特性

目前生产集成 A/D 转换器的主要厂家有 ADI、TI、BB、PHILIPS、MOTOROLA 等公司，接下来介绍 ADI 公司和德州仪器(TI)公司生产的常见集成 A/D 转换器的型号及特性，见表 13-2。

表 13-2 常见集成 A/D 转换器的型号及特性

厂 家	型 号	特 性	应用场合
ADI 公司	AD7705	+3V 电源供电，信号调理、1mW 功耗、双通道 16 位 A/D 转换器	适用于低频测量仪器、微处理器(MCU)、数字信号处理(DSP)系统、手持式仪器、分布式数据采集系统
ADI 公司	AD7714	+3V 电源供电，低功耗、五通道 24 位 A/D 转换器	适用于低频测量应用的完整模拟前端、高灵敏度微控制器或 DSP 系统
ADI 公司	ADUC824	24 位高精度智能 A/D 转换器	适用于工业、仪器仪表和智能传感器接口，要求选择高精度数据转换的场合
德州仪器(TI)公司	TLC548/549	8 位 CMOS A/D 转换器	适用于微处理器或外围设备串行接口的输入/输出
德州仪器(TI)公司	TLV5580	8 位低功耗高速 A/D 转换器	适用于超声波数据高速采集

13.1.4 ADC0809 的特性

ADC0809 是采样频率为 8 位的、以逐次逼近原理进行模数转换的器件。其内部有一个八通道多路开关，它可以根据地址码锁存译码后的信号，然后选通八路模拟输入信号中的一路进行 A/D 转换。

1. 主要特性

① 八路 8 位 A/D 转换器，即分辨率为 8 位。

② 具有转换启停控制端。

③ 转换时间为 100μs。

④ 单个+5V 电源供电。

⑤ 模拟输入电压范围为 0～+5V，不需零点和满刻度校准。

⑥ 工作温度范围为−40～+85℃。

⑦ 低功耗，约 15mW。

2. 外部特性(引脚功能)

ADC0809 芯片有 28 条引脚，采用双列直插式封装，如图 13.5 所示。下面说明各引脚的功能。

V_{CC}：11 脚为电源端，提供+5V 电压。

GND：13 脚为接地端。

$IN_0 \sim IN_7$：26、27、28、1、2、3、4、5 脚为八路模拟量输入端。

$D_0 \sim D_7$：17、14、15、8、18、19、20、21 脚为 8 位数字量输出端。

A_0、A_1、A_2：25、24、23 脚为 3 位地址输入线，用于选通八路模拟输入信号 $IN_0 \sim IN_7$ 中的一路。

ALE：22 脚为地址锁存允许端，输入高电平有效。

START：6 脚为 A/D 转换启动脉冲输入端，输入一个正脉冲(至少 100ns 宽)使其启动(脉冲上升沿使 0809 复位，下降沿启动 A/D 转换)。

EOC：7 脚为 A/D 转换结束端，当 A/D 转换结束时，此端输出一个高电平(转换期间一直为低电平)。

OE：9 脚为数据输入允许端，输入高电平有效，当 A/D 转换结束时，此端需输入一个高电平才能打开输出三态门，输出数字量。

CLK：10 脚为时钟脉冲输入端，要求时钟频率不高于 640kHz。

$V_{REF(+)}$、$V_{REF(-)}$：16、12 脚为基准电压，一般直接接供电电源。

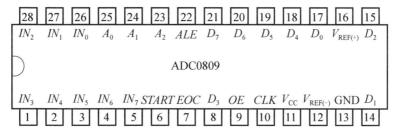

图 13.5　ADC0809 引脚分布

3. 工作原理

输入 3 位地址码使 ALE=1，地址码将存入地址锁存器中。此地址码经译码后选通八路模拟输入信号之一反馈到比较器上，START 上升沿将逐次逼近寄存器使其复位，而下降沿将启动 A/D 转换，此时 EOC 输出低电平，表示正在进行指示转换。直到 A/D 转换完成后，EOC 变为高电平，指示 A/D 转换结束，结果数据已存入地址锁存器中，这个信号可用作中断申请。当 OE 输入高电平时，输出三态门打开，转换的结果数据将输出到数据总线上。

上述介绍了 ADC0809 的特性，接下来利用 ADC0809 搭建简易型数字电压表。

13.2 简易型数字电压表的制作

13.2.1 简易型数字电压表的结构组成

简易型数字电压表电路如图 13.6 所示。

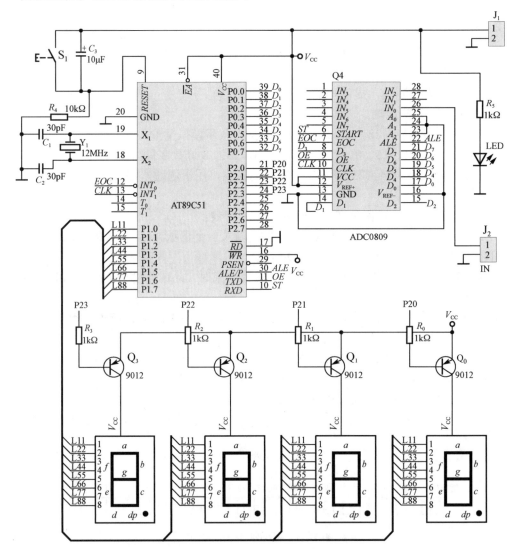

图 13.6 简易型数字电压表电路

简易型数字电压表器件清单见表 13-3。

表 13-3 简易型数字电压表器件清单

序 号	名 称	规 格	数 量
1	晶体管直流稳压电源	双通道	1
2	万能板	—	1

续表

序 号	名 称	规 格	数 量
3	晶体管	9012	4
4	金属膜电阻器	10kΩ	1
5	金属膜电阻器	1kΩ	5
6	A/D 转换器	ADC0809	1
7	数码管	共阳极	4
8	开关	按键式	1
9	电解电容器	10μF	1
10	电容器	30pF	2
11	发光二极管	$\phi 3$	1
12	石英晶体振荡器	12MHz	1
13	接线端子	2 脚	2

1. 控制部分

由图 13.6 可知，该电路的控制核心是一块单片微型计算机 AT89C51(简称单片机 AT89C51，将会在后续单片机课程中详细介绍其引脚分布及功能，同时该项目中所用的程序已刻录在单片机中，通电后即可使用)。该电路由电容 C_1、C_2 和石英晶体振荡器 Y_1 组成振荡电路，用于给单片机提供时钟信号，并与 AT89C51 的 X_1 和 X_2 端连接，由开关 S_1、电阻 R_4 及电容 C_3 组成单片机复位电路。除此之外，通过接线端子 J_1 输入+5V 电源电压，以供给单片机和 ADC0809 使用，并在电源端接限流电阻 R_5 和发光二极管用于电源指示。

2. 显示部分

将单片机的输出端 P1 口连接 4 位共阳极数码管的 $a \sim dp$，另外在数码管的共阳极点连接 4 个用于功率驱动的 PNP 型晶体管 9012，4 位数码管用于显示电压值，并精确至小数点后 3 位，即 0.001V。

3. 转换部分

通过接线端子 J_2 引入待转换的电压 u_i，并连接 ADC0809 的 IN_0，同时将单片机的 P0 口(32～39)与 ADC0809 的 $D_0 \sim D_7$ 连接，用于读取转换后的数据。

13.2.2 简易型数字电压表的显示及测量原理

在图 13.6 所示的电路中，ADC0809 具有八路 8 位模拟量输入，但由于 A_0、A_1、A_2 均接低电平 0，故 ADC0809 选择 IN_0 输入信号模拟量并进行转换，其输出最大值为 255。另外 ADC0809 外部基准电压 $V_{REF(-)}$ 和 $V_{REF(+)}$ 分别接地和+5V 电源，所测电压范围为 0～5V，即 0 对应数字 0(二进制 00000000)，5V 对应数字 255(二进制 11111111)，外部所测电压经 A/D 转换后数字量输出范围为 0～255，要再把它显示出来就只有一个算法问题。假设所转化过来的单元值为 X，则实际值为 $X/51$，测量精度约为 0.1V。

要完成此算法，必须用到该系统的核心器件，即单片机 AT89C51，在电压表中，AT89C51 除了要对 ADC0809 输出的数字信号进行换算之外，还需控制显示用的字段码和位码输出，以实现电压的实时显示。

显示部分参照数显电容计，采用巡回扫描显示，以实现多位数码管的同时显示。

13.2.3 实施步骤

1. 安装

① 安装前应认真理解电路原理，并对所装元器件预先进行检查，确保元器件处于良好状态。

② 将电阻器、电容器、发光二极管、单片机 AT89C51、ADC0809 等元器件参考图 13.6 在万能板上焊接好。

2. 调试

① 检查万能板上元器件安装、焊接及连线，应准确无误。

② 检查无误后通电，将晶体管直流稳压电源第一路输出调至+5V，并接至电路板的 J_1 输入端子，以给单片机及转换器供电。同时将晶体管直流稳压电源第二路输出调至 0，接至电路板 J_2 输入端子及 ADC0809 的输入端，启动单片机程序后依次作如下测试。

a. 观察此时数码管的输出并将结果记录在表 13-4 中。

b. 将晶体管直流稳压电源的第二路输出调至 0.1V，重复步骤 a。

c. 将晶体管直流稳压电源的第二路输出依次调至 0.2V、0.5V、0.8V、1.0V、1.2V、1.5V、1.8V、2.0V、2.2V、2.5V、2.8V、3.0V、3.2V、3.5V、3.8V、4.0V、4.2V、4.5V、4.8V、5.0V、6.0V，重复步骤 a，并将数码管显示值与晶体管直流稳压电源输出值进行比较。

表 13-4 记录表

稳压电源输出值/V	0	0.1	0.2	0.5	0.8	1.0	1.2
数码管显示值/V							
稳压电源输出值/V	1.5	1.8	2.0	2.2	2.5	2.8	3.0
数码管显示值/V							
稳压电源输出值/V	3.2	3.5	3.8	4.0	4.2	4.5	4.8
数码管显示值/V							
稳压电源输出值/V	5.0	6.0					
数码管显示值/V							

根据测试结果，分析转换输出误差的原因。

刚才制作的电路是 8 位转换，转换精度为 1/256，没有充分发挥 4 位数码管的显示效能。思考一下，如何进一步提高该电压表的测量精度？可通过查询相关资料参照图 13.6 搭建硬件电路(提示：可选用 12 位 A/D 转换器 AD678)。

13.3 集成 D/A 转换器的认知及测试

【D/A 转换器】

常见集成 D/A 转换器的实物如图 13.7 所示。

图 13.7 常见集成 D/A 转换器的实物

上述实物适用于音视频、工业控制等需要数模转换的场合，其中 DAC08、DAC0832 是早一代常用的 8 位 D/A 转换器。在学习集成 D/A 转换器的相关知识之前，先通过一个小实验来测试一下 8 位 D/A 转换器的输入输出特性，其测试电路如图 13.8 所示。

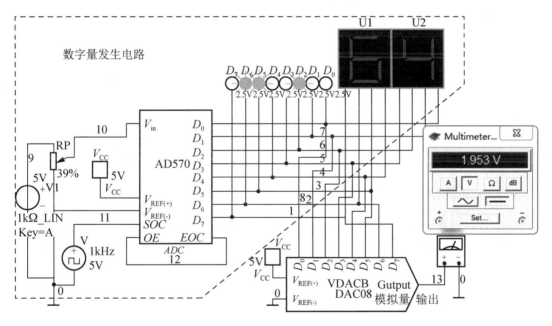

图 13.8 D/A 转换器测试电路

在电路中，先将电位器 RP 的每一步调整幅度改为 0.392%，然后将电位器调整到 0，随后不断增加电位器的值，一直到 100%，使其输出一个连续变化的物理量，输出状态用 8 位 LED 显示，当前数字量用两位数码管同步显示。图 13.8 中虚线所框部分相当于 00000000～11111111 可调的数字量发生电路，将数字量接入 DAC08 的输入端，当数字量在 00000000～11111111 中变化时，观测电压表的模拟电压变化，并将结果记录在表 13-5 中。

表 13-5　D/A 转换器测试结果对照表

输入数字量对应的十进制数	LED 状态(数字量输入)								输出模拟量(V)
	D_7	D_6	D_5	D_4	D_3	D_2	D_1	D_0	
0	0	0	0	0	0	0	0	0	0
1	0	0	0	0	0	0	0	1	19.5
2	0	0	0	0	0	0	1	0	39.062
3	0	0	0	0	0	0	1	1	58.52
4	0	0	0	0	0	1	0	0	78.125
5	0	0	0	0	0	1	0	1	97.7
6	0	0	0	0	0	1	1	0	114.2
7	0	0	0	0	0	1	1	1	136.7
8	0	0	0	0	1	0	0	0	156.25
9	0	0	0	0	1	0	0	1	176.1
10	0	0	0	0	1	0	1	0	195.312
……				……					……
100(如上图)	0	1	1	0	0	1	0	0	1.953
……				……					……
254	1	1	1	1	1	1	1	0	4.84
255	1	1	1	1	1	1	1	1	4.862

从表 13-5 中可看出，当输入数字量每变化 1 时，输出模拟量变化 19V 左右，即该电路数字量与模拟量存在一一对应关系，由此实现了两者之间的转换。

13.3.1　D/A 转换的基本知识及转换原理

D/A 转换器是把数字量转换成模拟量的线性电路器件，其已做成集成芯片。由于实现这种转换的原理和电路结构及工艺技术有所不同，因此出现各种各样的 D/A 转换器。在国内外市场上已有上百种产品出售，它们在转换速度、转换精度、分辨率及使用价值上都各具特色。

D/A 转换器转换输出电压是将数字量按权展开相加，即可得到与数字量成正比的模拟量。

$$U_o = \frac{U_{REF} R_F}{2^n R}(D_{n-1} \times 2^{n-1} + D_{n-2} \times 2^{n-2} + \cdots + D_0 \times 2^0)$$

其中 $R_F = R = 15\text{k}\Omega$，$U_{REF} = V_{CC}$，则 $U_o = \frac{V_{CC}}{2^n}(D_{n-1} \times 2^{n-1} + D_{n-2} \times 2^{n-2} + \cdots + D_0 \times 2^0)$。

对照表 13-5，试计算一下输入 $D_7 D_6 D_5 D_4 D_3 D_2 D_1 D_0 = 01001100$ 时的输出电压约为多少？

13.3.2　D/A 转换器的主要技术指标

衡量一个 D/A 转换器性能的主要参数如下。

(1) 分辨率

分辨率是指 D/A 转换器能够转换的二进制数的位数，位数越多分辨率也就越高。

(2) 转换时间

转换时间是指将一个数字量转换为稳定模拟信号所需的时间。D/A 转换中常用转换时间来描述其速度，而不是 A/D 中常用的转换速率。一般地，电流输出 D/A 转换时间越短，则电压输出 D/A 转换时间越长。电流型 D/A 转换较快，转换时间一般在几纳秒到几百纳秒之间。电压型 D/A 转换较慢，转换时间取决于运算放大器的响应时间。

(3) 精度

精度是指 D/A 转换器实际输出电压值与理论值之间的误差，一般采用数字量的最低有效位作为衡量单位。

(4) 线性度

线性度是指当数字量变化时，D/A 转换器输出的模拟量按比例关系变化的程度。理想的 D/A 转换器是线性的，但是实际上是有误差的，模拟输出偏离理想输出的最大值称为线性误差。

13.3.3 常用集成 D/A 转换器型号及特性

ADI 公司和德州仪器(TI)公司生产的常见 D/A 转换器型号及特性见表 13-6。

表 13-6 常见 D/A 转换器型号及特性

厂 家	型 号	特 性	应用场合
ADI 公司	AD7533	10 位 600ns 电流输出 CMOS D/A 转换器	主要用于数字控制衰减器、可编程增益放大器、函数生成、线性自动增益控制等场合
ADI 公司	AD9732BRS	10 位 200Msps 单电源 D/A 转换器	主要用于数字通信、直接数字频率合成(DDS)、波形重建、高速成像等场合
ADI 公司	AD7537JN	12 位双路 1.5μs 电流输出 CMOS D/A 转换器	主要用于自动测试设备、可编程滤波器、音频应用、同步应用、过程控制等场合
ADI 公司	AD768AR	16 位高速电流输出 D/A 转换器	主要用于任意波形发生电路、通信波形重建、矢量图形显示等场合
德州仪器(TI)公司	TLC5620	具有缓冲基准输入，4 路 8 位 D/A 转换器，+5V 电源供电	主要用于可编程电源、可数字控制的放大器和衰减器、移动通信、自动测试设备等场合

13.3.4 DAC0832 的特性

DAC0832 主要由两个 8 位寄存器和一个 8 位 D/A 转换器组成。使用两个寄存器(输入寄存器和 DAC 寄存器)的好处是能简化某些应用中的硬件接口电路设计。

1. 主要特性

DAC0832 主要特性参数如下。

① 分辨率为 8 位。

② 只需在满量程下调整线性度。
③ 可与所有的单片机或微处理器直接接口，需要时亦可不与微处理器连用而单独使用。
④ 电流稳定时间 1μs。
⑤ 可双缓冲、单缓冲或直通数据输入。
⑥ 功耗低为 200mW。
⑦ 逻辑电平输入与 TTL 门电路兼容。
⑧ 单电源供电(+5～+15V)。

2. 外部特性(引脚功能)

DAC0832 为 20 脚双列直插式封装，其引脚分布如图 13.9 所示。

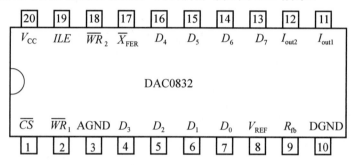

图 13.9　DAC0832 引脚分布

D_0～D_7：7、6、5、4、16、15、14、13 脚为数字量数据输入端。

ILE：19 脚为数据锁存允许端，高电平有效。

CS：1 脚为输入寄存器选择端，低电平有效。

WR_1：2 脚为输入寄存器的"写"选通端，低电平有效。

ILE=1 时，寄存器输出状态随数据输入状态变化。而 ILE=0 时，数据锁存在寄存器中，不再随数据总线上的数据变化而变化。

V_{REF}：8 脚为基准电压输入端。

R_{fb}：9 脚为反馈信号输入端，芯片内已有反馈电阻 R_f。

I_{out1} 和 I_{out2}：11 脚和 12 脚为模拟电流输出端，$I_{out1}+I_{out2}$=常数=$\dfrac{V_{REF}}{R}$，I_{out1} 一般接地。

此外 V_{CC} 是工作电源，DGND 为数字地，AGND 为模拟地。

3. 工作原理

欲将数字量 D_0～D_7 转换为模拟量，只要使 $\overline{WR_2}$=0、$\overline{X_{FER}}$=0、ILE=1，寄存器为不锁存状态，$\overline{CS}$ 和 $\overline{WR_1}$ 接负脉冲信号即可完成一次转换。或者 $\overline{WR_1}$=0、$\overline{CS}$=0、ILE=1，寄存器为不锁存状态，而 $\overline{WR_2}$ 和 $\overline{X_{FER}}$ 接负脉冲信号，可达到同样目的。

D/A 转换器输入是数字量，输出为模拟量。模拟信号很容易受到电源和数字信号的干扰而波动。为提高输出的稳定性和减少误差，模拟信号部分必须采用高精度基准电源 V_{REF} 和独立的地线，一般把模拟地和数字地分开。模拟地是模拟信号及基准电源的参考地，其余为数字地，包括工作电源地、数据、地址、控制等数字逻辑信号。

上面介绍了 DAC0832 的特性，接下来利用 DAC0832 搭建波形发生电路。

13.4 运用 DAC0832 制作波形发生电路

DAC0832 波形发生电路电气原理如图 13.10 所示。

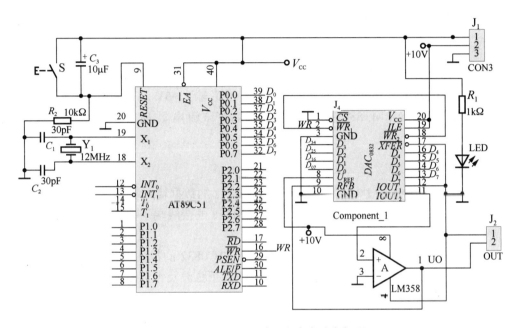

图 13.10 DAC0832 波形发生电路电气原理

其测试器件清单见表 13-7。

表 13-7 DAC0832 波形发生电路测试器件清单

序号	名称	规格	数量
1	晶体管直流稳压电源	双通道	1
2	万能板	—	1
3	示波器	双踪	1
4	金属膜电阻器	10kΩ	1
5	金属膜电阻器	1kΩ	1
6	D/A 转换器	DAC0832	1
7	集成运放	LM358	1
8	开关	按键式	1
9	电解电容器	10μF	1
10	电容器	30pF	2

续表

序 号	名 称	规 格	数 量
11	发光二极管	$\phi 3$	1
12	石英晶体振荡器	12MHz	1
13	接线端子	2 脚	1
14	接线端子	3 脚	1

13.4.1 波形发生电路的结构组成及工作原理

1. 控制部分

由图 13.10 可知，该电路的控制核心是一块单片机 AT89C51，振荡电路、复位电路与简易型数字电压表相同。除此之外，通过接线端子 J_1 输入+5V 和+10V 电源电压，以供给单片机、DAC0832 及 LM358 使用，并在电源端接限流电阻 R_1 和发光二极管用于电源指示。

2. 转换部分

将单片机 AT89C51 的 P0 口(32～39)与 DAC0832 的数据输入端连接，提供 8 位二进制数，用于 DAC0832 进行转换。DAC0832 通过 LM358 的接线端子 J_2 输出转换波形电压 u_o，并连接至示波器。

在图 13.10 所示电路中，参照 13.2 节及根据 DAC0832 的特性，利用 AT89C51 编制相应程序，即可在 LM358 的 1 脚输出三角波、方波、正弦波及锯齿波波形。

13.4.2 实施步骤

1. 安装

① 安装前应认真理解电路原理，并对所装元器件预先进行检查，确保元器件处于良好状态。

② 将电阻器、电容器、发光二极管、单片机 AT89C51、DAC0832 等元器件参考图 13.10 在万能板上焊接好。

2. 调试

① 检查万能板上元器件安装、焊接及连线，应准确无误。

② 检查无误后通电，将晶体管直流稳压电源第一路输出调至+5V，并接至电路板的 J_1 输入端子，以给单片机供电。同时将晶体管直流稳压电源第二路输出调至 10V，通过 J_1 输入端子供给 DAC0832 及 LM358 转换使用。

　　a. 在单片机中输入三角波驱动程序，启动单片机实施转换，观察示波器的输出波形并作记录。

　　b. 在单片机中依次输入方波、正弦波及锯齿波的驱动程序，重复步骤 a。

 **拓展讨论**

大家学习了两种典型的 A/D 和 D/A 转换器，大家先思考一下，这两种器件在自动化系统和计算机系统中起到了什么作用，在后续学习单片机和 PLC 的过程中应该如何融入这两种器件的学习？

项 目 小 结

> 1. A/D 转换器是指将模拟量转换为数字量的器件，转换位数分别有 8 位、10 位、12 位、14 位等，位数越高，转换精度越高。
> 2. A/D 转换的过程分为采样、保持、量化、编码四部分。
> 3. 衡量 A/D 转换器性能的技术指标主要有分辨率、转换速率、量化误差、偏移误差、满刻度误差、线性度等。
> 4. D/A 转换器是指将数字量转换为模拟量的器件，转换位数分别有 8 位、10 位、12 位、14 位、24 位等，位数越高，转换精度越高。
> 5. 衡量 D/A 转换器性能的技术指标主要有分辨率、转换时间、精度、线性度等。

习 题

一、选择题

13.1 根据采样定理，采样频率应该(　　)。
A. 小于最高信号频率的一半　　　　B. 大于最高信号频率的两倍
C. 小于最低信号频率的一半　　　　D. 等于最高信号频率

13.2 4 位 D/A 转换器和 8 位 D/A 转换器的最小输出电压一样大，那么它们的最大输出电压(　　)。
A. 一样大　　　　　　　　　　　　B. 前者大于后者
C. 后者大于前者　　　　　　　　　D. 不确定

13.3 一个 8 位 D/A 转换器，输入为 00010010 时，输出为 0.9V。当输入为 10001000 时，其输出为(　　)。
A. 13.6V　　　　B. 6.8V　　　　C. 6.3V　　　　D. 6.1V

13.4 一个无符号 8 位 D/A 转换器，其分辨率为(　　)位。
A. 1　　　　　　B. 3　　　　　　C. 4　　　　　　D. 8

13.5 将一个时间上连续变化的模拟量转换为时间上断续(离散)的模拟量的过程称为(　　)。
A. 采样　　　　　B. 量化　　　　C. 保持　　　　D. 编码

二、填空题

13.6 对于 D/A 转换器，其转换位数越多，转换精度就会越_____。

13.7 A/D 转换器是将_____转换为_____的器件。将数字量转换为模拟量，采用_____转换器。

13.8 在 A/D 转换中，输入模拟信号的最高采样频率是 10kHz，则最低采样频率是____。

13.9 一般来说，A/D 转换需经_____、_____、_____、_____四步才能完成。

13.10 一个 10 位 A/D 转换器，其分辨率是_____。

三、分析计算题

13.11 已知 D/A 转换器的最小输出电压为 5mV，满刻度输出电压为 10V，试计算 D/A 转换器的分辨率。

13.12 当 4 位 D/A 转换器的输入数字量为 0001 时，对应的输出模拟电压为 0.02V，试计算当输入数字量为 1101 时，其输出模拟电压为多少？

13.13 已知 4 位 D/A 转换器的参考电压 V_{REF} =10V，$R_F=R$，试计算该 D/A 转换器的输出电压范围。

13.14 一个 D/A 转换器可分辨 0.0025V 电压，其满刻度输出电压为 9.9976V，试问该转换器至少是多少位？

13.15 对于一个 3 位 A/D 转换器，其参考电压为 10V，试问电路的量化单位是多少？当输入电压为 5.6V 时，输出数字量 $D_2D_1D_0$ 为多少？

13.16 已知 A/D 转换器的最大输入电压为 5V，试问要能分辨 5mV 的输入电压至少需要的转换位数是多少？

13.17 若要选择从 ADC0809 的 IN_5 处输入待转换的模拟信号，该如何设计电路？

13.18 请问电路中 ADC0809 的 EOC 有什么作用？

13.19 试画出 ADC0809 数字量的时序图(只要求画出时钟 CLK、地址译码信号、ALE 及 OE)。

13.20 根据图 13.6，试说明如何利用 ADC0809 的 EOC 向单片机 AT89C51 发出请求信号。

13.21 AD7705 是 16 位 A/D 转换器，试计算该转换器的分辨率和量化误差。如其基准电压 $V_{REF(+)}$、$V_{REF(-)}$ 范围均为 0～3V，则最小量化单位为多少？

综合训练二

LED 显示屏控制器电路的制作

LED 显示屏是 20 世纪 80 年代后期在全球迅速发展起来的新型信息显示媒体，显示屏由几万到几十万个半导体发光二极管像素点均匀排列组成。利用不同的材料可以制造不同色彩的发光二极管像素点，目前应用最广泛的是红色、绿色、黄色。LED 显示屏可以显示变化的数字、文字和图形图像，不仅可以用于室内环境还可以用于室外环境，具有投影仪、电视墙和液晶显示屏等无法比拟的优点。

点阵显示电路原理如图 z2-1 所示，选定单片机 AT89S52 为核心控制器件，由串并行转换器 74LS164、锁存器 74LS373 和晶体管 8550 组成行控制电路，74LS164、八重达林顿晶体管阵列 ULN2803 组成列控制电路。

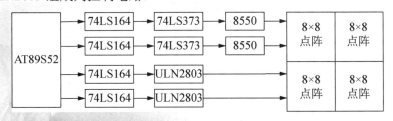

图 z2-1　点阵显示电路原理

1. 点阵显示屏

LED 显示屏由多个发光二极管连接构成，构成 LED 屏幕的方法有两种。一是将单个的发光二极管逐点连接起来，二是选用一些由单个发光二极管构成的 LED 点阵子模块，将其构成大的 LED 点阵模块。目前市场上普遍采用的点阵子模块有 8×8、16×16、16×32 等几种。这两种屏幕构成方法各有优缺点，单个发光二极管构成显示屏的方法优点在于当单个的发光二极管出现问题时只需更换一个发光二极管即可，检修的成本较低，缺点在于连接线路复杂。而点阵子模块构成显示屏的方法却正好与之相反，模块构成节省了大量的连线，不过当一个发光二极管出现问题时同在一个模块内的所有发光二极管都必须被更换，这就增加了维修的成本。

如图 z2-2(a)所示为 8×8 点阵的实物，如图 z2-2(b)所示为 8×8 点阵原理。其发光原理如下：当 Y_0 为高电平，X_0 为低电平时，第 1 行第 1 列位置的发光二极管亮；若要使第 2 行第 3 列的发光二极管亮，则需要 Y_1 为高电平，X_2 为低电平。同理，要使第 i 行第 n 列的发光二极管亮，则需要把 Y_{i-1} 设置为高电平，X_{n-1} 设置为低电平。所以如果要使某一行亮，只需要将本行的 Y 设为高电平，对应的 X_0 到 X_7 设为低电平即可，列同理。

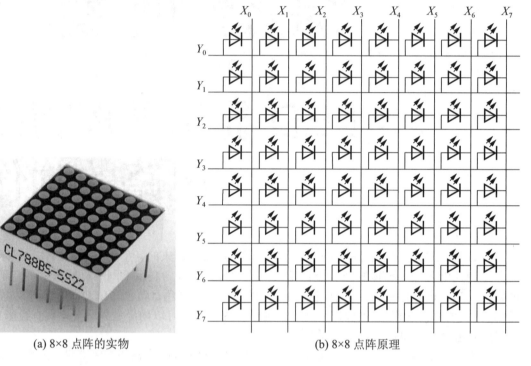

(a) 8×8 点阵的实物　　　　　　　　　　(b) 8×8 点阵原理

图 z2-2　8×8 点阵的实物与原理

本项目采用 4 块 8×8 点阵构成一个 16×16 点阵，其显示效果如图 z2-3 所示。

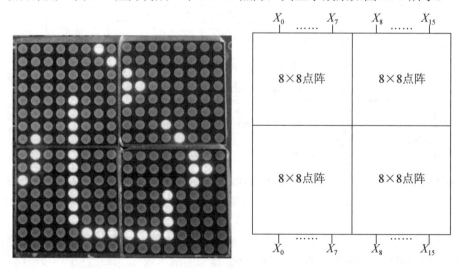

图 z2-3　由 8×8 点阵构成的 16×16 点阵显示效果

2. 行显示电路

译码电路的功能是为了解决单片机 I/O 端口不足的问题。行译码所用器件为串并行转换器 74LS164 和锁存器 74LS373，具体电路如图 z2-4 所示。

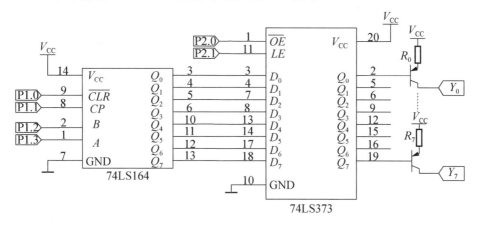

图 z2-4　行译码电路

(1) 串并行转换器 74LS164

如果不采用译码电路完全依靠单片机的端口输出来控制 16×16 的 LED 点阵屏显示，需要 32 个端口。而采用了译码电路后仅需要 7～9 个端口便可实现控制显示，大大减少了 I/O 端口的占用数目，为单片机扩展其他功能预留下来了空间，其引脚分布如图 z2-5 所示。

图 z2-5　74LS164 引脚分布

74LS164 为一个 8 位数据的串并行转换器。当清除端为低电平时，输出端($Q_0 \sim Q_7$)均为低电平，所有状态全部清零，其逻辑时序图如图 z2-6 所示。串行数据输入端(A，B)可控制数据，当 A、B 中有一个为低电平时，则禁止新数据输入，在时钟脉冲端上升沿作用下 Q_0 输出低电平。当 A、B 中有一个为高电平时，则另一个就允许输入数据，并在时钟脉冲端上升沿作用下决定 Q_0 的状态。$Q_0 \sim Q_7$ 的状态依次延迟一个周期，后面的锁存器可以根据需要对 $Q_0 \sim Q_7$ 的状态进行锁存。

(2) 锁存器 74LS373

由于 74LS164 不具有锁存功能，因此在 74LS164 进行 8 位数据的串并行转换时，串行数据的状态依次从 Q_0 移位到 Q_7，在 8 位数据转换完成之前 74LS164 会出现一段时间的乱序输出，导致显示屏无序导通闪烁，不能显示所需内容。所以在串并行转换完成前就需要 74LS164 的输出端不与驱动电路导通，而锁存器 74LS373 就可完成这一功能，其引脚分布如图 z2-7 所示。

74LS373 是常用的地址锁存器，它实质上是一个是带三态缓冲输出的 8D 触发器，常与 74LS164 一起使用作为单片机的外部扩展存储器。

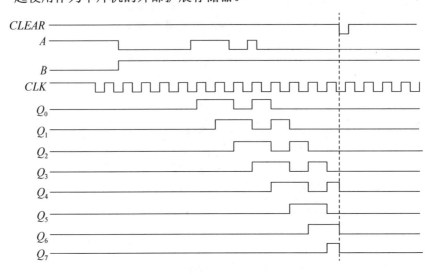

图 z2-6　74LS164 逻辑时序图

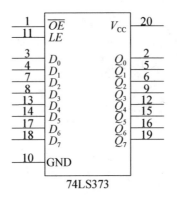

图 z2-7　74LS373 引脚分布

当 74LS373 的 1 脚($\overline{OE}$)为高电平时，输出 $Q_0 \sim Q_7$ 为高阻态；当 1 脚($\overline{OE}$)为低电平时，此时 11 脚(LE)为高电平，可以正常输出，输出 $Q_0 \sim Q_7$ 的状态与输入 $D_0 \sim D_7$ 的状态相同；当 11 脚(LE)发生负的跳变时，输入 $D_0 \sim D_7$ 的数据则被锁入 $Q_0 \sim Q_7$ 中，其引脚功能见表 z2-1。

表 z2-1　74LS373 引脚功能

$\overline{OE}$	LE	输出 Q
0	0	被锁存，保持不变
0	1	Q=D
1	×	高阻态

(3) 晶体管 8550

8550 是一种低电压、大电流、小信号的 PNP 型晶体管。其最大集电极电流为 0.5A。晶体管 8550 作为驱动，其集电极直接与点阵的阳极相连，表 z2-2 给出了其主要参数。

表 z2-2　晶体管 8550 主要参数

参数名称	参数符号	参数大小	参数单位
集电极-发射极击穿电压	V_{ce}	−25	V
集电极-基极击穿电压	V_{cb}	−45	V
发射极-基极击穿电压	V_{eb}	−5	V
最大直流增益	β	300	—
最大集电极电流	I_c	−0.5	A

3. 列显示电路

列显示电路如图 z2-8 所示。列驱动采用 ULN2803，它是一种高电压、大电流达林顿管阵列，引脚分布如图 z2-9 所示。其电路内部包括八个独立的达林顿管驱动单路，输出端并联续流二极管，集电极输出电流可达 500mA，耐压值可达 50V。ULN2803 广泛用于计算机、工业和消费类产品中。

ULN2803 作为列驱动执行的是列选的工作，当选通的列输入高电平时，其对应的输出为低电平，并能提供较大的灌电流来吸收行驱动流出经过显示屏后的电流。

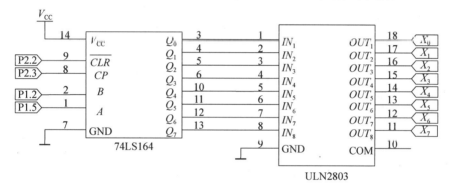

图 z2-8　列显示电路

图 z2-9　ULN2803 引脚分布

4. 整体电路

LED 显示屏控制器系统整体电路包括单片机最小系统、上位机通信电路、16×16 点阵列、行显示电路、列显示电路等，如图 z2-10 所示。其中上位机通信电路采用 MAX232，其通过 RS232 接口与上位机连接，利用上位机写入显示程序。

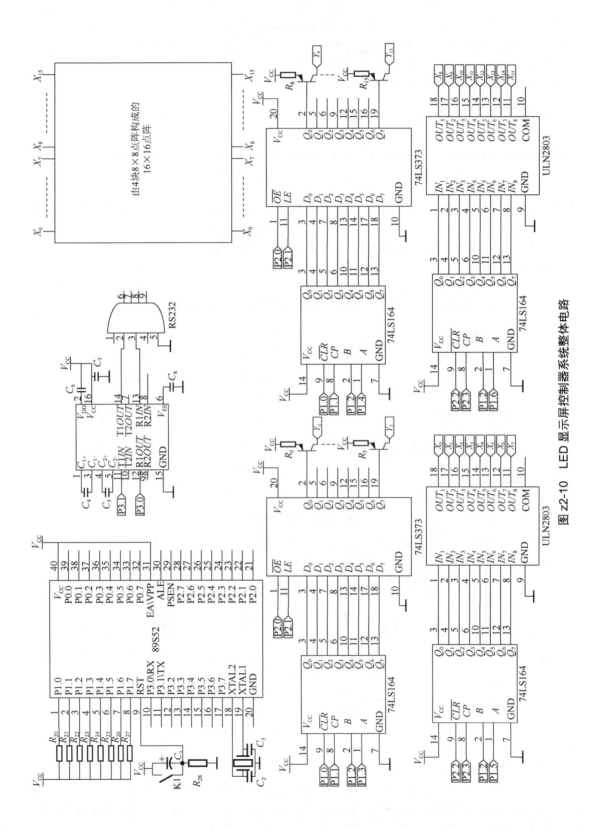

图 z2-10　LED 显示屏控制器系统整体电路

附录

EDA(Multisim)认知及应用

Multisim(多功能仿真软件)是来源于加拿大图像交互技术(Interactive Image Technologies，IIT)公司推出的以 Windows 为基础的仿真工具，原名 EWB。

EDA 仿真软件代表电了系统设计的技术潮流，在众多的 EDA 仿真软件中，Multisim 界面友好、功能强大、易学易用，受到电类设计开发人员的青睐。

1996 年 IIT 公司推出了 EWB5.0 版本，从 EWB6.0 版本开始，IIT 公司对 EWB 进行了较大变动，名称改为 Multisim，专用于电路级仿真。

IIT 公司后被美国国家仪器(National Instruments，NI)公司收购，软件更名为 NI Multisim，Multisim 经历了多个版本的升级，我们以 Multisim 12 中文版为例，介绍一下该软件的使用。Multisim 12 为设计者提供了大量的元件库和仪器仪表，可以进行元器件的编辑、选取、放置和电路图编辑绘制，实现电路工作状况测试、电路特性分析。最终，还可以实现电路图报表的输出、打印等功能。

鉴于该部分内容是入门导引，下面仅介绍 Multisim 12 的基本界面和创建电路图的基本操作。

一、Multisim 12 的基本界面

利用 Multisim 12 进行电路设计和仿真分析的所有操作，都是在其基本界面的电路工作窗口中进行的。Multisim 12 在界面上直接或间接地列出了所有的操作菜单，直接展示了最常用的工具栏，不经常使用的工具栏也很容易提取。因此，了解基本界面上菜单栏的各种操作命令、元器件库栏及仪器仪表库的功能和操作方法，是学习 Multisim 12 的前提。

Multisim 12 操作界面如附图 1 所示。

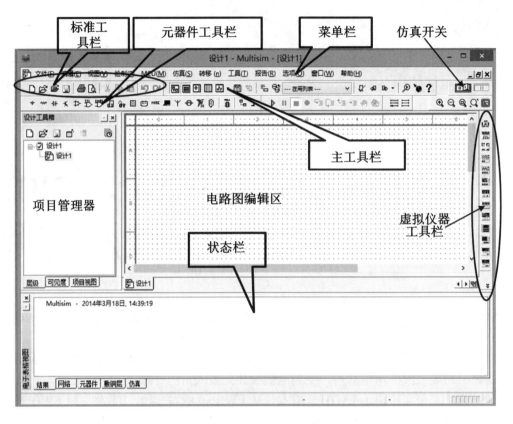

附图1　Multisim 12 操作界面

1. 菜单栏

与所有的 Windows 应用程序类似，Multisim 12 主菜单提供了几乎所用的全部功能命令，共 12 项，每个主菜单下都有下拉菜单，有些下拉菜单中含有右侧带黑三角的菜单项，当鼠标移至该项时，就会打开子菜单。主菜单栏自左至右依次为：文件(File)菜单、编辑(Edit)菜单、视图(View)菜单、绘制(Place)菜单、单片机仿真(MCU)菜单、仿真(Simulate)菜单、转移(Transfer)菜单、工具(Tools)菜单、报告(Reports)菜单、选项(Options)菜单、窗口(Window)菜单、帮助(Help)菜单，如附图 2 所示。

附图2　主菜单栏

(1) 文件(File)菜单

文件(File)菜单提供文件操作命令，如打开、保存和打印等，File 菜单中的命令及功能如下。

Open：打开一个已存在的*．msm10、*．msm9、*．msm8、*．msm7、*．ewb 或*．utsch 等格式的文件。

Close All：关闭电路工作区内的所有文件。

Save As：将电路工作区内的文件另存为一个文件，仍为"*．msm10"格式。

Save All：将电路工作区内所有的文件以"*.msm10"的格式存盘。
New Project：建立新的项目。
Version Control：版本控制。
Print：打印电路工作区内的电路图。
Print Preview：打印预览。
Print Options：包括 Print Setup(打印设置)和 Print Instruments(打印电路工作区内的仪表)命令。
Recent Files：选择打开最近浏览过的文件。
Recent Projects：选择打开最近浏览过的项目。

(2) 编辑(Edit)菜单

编辑(Edit)菜单在电路绘制过程中，提供对电路和元器件进行剪切、粘贴、旋转等操作的命令，Edit 菜单中的命令及功能如下。

Undo：取消前一次操作。
Redo：恢复前一次操作。
Delete Multi-Page：删除多余页面。
Paste as Subcircuit：将剪贴板中的子电路粘贴到指定的位置。
Find：查找电路图中的元器件。
Graphic Annotation：图形注释。
Order：顺序选择。
Assign to Layer：图层赋值。
Layer Settings：图层设置。
Orientation：旋转方向选择，包括 Flip Horizontal(将所选择的元器件左右旋转)，Flip Vertical(将所选择的元器件上下旋转)，90 Clockwise(将所选择的元器件顺时针旋转 90°)，90 CounterCW(将所选择的元器件逆时针旋转 90°)。
Title Block Position：工程图明细表位置。
Edit Symbol/Title Block：编辑符号/工程明细表。
Comment：注释。
Forms/Questions：格式/问题。

(3) 视图(View)菜单

视图(View)菜单提供用于控制仿真界面上显示内容的操作命令，View 菜单中的命令及功能如下。

Parent Sheet：层次。
Zoom In：放大电路图。
Show Grid：显示或者关闭栅格。
Show Border：显示或者关闭边界。
Ruler bars：显示或者关闭标尺栏。
Status Bar：显示或者关闭状态栏。
Design Toolbox：显示或者关闭设计工具箱。
Spreadsheet View：显示或者关闭电子数据表，扩展显示窗口。

Circuit Description Box：显示或者关闭电路描述工具箱。
Toolbars：显示或者关闭工具箱。
Show Comment/Probe：显示或者关闭注释/标注。
Grapher：显示或者关闭图形编辑器。

(4) 绘制(Place)菜单

绘制(Place)菜单提供在电路工作窗口内放置元器件、连接点、总线和文字等命令，Place菜单中的命令及功能如下。

Connectors：放置输入/输出端口连接器。
New Hierarchical Block：放置层次模块。
Replaceby Hierarchical Block：替换层次模块。
Hierarchical Block form File：来自文件的层次模块。
New Subcircuit：创建子电路。
Replace by Subcircuit：子电路替换。
Multi-Page：设置多页。
Merge Bus：合并总线。
Bus Vector Connect：总线矢量连接。
Graphics：放置图形。
Title Block：放置工程标题栏。

(5) 单片机仿真(MCU)菜单

单片机仿真(MCU)菜单提供在电路工作窗口内 MCU 的调试操作命令，MCU 菜单中的命令及功能如下。

No MCU Component Found：没有创建 MCU 器件。
Debug View Format：调试格式。
Show Line Numbers：显示线路数目。
Step into：进入。
Step over：跨过。
Step out：离开。
Run to cursor：运行到指针。
Toggle breakpoint：设置断点。
Remove all breakpoint：移出所有的断点。

(6) 仿真(Simulate)菜单

仿真(Simulate)菜单提供电路仿真设置与操作命令，Simulate 菜单中的命令及功能如下。

Instruments：选择仪器仪表。
Interactive Simulation Settings：交互式仿真设置。
Digital Simulation Settings：数字仿真设置。
Analyses：选择仿真分析法。
Postprocessor：启动后处理器。
Simulation Error Log/Audit Trail：仿真误差记录/查询索引。
XSpice Command Line Interface：XSpice 命令界面。

Load Simulation Settings：导入仿真设置。
Save Simulation Settings：保存仿真设置。
Auto Fault Option：自动故障选择。
VHDL Simulation：VHDL 仿真。
Dynamic Probe Properties：动态探针属性。
Reverse Probe Direction：反向探针方向。
Clear Instrument Data：清除仪器数据。
Use Tolerances：使用公差。

(7) 转移(Transfer)菜单

转移(Transfer)菜单提供传输命令，Transfer 菜单中的命令及功能如下。

Transfer to Ultiboard 10：将电路图传送给 Ultiboard 10。
Transfer to Ultiboard 9 or earlier：将电路图传送给 Ultiboard 9 或者其他早期版本。
Export to PCB Layout：输出 PCB 设计图。
Forward Annotate to Ultiboard 10：创建 Ultiboard 10 注释文件。
Forward Annotate to Ultiboard 9 or earlier：创建 Ultiboard 9 或者其他早期版本注释文件。
Backannotate from Ultiboard：修改 Ultiboard 注释文件。
Highlight Selection in Ultiboard：加亮所选择的 Ultiboard。
Export Netlist：输出网表。

(8) 工具(Tools)菜单

工具(Tools)菜单提供元件和电路编辑或管理命令，Tools 菜单中的命令及功能如下。

Component Wizard：元件编辑器。
Database：数据库。
Variant Manager：变量管理器。
Set Active Variant：设置动态变量。
Circuit Wizard：电路编辑器。
Rename/Renumber Components：元件重新命名/编号。
Replace Components：元件替换。
Update Circuit Components：更新电路元件。
Update HB/SC Symbols：更新 HB/SC 符号。
Electrical Rules Check：电气规则检验。
Clear ERC Markers：清除 ERC 标志。
Toggle NC Markers：设置 NC 标志。
Symbol Editor：符号编辑器。
Title Block Editor...：工程图明细表比较器。
Description Box Editor：描述箱比较器。
Edit Labels：编辑标签。
Capture Screen Area：抓图范围。

(9) 报告(Reports)菜单

报告(Reports)菜单提供材料清单等报告命令，Reports 菜单中的命令及功能如下。

Bill of Report：材料清单。

Component Detail Report：元件详细报告。

Netlist Report：网表报告。

Cross Reference Report：参照表报告。

Schematic Statistics：统计报告。

Spare Gates Report：剩余门电路报告。

(10) 选项(Options)菜单

选项(Options)菜单提供电路界面和电路某些功能的设定命令，Options 菜单中的命令及功能如下。

Global Preferences...：全部参数设置。

Sheet Properties：工作台界面设置。

Customize User Interface...：用户界面设置。

(11) 窗口(Window)菜单

窗口(Window)菜单提供窗口操作命令，Window 菜单中的命令及功能如下。

Cascade：窗口层叠。

Tile Horizontal：窗口水平平铺。

Tile Vertical：窗口垂直平铺。

Windows...：窗口选择。

(12) 帮助(Help)菜单

帮助(Help)菜单为用户提供在线技术帮助和使用指导，Help 菜单中的命令及功能如下。

Multisim Help：主题目录。

Component Reference：元器件索引。

Release Notes：版本注释。

Check For Updates...：更新校验。

File Information...：文件信息。

Patents...：专利权。

About Multisim：有关 Multisim 的说明。

2. 元器件库栏

Multisim 12 提供了丰富的元器件库，元器件库栏图标和名称如附图 3 所示。

附图 3　元器件库栏图标和名称

元器件库栏主要包括信号及电源库、基本元器件库、二极管库、晶体管库、模拟集成元器件库、TTL 元器件库、CMOS 元器件库、其他数字元器件库、混合芯片库、显示元器件库、其他元器件库、控制部件库、射频元器件库和机电类元器件库等。

用鼠标左键单击元器件库栏的某一个图标即可打开该元器件库。

3. Multisim 仪器仪表库

Multisim 仪器仪表库的图标如附图 4 所示。

附图 4　Multisim 仪器仪表库的图标

从左向右，所用到的虚拟仪表库依次排列如附表 1 所示。

附表 1　虚拟仪表库

虚拟仪表名	图标及显示面板	虚拟仪表名	图标及显示面板
数字万用电表	XMM1	逻辑转换仪	XLC1
函数信号发生器	XFG1	IV 分析仪	XIV1
瓦特表	XWM1	失真分析仪	XDA1
示波器	XSC2	频谱分析仪	XSA1
四通道示波器	XSC1	网络分析仪	XNA1
波特图	XBP1	安捷伦信号发生器	XFG2
频率计	XFC1	安捷伦万用表	XMM2
字信号发生器	XWG1	安捷伦示波器	XSC3
逻辑分析仪	XLA1	泰克示波器	XSC4

4. 项目管理器

项目管理器位于基本工作界面的左半部分，电路以分层的形式展示，主要用于层次电路的显示，如附图 5 所示。

附图 5　项目管理器

层级(Hierarchy)：对不同电路的分层显示，单击"新建"按钮可生成 Circuit2 电路。
可见度(Visibility)：设置是否显示电路的各种参数标识，如集成电路的引脚名。
项目视图(Project View)：显示同一电路的不同页。

二、创建电路原理图的基本操作

我们以分压式偏置电路为例，学习一下电路的绘制与仿真，电路如附图 6 所示。

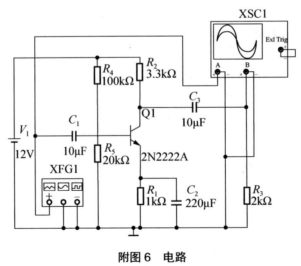

附图 6　电路

操作步骤按如下过程进行。

1. 文件的创建与打开

(1) 新建电路文件

执行菜单命令 File→New 创建一个电路文件，屏幕出现一个新的电路工作窗口，系统自动产生 Circuit1 的电路文件，在电路文件未保存之前，其文件名为 circuit1.ms9。在该窗口，我们可以进行仿真电路的创建。

如果当前已打开一个电路，并且已被修改，则在打开新的电路工作窗口之前，系统会提示是否保存当前修改过的电路。

(2) 打开已有文件

执行菜单命令 File→Open 打开已有的电路文件。屏幕显示如附图 7 所示的对话框，选择路径后选中要打开的文件。

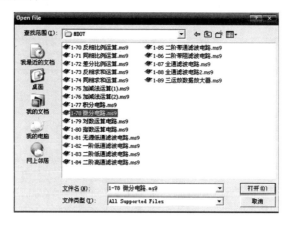

附图 7　打开文件对话框

2. 放置元器件和仪表

① 放置+12V 直流稳压电源：选择主数据库→Sources→POWER_SOURCES→DC_POWER，点击"确认"按钮，如附图 8(a)所示，会出现新的工作窗口，鼠标双击窗口里的电源元件，可以改变电源参数，如附图 8(b)所示。

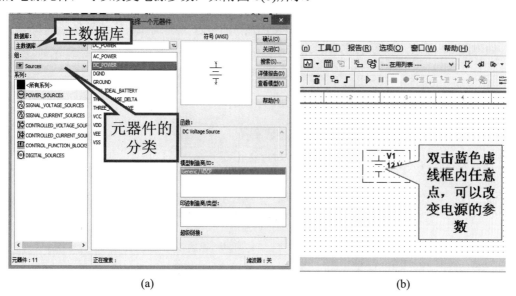

(a)　　　　　　　　　　　　　　　　　　　(b)

附图 8　放置电源元件及修改参数

② 放置定值电阻：选择主数据库→Basic→RESISTOR，根据需要选择相应阻值的电阻，放置后电阻值可以修改，如附图 9(a)所示。

③ 放置定值电容：选择主数据库→Basic→CAPACITOR，根据需要选择相应容值的电容，放置后电容值可以修改。

④ 放置 NPN 型晶体管：选择主数据库→Transistors→所有系列，找到本例所需晶体管 2N2222A，如附图 9(b)所示，可用"*2222"进行模糊查找。

(a)   (b)

附图 9　放置定值电阻及晶体管

⑤ 放置接地端：选择主数据库→Sources→POWER_SOURCES→GROUND，本软件中数字地是 DGND，如附图 10 所示。

⑥ 放置信号源：鼠标单击仪器仪表库中函数信号发生器按钮，移动鼠标将其放在电路中，如附图 11 所示。放置示波器的方法同此。

附图 10　放置接地端

附录　EDA(Multisim)认知及应用

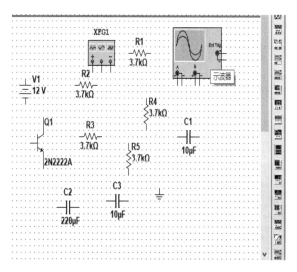

附图 11　放置信号源

鼠标双击函数信号发生器图标，弹出参数设置对话框，可点击修改相应的参数。本例选择幅值 5mVp，频率 1kHz 的正弦波，如附图 12 所示。

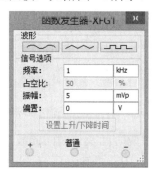

附图 12　设置信号源参数

3．元器件编辑

调整元器件位置时，首先应选定元器件，然后将鼠标移动至合适位置，同时元器件摆放的角度可通过调整热键来改变。

需要对元器件进行 90°旋转时，可用 Ctrl+R 快捷键实现，同理垂直翻转采用 Alt+Y 快捷键，水平翻转采用 Alt+X 快捷键。

4．连线和进一步调整

(1) 连线

鼠标单击起始引脚，鼠标指针变为十字形，移动鼠标至目标引脚，系统自动连线，在需要拐弯处单击可以固定拐点。

元器件与导线连接，系统自动在交叉点放置节点。

两个元器件引脚连接在一起后，鼠标拖曳其中的一个，则有连接线出现。

(2) 交叉点

默认丁字交叉为导通，十字交叉为不导通，可分段连线，即起点到交叉点，交叉点到终点。也可以在已有连线上增加一个节点(Junction)，从该节点引出新的连线。

鼠标右键单击"Delete"即可进行导线和节点删除。到此步，即完成分压式偏置电路的绘制，如附图6所示。

5. 电路仿真

按下仿真开关，电路开始工作，双击示波器可以看到相应的输出波形，如附图13所示。

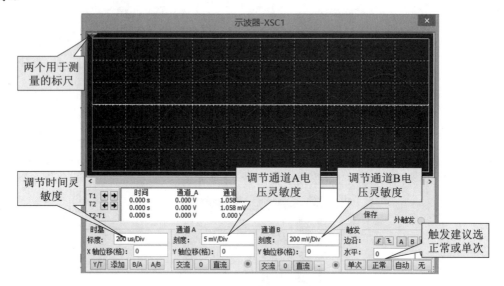

附图 13　示波器输出波形

使用两个标尺，显示区给出对应时间及该时间的波形幅值，并得到两个标尺间的时间差，即测量周期，如附图14所示，由图可知，该波形周期 $T=200\mu s\times5=1ms$。

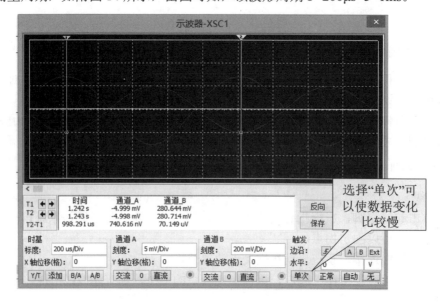

附图 14　测量周期

点击"反向"按钮可将背景反色,如附图 15 所示。

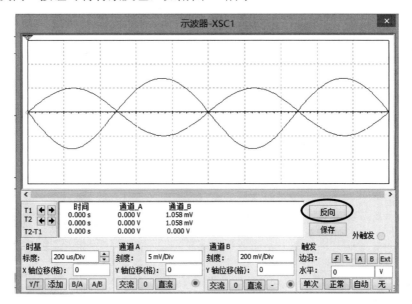

附图 16　示波器背景反色

鼠标单击"测量探针"按钮后,可以在电路图中需要的位置单击鼠标放置探针,如附图 16 所示。注意:仿真执行过程中不能删除探针。

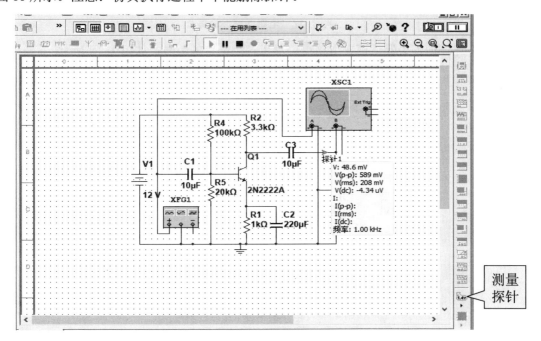

附图 16　放置测量探针

停止仿真后,进行电路图属性设置,点击菜单选项→电路图属性→电路图可见性→网络名称:全部显示,并确认,如附图 17 所示。

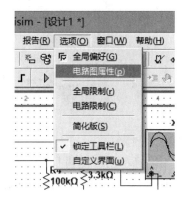

附图 17　电路图属性设置

通过电路图属性设置，可在电路图中显示各个结点的编号，如附图 18 所示。

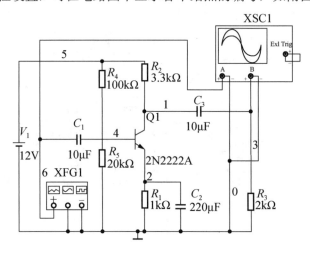

附图 18　电路图中各个结点的编号

6. 输出结果分析

(1) 直流工作点分析

进入直流工作点分析窗口，选择需要分析的项目，如网络各结点电压，各元器件工作电流等参数，也可以根据需要添加表达式，如附图 19 所示。

附图 19　直流工作点分析设置

鼠标点击"仿真"按钮后，直流工作点的仿真分析结果如附图 20 所示。

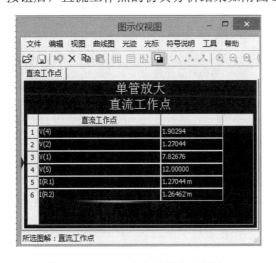

附图 20　直流工作点的仿真分析结果

(2) 交流分析

设置起止频率，选择需要分析的输出，或选择添加表达式，如附图 21 所示，如本例中选择输出电压 V(3) 与输入电压 V(6) 相比的相度，可观察到信号频率从 1Hz 变化到 1GHz 过程中放大倍数的变化曲线。

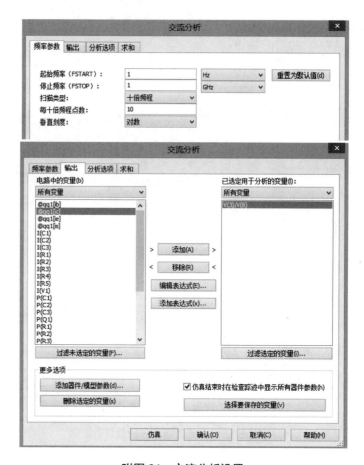

附图 21　交流分析设置

交流分析的仿真结果如附图 22 所示。

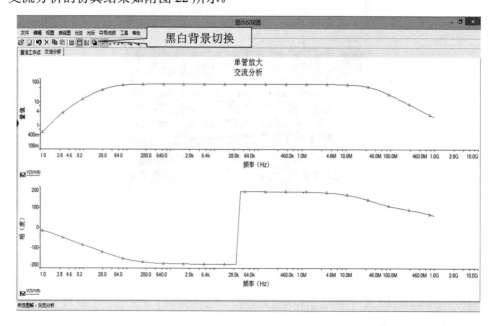

附图 22　交流分析的仿真结果

(3) 瞬态分析

设置仿真起止时间，建议时间长度为 1 或 2 个周。选择需要分析的输出，如本例选择输入电压 V(6)，输出电压 V(3)，如附图 23 所示。

附图 23　瞬态分析设置

鼠标点击"仿真"按钮后，瞬态分析的仿真结果如附图 24 所示。

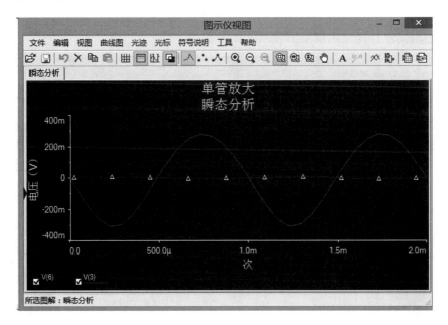

附图 24　瞬态分析的仿真结果

也可以通过改变光迹属性来改善图示效果，如附图 25 所示。

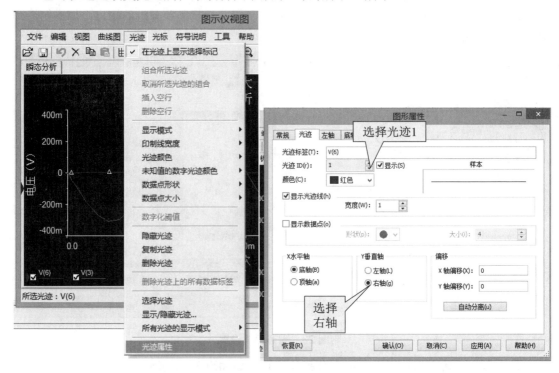

附图 25　改善图示效果

修改右轴属性，再次观察输出波形，如附图 26 所示。

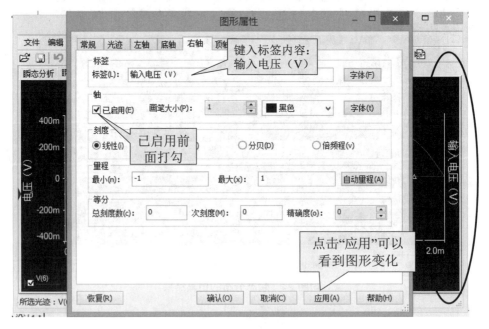

附图 26　修改右轴属性

另外在修改右轴属性时，输入输出电压的量程可手动输入，也可点击"自动量程"按钮，如附图27所示。

附图27 设置量程

修改左轴属性标签内容为"输出电压(V)"，点击"确认"按钮，可看到瞬态分析最终结果，如附图28所示。

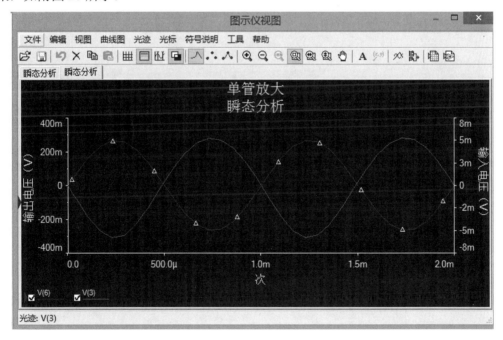

附图28 瞬态分析最终结果

参 考 文 献

曹建林，2010．电工学[M]．2 版．北京：高等教育出版社．
王艳丹，段玉生，2012．电工技术与电子技术实验指导[M]．2 版．北京：清华大学出版社．
刘贵栋，2008．电子电路的 Multisim 仿真实践[M]．哈尔滨：哈尔滨工业大学出版社．
侯守军，张道平，2010．电子技术基础[M]．北京：国防工业出版社．
孙红英，于凤卫，2013．电工电子基础与电力电子技术[M]．北京：人民交通出版社．
阎石，2016．数字电子技术基础[M]．6 版．北京：高等教育出版社．